LEÇONS

SUR LES PROPRIÉTÉS

DES

TISSUS VIVANTS

LEÇONS

SUR LES PROPRIÉTÉS

DES

TISSUS VIVANTS

PAR

M. CLAUDE BERNARD

Membre de l'Institut de France

de l'Académie impériale de médecine de Paris, de la Société royale de Londres

Professeur au Collège de France et à la Sorbonne

Recueillies, rédigées et publiées

Par M. Émile ALGLAVE

AVEC 94 FIGURES INTERCALÉES DANS LE TEXTE

Extrait de la Revue des Cours scientifiques

PARIS

GERMER BAILLIÈRE, LIBRAIRE-ÉDITEUR

RUE DE L'ÉCOLE-DE-MÉDECINE

Londres	**New-York**
Hippolyte Baillière, 219, Regent street.	Baillière Brothers, 440, Broadway.

MADRID, C. BAILLY-BAILLIÈRE, PLAZA DEL PRINCIPE ALFONSO, 46.

1866

L'IRRITABILITÉ

PREMIÈRE LEÇON.

DES ORGANISMES. — DE L'ANATOMIE GÉNÉRALE ET DE SON HISTOIRE.

15 mars 1864.

SOMMAIRE. — Objet de la physiologie. — Complexité des phénomènes qui se produisent chez les êtres vivants ; elle explique
pourquoi les sciences biologiques se sont développées plus tard
que les sciences physico-chimiques. — Cependant ces deux
ordres de sciences reposent sur les mêmes principes et ont la
même méthode. — Double condition de la manifestation de
tout phénomène : 1° un *corps* ; 2° un *milieu.*

DE L'ORGANISATION. — A quel point de vue se place la zoologie
dans l'étude de l'organisation ; ce point de vue n'est pas celui
de la physiologie générale. — Objet de la physiologie générale :
Recherche des conditions élémentaires des phénomènes de la vie.
— Elle néglige les différences spécifiques ou génériques, pour
ne considérer que les organismes élémentaires : à ce point de
vue tous les animaux sont identiques.

ANATOMIE GÉNÉRALE ; SON HISTOIRE. — Gallien, — Haller : *Élé-*

menta corporis humani. — Bichat; sa classification des tissus; modifications qu'y apportent différents auteurs jusqu'en 1830. — Période de l'histogenèse. — Théorie cellulaire : Walter, Krause, Dutrochet et Mirbel, Brown, Richard Wagner. — Schwann et Schleiden. — La vie réside dans les *organismes élémentaires* ou *éléments histologiques.* — Nécessité d'expérimenter sur les animaux vivants d'une organisation élevée. — Inertie de la matière ; les éléments histologiques n'entrent en action que sous l'influence des excitations parties du milieu qui les entoure.

Chaque science a son problème spécial à résoudre, son but propre à poursuivre, en un mot son objet déterminé, et, à ce titre, la physiologie est la science qui étudie les phénomènes manifestés par les êtres vivants : c'est donc la *science de la vie*, la *biologie*, comme on l'appelle souvent.

Dès le premier abord, tout le monde s'accorde à reconnaître que les corps vivants obéissent à des lois qui leur sont propres, et que les phénomènes qu'ils présentent dans leur développement sont infiniment plus complexes et plus difficiles à approfondir que ceux de la nature inorganique. Les sciences qui s'occupent des corps bruts, plus accessibles à l'esprit humain, se sont donc constituées les premières, et leurs progrès sont bien antérieurs au développement des sciences qui étudient la nature organisée.

Cependant il ne faudrait pas en conclure que la science des corps vivants repose sur d'autres bases que celle des corps bruts. La méthode et les principes scientifiques sont les mêmes dans la physiologie, qui embrasse les phénomènes de la vie, et dans les sciences physico-chimiques, qui s'occupent des phénomènes manifestés par les corps bruts. Tout ce qui est vrai d'un côté l'est également de l'autre : il n'y a pas deux natures contradictoires qui donneraient lieu à deux ordres de sciences opposés.

En effet, quel que soit le genre de phénomènes auquel les sciences se rapportent, elles ont toutes un but commun et identique, un but qu'elles poursuivent partout dans leurs recherches et qui est le couronnement de tous leurs efforts : ce but final, c'est de ramener les phénomènes à leurs causes prochaines, c'est-à-dire de les rattacher à leurs conditions immédiates d'existence. Ainsi, de même que les sciences physico-chimiques déterminent les circonstances dont le concours est indispensable pour la production de chaque phénomène dans la nature inorganique, de même aussi la physiologie a pour objet propre d'expliquer les phénomènes de la vie en les déduisant d'une manière nécessaire des conditions qui leur donnent naissance.

Les causes ou les conditions de la manifestation de tout phénomène, qu'il se produise dans la nature inanimée ou dans la nature vivante, ces causes sont constamment doubles. Elles se trouvent à la fois dans le *corps*, brut ou vivant, qui manifeste le phénomène, et dans le *milieu*, inorganique ou organique, au sein duquel ce phénomène est manifesté.

Supprimez l'une ou l'autre de ces conditions élémentaires, et le phénomène, qu'on est ainsi amené à considérer comme le produit de la rencontre de ces deux causes, le phénomène s'évanouit complétement. Dans l'ordre des sciences physico-chimiques, prenez un corps et supprimez le milieu ambiant, chaleur, lumière, électricité, gaz ou liquides : il ne se manifeste plus aucun phénomène ; supprimez le corps lui-même, et tout disparaîtra également.

La manifestation des phénomènes de la vie est soumise aussi à cette double condition qui se trouve, d'une part dans l'*être vivant*, c'est-à-dire dans l'*organisme* manifestant le phénomène, et d'autre part dans le *milieu* où vit cet être organisé. Si l'on altère ou si l'on détruit l'organisme, sans modifier le milieu, la vie s'arrête aussitôt. Altérez ou supprimez le milieu, en laissant l'organisme intact, et la vie cessera également. Le phénomène vital n'est donc tout entier ni dans l'organisme seul, ni dans le milieu seul : c'est, en quelque sorte, un effet produit par le contact entre l'organisme vivant et le milieu qui l'entoure. Comme on le voit, cela revient exactement aux conditions d'existence des phénomènes dans la nature inorganique, et nous avions raison de dire que les principes qui dirigent le physicien et le chimiste dominent également la physiologie et doivent guider celui qui l'étudie.

La physiologie embrasse donc deux ordres distincts d'études que nous allons examiner successivement : l'étude de l'organisation et l'étude des milieux dans lesquels les parties organisées ou vivantes peuvent manifester leurs propriétés.

C'est l'organisation que nous devons examiner en premier lieu, car c'est là d'abord qu'on a été chercher le secret des phénomènes de la vie, et, comme on le pense bien, elle a été de tout temps l'objet d'une étude constante.

DE L'ORGANISATION.

L'étude de l'organisation peut se proposer deux buts distincts, et, suivant qu'elle poursuit l'un ou l'autre, son esprit, sa méthode, ses tendances, varient notablement. Dans un cas, elle sert à caractériser les êtres vivants, à classer leurs formes variées à l'infini, et à saisir ainsi les tendances de la nature pour reconstruire le plan d'après lequel l'ensemble des êtres vivants a dû être constitué : c'est le point de vue du zoologiste. Par la comparaison des organismes, cette étude suit les diverses fonctions vitales à travers les variétés de leurs appareils, dans l'ensemble des êtres vivants, animaux ou végétaux. Suivant qu'on monte ou qu'on descend l'échelle des êtres, on constate ainsi une complexité croissante, ou une simplification successive, dans les moyens qu'emploie la nature pour mettre en jeu une même fonction, qui, malgré tous ces changements, reste identique dans son essence. L'anatomie comparée détermine encore suivant quelles règles les organes, c'est-à-dire des appareils vitaux, se modifient pour fonctionner dans des milieux différents et maintenir une harmonie parfaite entre la vie et les instruments organiques chargés d'en accomplir les actes. En un mot, suivant la belle expression de Gœthe, la nature est un grand artiste qui sait diversifier de mille façons un thème unique. Une condition vitale élémentaire étant donnée, elle en varie à l'infini les organes et les procédés de manifestation, suivant des lois que la phytologie, la zoologie et l'anatomie comparée cherchent à déterminer.

Nous n'aurons pas à nous occuper ici de l'organisation sous ce point de vue. Cet enseignement vous est amplement donné dans cette Faculté, et il incombe à nos éminents collègues les professeurs de zoologie, d'anatomie comparée et de botanique (MM. Milne Edwards, Gratiolet et Duchartre).

La physiologie générale considère l'organisation des êtres vivants à un tout autre point de vue ; et ce point de vue sera naturellement le nôtre. La physiologie générale n'est pas, comme l'ont cru certains auteurs, la science des généralités physiologiques, ou, en d'autres termes, la physiologie de tous les êtres vivants, animaux ou végétaux : c'est la science qui a pour objet de déterminer les *conditions élémentaires des phénomènes de la vie*. Elle ne doit donc plus

s'occuper de la variation des appareils organiques
dont la structure, pour la même fonction, diffère
beaucoup aux différents degrés de l'échelle des êtres.
Son but, c'est de remonter à la condition élémentaire
du phénomène vital, condition qui est identique chez
tous les animaux. Elle ne cherche pas à saisir les
différences qui séparent les êtres, mais les points
communs qui les réunissent et constituent l'essence
des phénomènes vitaux. Pour la physiologie générale,
tous les caractères anatomiques de classe, de genre,
d'espèce, doivent disparaître : ce sont là seulement
des formes diverses de manifestation de la vie ; mais
chacune de ces formes ne constitue point une condition essentielle de la vie, car tous les animaux et
tous les végétaux, quelle que soit d'ailleurs celle de
ces formes qu'ils présentent, vivent également, et
réunissent tous, par conséquent, en dehors de ces
caractères' variables, l'ensemble des conditions élémentaires de la vie. Prenez, par exemple, l'appareil
locomoteur : il ne s'agit pas d'étudier ses formes,
qui varient dans les diverses classes, mais de déterminer la condition initiale du mouvement, qui est
identique dans toutes. Nous en pourrions dire autant
de l'appareil respiratoire et de tous les autres.

Quand on entre dans la considération des parties
organiques élémentaires, il n'y a donc plus de physiologie comparée, car toutes les différences de genres et d'espèces doivent disparaître devant les causes
générales : il n'y a plus de mammifères, d'oiseaux

ou de reptiles, plus d'animaux à sang chaud ou à
sang froid. Partout où l'on retrouve des fibres nerveuses ou musculaires, leur nature est toujours la
même. Et si l'on constate des différences de propriétés entre les fibres d'un lapin et celles d'une grenouille, elles ne tiennent pas du tout à ce que l'un
est un mammifère et l'autre un batracien, ni à ce
que la nature d'un animal à sang chaud serait différente de la nature d'un animal à sang froid ; c'est
exclusivement un résultat des circonstances extérieures, résultat dû à des conditions spéciales dans
lesquelles se trouvent les fibres musculaires et nerveuses, car nous vous montrerons que par de simples
changements de température l'on peut donner aux
muscles de la grenouille toutes les propriétés que
possèdent ceux d'un animal à sang chaud, et aux
muscles d'un lapin les caractères qu'on trouve dans
les animaux à sang froid, comme la grenouille.

Une foule d'autres différences physiologiques, qui
paraissent séparer les genres ou les espèces, n'ont
pas d'autre sens. Ainsi, on a distingué souvent les
urines des carnivores de celles des herbivores : les
premiers auraient des urines acides, les seconds des
urines fortement alcalines. Cette différence existe
sans doute ; mais elle ne tient aucunement à l'espèce,
au groupe zoologique, car il suffit, pour la faire
disparaître, de changer les conditions d'existence de
l'animal. Transformez un herbivore en carnivore,
— ce qui se fait tout simplement en le laissant à

jeun, — et il sécrétera une urine très-nettement acide. La différence de réaction des urines n'est donc pas caractéristique, et elle n'a rien de spécifique.

Il faut donc distinguer avec soin, dans l'étude de l'organisation, le point de vue zoologique du point de vue physiologique. Ils répondent à deux problèmes distincts, aussi nettement séparés l'un de l'autre que la physique et la chimie le sont de la minéralogie : il y aurait dès-lors grand inconvénient à les confondre. Le physiologiste étudie la machine vivante, absolument comme le physicien étudie la nature inorganique, c'est-à-dire en faisant abstraction des formes individuelles, pour ne considérer que les conditions du mécanisme en lui-même. Aussi les dénominations anciennes de physique animale et végétale, pour désigner la physiologie, nous semblent-elles excellentes, et peut-être aurait-on bien fait de les conserver.

HISTOIRE DE L'ANATOMIE GÉNÉRALE.

Nous avons maintenant à examiner comment doit se faire l'étude de l'organisation au point de vue de la physiologie générale. Cette étude est l'objet de l'anatomie générale. Mais par quelle suite de procédés cette dernière science est-elle arrivée à déterminer, dans l'organisme des différents êtres vivants, les parties qui leur sont communes et qui donnent lieu, par leurs propriétés identiques, à des conditions vitales élémentaires semblables ?

Il faut tout d'abord reconnaître que la physiologie générale, et l'anatomie générale, qui lui sert de fondement et de point de départ, sont des sciences toutes nouvelles : elles sont nées dans ce siècle même, et par conséquent leur histoire est facile à faire.

Néanmoins cette tendance à simplifier, à généraliser les connaissances anatomiques pour ramener tous les tissus à certains types primordiaux, cette tendance peut se constater dès les temps les plus anciens, bien qu'elle n'ait abouti que tout récemment à la constitution d'une nouvelle science.

Les premiers anatomistes ont séparé de suite les divers organes du corps humain. C'était du reste une chose fort facile et qui ne pouvait les arrêter longtemps. Galien distinguait déjà tous les tissus organiques en deux grandes classes : les parties *dissimilaires* d'un côté, — comme les muscles qui sont formés de trois substances, la substance musculaire, son enveloppe et le tendon ; — et les parties *similaires* de l'autre, comme les os, qui ne comprennent qu'une seule substance dans leurs diverses régions, la substance osseuse.

Les idées de Galien régnèrent longtemps d'une manière absolue, et servirent de fondement unique à la science du corps humain pendant tout le moyen âge. Au xiv° siècle, les études anatomiques se raniment, et il apparaît une nouvelle école qui manifeste les mêmes tendances à la généralisation : ce sont Mundini, Vésale, Eustache, Fallope, etc. Ce dernier distinguait les os, les cartilages, la graisse, la chair, les nerfs, les ligaments, les poils, la peau, etc. Il classait tous ces tissus en *tissus complexes*, comme les muscles, et *tissus simples*, comme les os, ce qui revenait exactement aux tissus similaires et dissimilaires de Galien.

Au xv° siècle, avec Malpighi, Verheyen, Leuwenhoeck, etc., apparaît l'anatomie microscopique, qui poussa plus loin la décomposition analytique de l'organisme, et distingua des parties d'une nature bien plus déliée. Ce mouvement se continue dans les siècles suivants d'une manière régulière, et au xviii° siècle nous trouvons, entre autres noms célèbres, Morgagni et Lieberkühn, qui font faire de nouveaux progrès à l'anatomie microscopique.

A la fin du xviii° siècle, Haller publie ses *Elementa corporis humani*. Par ses études sur les propriétés des parties sensibles et des parties contractiles du corps, il éveille cette idée que certaines énergies déterminées, certaines manifestations vitales, doivent être rapportées aux plus petites particules du corps humain, où résideraient leurs causes productrices. Pinel, en France, émit cette même idée ; et, ce qui est fort remarquable à cette époque, il avança que les parties similaires devaient toujours avoir les mêmes propriétés en quelque endroit du corps qu'elles fussent placées. Comme il était médecin, il appliqua aux phénomènes pathologiques la même théorie qu'aux phénomènes physiologiques proprement dits, et il soutint, par exemple, que les membranes séreuses étaient partout le siége des mêmes affections.

Enfin, au commencement de ce siècle, apparaît Bichat, le véritable fondateur de l'anatomie générale.

Bichat distingua vingt et un tissus, et comme cette classification a été le point de départ de toutes les théories postérieures, nous devons la donner complétement :

1. Tissu cellulaire.
2. Tissu nerveux de la vie animale.
3. Tissu nerveux de la vie organique.
4. Tissu artériel.
5. Tissu veineux.
6. Tissu des vaisseaux exhalants.
7. Tissu des vaisseaux absorbants et de leurs glandes.
8. Tissu osseux.
9. Tissu médullaire.
10. Tissu cartilagineux.
11. Tissu fibreux.
12. Tissu fibro-cartilagineux.
13. Tissu musculaire de la vie animale.
14. Tissu musculaire de la vie organique.

15. Tissu muqueux.
16. Tissu séreux.
17. Tissu synovial.
18. Tissu glandulaire.
19. Tissu cutané.
20. Tissu épidermique.
21. Tissu pileux.

Les progrès de la science ont permis de relever des erreurs dans ce tableau, et bien des changements y ont été faits depuis. Mais ce qui caractérise l'œuvre scientifique de Bichat, c'est d'avoir étudié avec soin les propriétés de chacun de ces tissus, et d'y avoir localisé un phénomène vital élémentaire. Chaque tissu élémentaire représentait une fonction particulière. Toutes les propriétés vitales étaient donc ramenées à des tissus, et c'était une révolution analogue à celle que Lavoisier venait d'opérer quelques années auparavant dans l'étude des corps inorganiques. En effet, ces tissus n'étaient plus des organes, mais des parties élémentaires rendant compte de la constitution et des phénomènes des corps vivants, comme les corps simples de la chimie nouvelle expliquaient les phénomènes manifestés par les corps inanimés. Depuis Bichat, le nombre de ces phénomènes élémentaires, et, par conséquent, des tissus qui leur correspondent, a été beaucoup réduit ; mais nos idée fondamentale, à savoir, que toutes les manifestations de la vie sont attachées à des tissus divers, cette idée a survécu parce qu'elle était juste, et elle se développe tous les jours par de nouveaux progrès.

En Allemagne, un grand nombre d'anatomistes, tout en acceptant les idées de Bichat, modifièrent plus ou moins sa classification des tissus. Walter ne reconnaît plus que onze tissus élémentaires, et il émet déjà cette idée, alors bien avancée, qu'ils dérivent tous du tissu cellulaire par diverses transformations. Rudolphi, dans son traité *De corporis humani partibus similaribus*, publié en 1809, réduit encore ce nombre : il admet seulement huit tissus simples avec trois tissus composés. Toutes ces tentatives indiquaient le besoin de simplifier la classification de Bichat, en faisant rentrer les tissus les uns dans les autres. Cependant la tendance contraire se fait jour, quoique d'une manière exceptionnelle, par l'admission de nouveaux tissus. Ainsi, on trouve dans les publications du temps un mémoire sur des vaisseaux d'absorption spermatique, que Bichat ne reconnaissait point. Ces travaux n'avaient du reste, pour base, qu'une notion fausse sur la génération ; mais cette idée physiologique entraînait l'admission d'un nouveau tissu, pour rendre compte de la nouvelle fonction qu'on supposait : c'était donc toujours une application de la théorie de Bichat.

En 1815, Meckel, dans son *Manuel d'anatomie humaine*, admet onze tissus élémentaires.

En 1819, Mayer publie son *Traité sur l'histologie et une nouvelle division des tissus du corps de l'homme.* C'est lui qui substitue le premier le nom d'*histologie* à celui d'*anatomie générale*, et depuis lors ils ont été employés indifféremment l'un et l'autre pour désigner une classification méthodique des tissus élémentaires des corps vivants.

En 1822, Heusinger, dans son *Système d'histologie*, admet encore onze tissus, et sa classification ne présente guère qu'un trait caractéristique : c'est l'admission, à côté du tissu glandulaire, d'un tissu parenchymateux, dont le foie peut fournir le type, et dont il n'avait pas encore été question jusque-là.

En 1830, Ernest-Henri Weber distingue quinze tissus élémentaires qu'il divise en trois classes, suivant leur degré de complication. La première classe comprend les tissus corné et dentaire ; la seconde, les tissus cellulaire et nerveux ; et la troisième, qui en comprend dix à elle seule, se termine par le tissu érectile.

Après 1830, s'ouvre une nouvelle ère pour l'anatomie générale : c'est le commencement de la période de l'*histogenèse*. Jusque-là on s'était contenté de comparer les propriétés des tissus pour les ranger méthodiquement ; mais les nombreux essais de classification tentés à cette époque firent comprendre que ce que Bichat regardait comme l'élément primitif n'avait pas ce caractère, et qu'il fallait chercher plus loin encore : d'autres idées se firent donc jour.

Krause dit déjà, en 1833 (*Manuel de l'anatomie de l'homme*), que tous les tissus doivent être considérés comme des modifications du tissu cellulaire, idée entrevue depuis longtemps, du reste, par Walter. Dutrochet et Mirbel s'occupent beaucoup de l'histogenèse, c'est-à-dire de l'origine des tissus ; ils placent cette origine dans la cellule, et Dutrochet pose déjà cette loi, que *la cellule conserve son activité vitale aussi longtemps que ses parois restent solides et que son contenu est encore pur et fluide.* En Allemagne, Brown, avec un de ses compatriotes, découvre le noyau de la cellule qu'il considère comme une condition primaire du développement organique. Schultz assimile les globules de sang à des cellules, et, en 1838, R. Wagner compare l'œuf lui-même à une cellule.

C'est alors, en 1839, qu'apparaissent Schleiden et Schwann, qui trouvent toutes ces idées préparées, et généralisent la cellule comme condition élémentaire de l'organisation, Schwann dans les animaux, Schleiden dans les végétaux. Ils montrent que les tissus se développent par des cellules. Alors s'ouvre pour l'histologie une nouvelle ère.

On a cherché à saisir, à travers le développement de l'embryon, la transformation des cellules dans d'autres éléments. On conserve encore les tissus, parce qu'en définitive ce sont des assemblages d'organ s primitifs ; mais aujourd'hui l'histologie s'entend surtout de l'étude des éléments extrêmement ténus qui composent ces tissus, et qu'on appelle même fort souvent *éléments histologiques*. C'est à cette époque que s'établit la théorie cellulaire, qui considère tous les organes comme une dérivation de la cellule, l'œuf lui-même étant une cellule qui donne naissance à beaucoup d'autres.

Cependant, bien qu'on soit parfaitement d'accord sur le développement des végétaux, comme des animaux, par des cellules, il y a encore bien des dissidences. Ainsi, Schwann admettait que des cellules peuvent prendre naissance dans des liquides qui n'en contiennent pas encore, dans une liqueur albumineuse appelée *blastème* (fig. 1). Cette idée est vive-

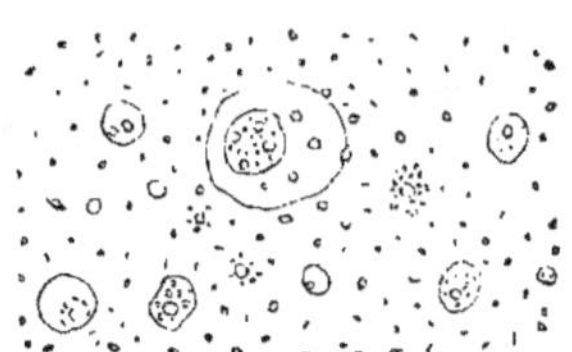

Fig. 1. — Formation de cellules dans un blastème.

ment combattue aujourd'hui en Allemagne par la plupart des physiologistes, qui n'y voient pas autre chose que la génération spontanée. Les cellules ne se développant pas spontanément, elles doivent donc procéder les unes des autres par le fractionnement ; et, en effet, on voit dans l'œuf une cellule primitive se fractionner en deux, puis en quatre parties, et ainsi de suite, pour donner naissance à autant de cellules dérivées (fig. 2, 3, 4, 5 et 6).

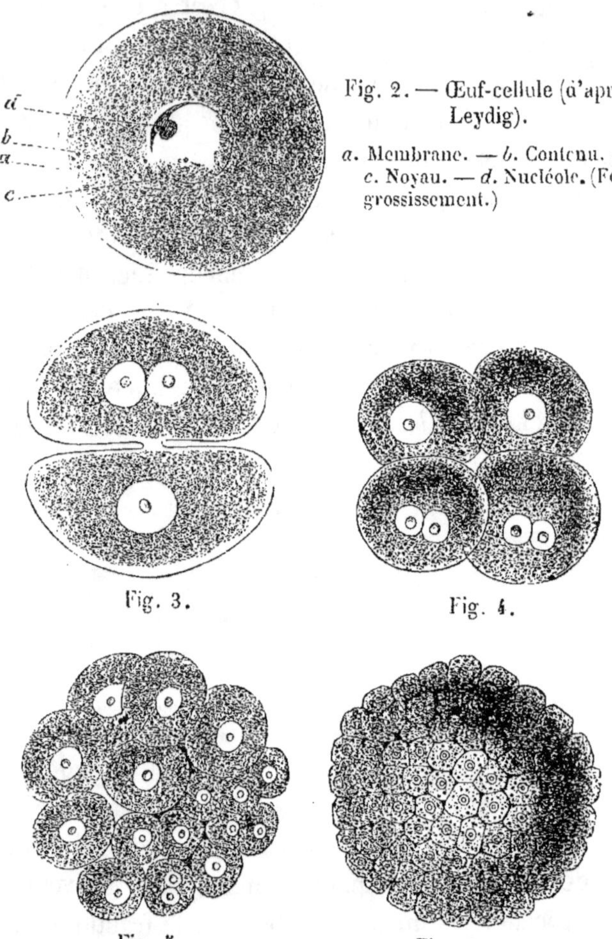

Fig. 2. — Œuf-cellule (d'après Leydig).

a. Membrane. — b. Contenu. — c. Noyau. — d. Nucléole. (Fort grossissement.)

Fig. 3.

Fig. 4.

Fig. 5.

Fig. 6.

Plusieurs stades du processus de segmentation qui rendent sensible la multiplication des cellules par division (d'après Leydig).

Les cellules peuvent aussi se multiplier suivant un mode qui n'est qu'une modification de celui-là ; c'est le bourgeonnement ou gemmation appelé quelquefoi formation exogène (fig. 7).

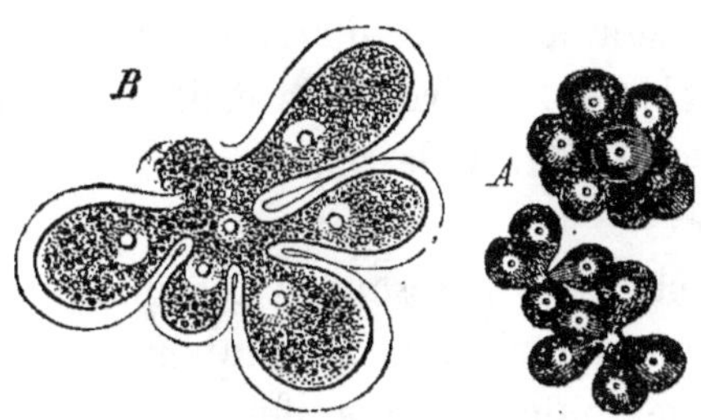

Fig. 7. — Multiplication des cellules par bourgeonnement (d'après Leydig).

A. Grappe d'œufs du *Gerdius* (selon Meissner). — *B*. Ovulation de la *Venus decussata*. (Fort grossissement.)

Enfin plusieurs anatomistes ont décrit sous le nom de formation cellulaire endogène un troisième mode de multiplication des cellules qui a pour base la division du contenu cellulaire sans que la membrane de la cellule participe à cette division.

Les physiologistes allemands admettent d'une manière absolue la formation de tous les tissus par des cellules ; il paraît cependant un peu difficile de faire rentrer tous les faits dans cette donnée. Divers tissus procèdent certainement par transformation de la cellule ; mais il en est d'autres qu'on ne peut guère expliquer de cette manière et qui supposent un autre mécanisme. M. Robin, en France, ainsi que d'autres savants, opposent, avec raison suivant nous, de sérieuses objections à cette théorie absolue. En Allemagne, Brücke a soutenu aussi qu'il n'était pas possible d'expliquer tous les éléments du corps par une dérivation de simples cellules ; il propose donc de substituer le terme d'*organismes élémentaires* à celui d'éléments dérivés de cellules, comme plus conforme à l'état de la science.

Sans chercher à résoudre ces questions d'histo-genèse, constatons ce fait, maintenant bien établi, à savoir que toutes les manifestations de la vie sont exclusivement attachées aux parties élémentaires des corps vivants : ce sont les éléments anatomiques ou organiques, cellules ou organismes élémentaires, comme on voudra. En effet, chaque organe a sa vie propre, son autonomie ; il peut se développer et se reproduire indépendamment des tissus voisins. Sans doute tous ces tissus entretiennent, pendant la vie, des relations nombreuses qui les font concourir à l'harmonie de l'ensemble ; mais on pourrait, jusqu'à un certain point, comparer chaque individu à un polypier résultant de la juxtaposition d'une foule d'organismes vivants.

Ce sont ces éléments organiques qu'il faut consi-dérer comme l'origine des manifestations vitales. Sans doute, ce ne sont pas des éléments au point de vue de la chimie minérale, car ce ne sont pas des corps simples, et l'on pourrait, par l'action des agents naturels, les résoudre en oxygène, azote, carbone, etc. Mais, si on les détruit ainsi, on fait en même temps disparaître toutes les propriétés vitales, tandis qu'on peut les isoler sans altérer en rien ces propriétés : c'est donc à eux que la vie est attachée ; les corps simples de la chimie sont peut-être des éléments de la nature brute, mais non à coup sûr des éléments organiques.

Pour avoir une idée exacte de ces parties élémentaires, il faut les considérer dans des organismes élevés, c'est-à-dire complexes. On a dit souvent que les organismes inférieurs sont plus simples que les supérieurs ; mais notre opinion est tout justement l'opposé de celle-là. Au moins est-il certain que les diverses propriétés vitales sont moins bien isolées et séparées les unes des autres dans les êtres inférieurs : il y a donc avantage à expérimenter sur des animaux élevés, car, à mesure qu'un élément s'isole, il est plus facile d'en saisir les propriétés particulières.

Nous disons expérimenter : c'est qu'en effet, pour connaître, à notre point de vue, l'organisation élémentaire, il faut l'étudier, par l'observation et l'expérimentation, sur les animaux vivants. Il ne faudrait pas s'imaginer qu'on puisse saisir sur le cadavre le secret des phénomènes de la vie. Quand l'anatomiste nous dit que la présence de fibres musculaires dans tel organe lui apprend qu'il a la propriété d'être contractile, il se réfère implicitement aux caractères qui ont été observés sur l'être vivant, car le seul aspect des fibres mortes ne prouve aucunement leur contractilité. Croire que la structure nous apprend quelque chose à cet égard, c'est donc commettre une confusion, c'est transformer un à posteriori en à priori.

Ainsi, c'est aux tissus vivants et doués de toutes leurs propriétés que nous devons nous adresser pour connaître ce que le cadavre ne nous révélera jamais, et c'est l'expérimentation qui nous en fournira les moyens. Nous aurons donc à montrer chez les différents êtres comment on a pu déterminer ces propriétés multiples en opérant sur les tissus vivants, et nous donnerons, cette année, un certain développement à ces expériences.

Mais cette étude des cellules et des fibres élémentaires reste incomplète et stérile quand elle est isolée ; il faut y joindre celle des milieux qui fournissent à ces cellules et à ces fibres les conditions indispensables de leur existence. Car, pour faire un dernier rapprochement entre la nature inanimée et la nature vivante, nous devons considérer que, dans l'une comme dans l'autre, la matière est essentiellement inerte. Jamais un corps ne peut se donner à lui-même le mouvement ; la fibre nerveuse ou musculaire n'a pas de privilége à cet égard : elle aussi restera éternellement en repos, si une influence étrangère ne l'en fait sortir. Cette excitation indispensable, qui est ainsi la véritable cause des phénomènes vitaux, doit venir de quelque part : nous en trouverons l'explication dans les propriétés du milieu au sein duquel se développe et agit l'organisme vivant. Ce milieu, dans lequel se déterminent à la fois les propriétés des corps vivants et le moment de leur action, constitue donc la seconde condition d'activité organique que nous indiquions en commençant, et la prochaine leçon sera consacrée à son étude.

DEUXIÈME LEÇON.

DES MILIEUX CHEZ LES ÊTRES VIVANTS.

19 mars 1864.

SOMMAIRE. — Théorie cellulaire. — Classification des tissus suivant Leydig. — Éléments du corps humain : corps simples ; combinaisons inorganiques ; combinaisons organiques azotées et non azotées. — Des milieux qui entourent les êtres vivants : — Air. — Eau. — Aliments. — Température. — Électricité ; lumière. Distinction de deux ordres de milieux : 1° les *milieux cosmiques* ou *extérieurs;* 2° les *milieux organiques* ou *intérieurs.* — Le sang est le milieu intérieur. — Conclusion.

La première condition de la vie est une organisation ou un organisme, et nous avons vu, dans la dernière leçon, comment la science était arrivée successivement à analyser ou à décomposer les corps vivants complexes pour les ramener à leurs éléments organiques.

La théorie dite *cellulaire* exprime ce résultat général, à savoir, que tous les êtres vivants et tous les tissus ou parties qui les composent dérivent primitivement et morphologiquement de cellules qui, par des modifications ou métamorphoses, donnent successivement naissance à tous les éléments organiques définis. Ces éléments, en se groupant ensemble, donnent eux-mêmes naissance aux tissus et aux organes.

Les classifications de ces divers éléments ont beaucoup varié, et chaque histologiste a, pour ainsi dire, donné la sienne. Suivant les époques, le nombre des tissus primitifs a été restreint ou exagéré outre mesure, et nous ne pouvons entrer ici dans le détail de toutes ces théories. Cependant, pour donner une idée de ces classifications, nous en reproduirons une qui nous paraît des plus simples, celle de Leydig.

Suivant cet auteur, le développement cellulaire donne naissance à quatre éléments, qui sont, dans l'ordre de leur élévation organique :

1° L'*élément nerveux ;*
2° L'*élément musculaire ;*
3° L'*élément conjonctif ;*
4° L'*élément resté à l'état de cellule.*

L'élément nerveux comprend les tissus nerveux, qui sont composés de cellules ou globules ganglionnaires et de fibres (fig. 8, 9 et 10) ; il forme la partie essentielle des organes de la sensibilité, ou le système nerveux en général, et sert de *substratum* aux actes de la volonté, de l'intelligence et des instincts.

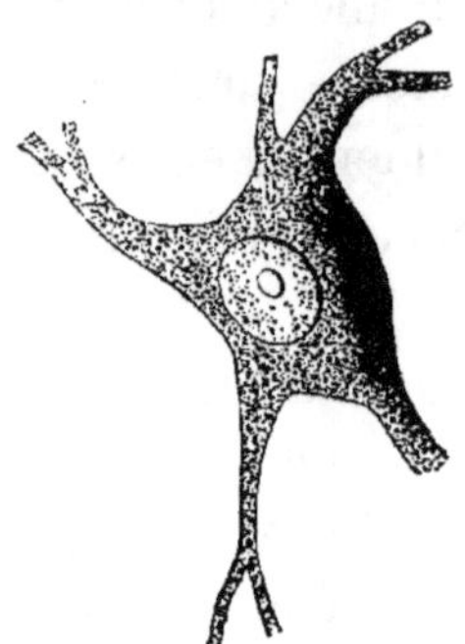

Fig. 8. — Cellule ganglionnaire multipolaire (d'après Leydig). (Fort grossissement).

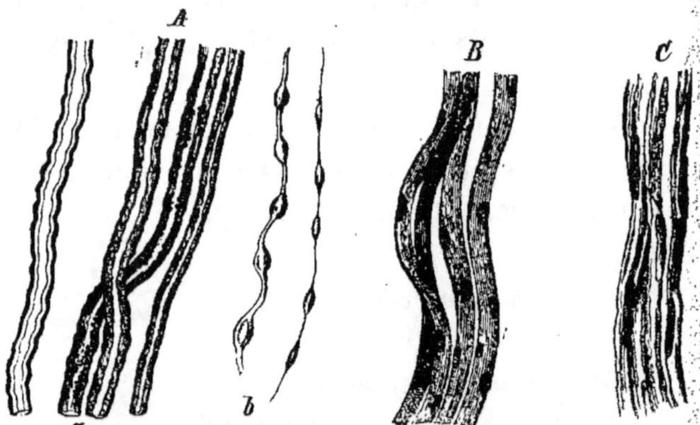

Fig. 9. — Fibres nerveuses (d'après Leydig).

A. Fibres à bords foncés. — *a*. Fibres larges. — *b*. Fibres fines devenues variqueuses. — *B*. Fibres à bords pâles (fibres de Remak). — *C*. Degrés intermédiaires entre ces deux genres de fibres. (Fort grossissement.)

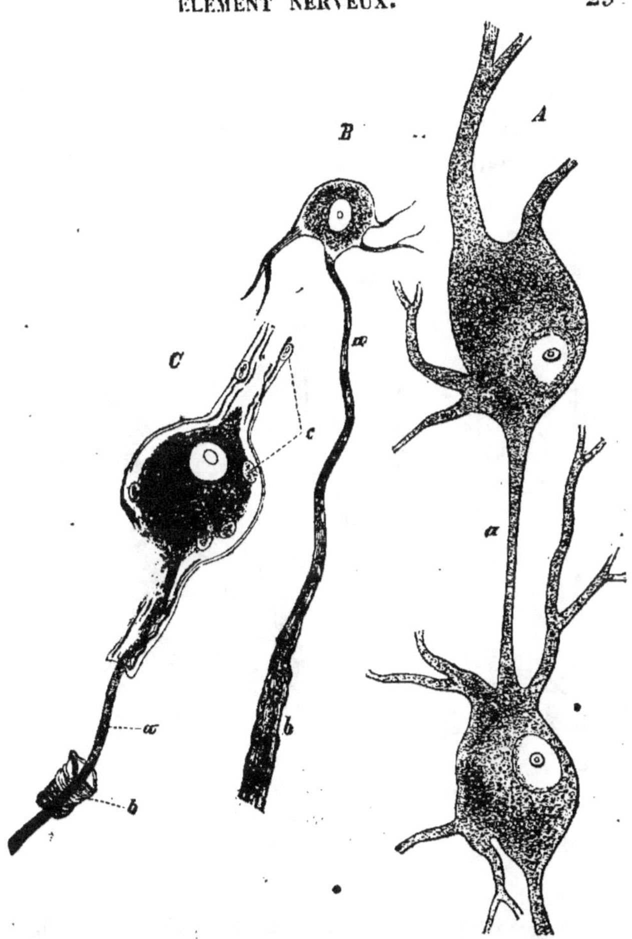

Fig. 40. — Cellules et fibres nerveuses réunies (d'après Leydig).

A. Deux cellules ganglionnaires multipolaires du *locus cœruleus* de
l'homme avec une commissure en *a*. — *B*. Globule ganglionnaire du
cervelet du *Requin à marteau*. — *a*. L'une de ses ramifications pâles :
elle s'épaissit et s'enveloppe d'une gaîne graisseuse, *b*. — *C*. Fibrille
nerveuse du ganglion trijumeau du *Seymnus lichia* après avoir été traitée par l'acide chromique. — *a*. Cylindre-axe qui se perd directement
dans la substance granuleuse du globule ganglionnaire. — En *b*, elle
n'est plus entourée que par la gaîne nerveuse homogène. — *c*. Noyaux
de la gaîne nerveuse.

L'élément musculaire forme la partie essentielle des muscles, des tissus du système musculaire; il est caractérisé par la propriété de se contracter sous l'influence d'une excitation extérieure (fig. 11 et 12).

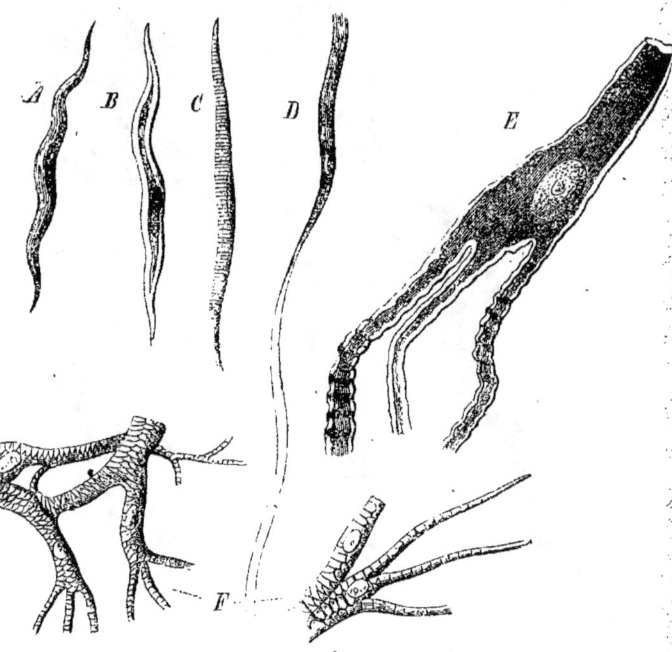

Fig. 11. — Cellules et fibres musculaires simples et ramifiées (d'après Leydig).

A. Ce qu'on appelle une *fibre lisse* avec contenu uniforme. — B. Cellule lisse qui présente dans sa composition une substance médullaire et une substance corticale. — C. Une autre fibre dont le contenu est devenu une masse striée transversalement. — D. Fibre plate qui s'est développée en long. — E. Cellule musculaire ramifiée d'un mollusque (*Carinaria*). — F. *Muscles striés ramifiés* d'un Arthropode (*Branchipus*). (Fort grossissement.)

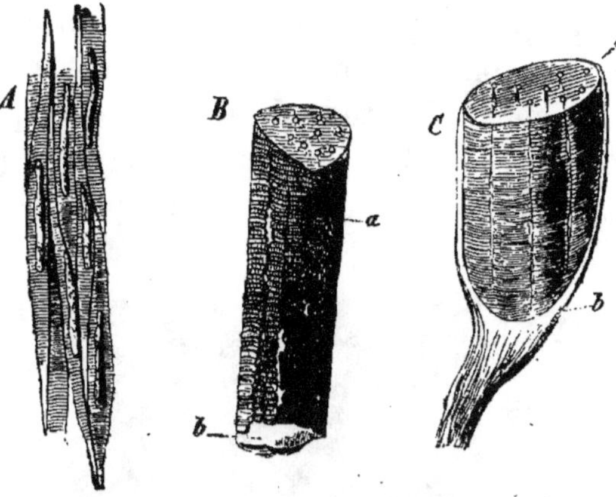

**Fig. 12. — Fibres musculaires réunies en nouvelles unités ou
faisceaux (d'après Leydig).**

A. Du *bulbus arteriosus* de la Salamandre : les cellules musculaires
striées, bien qu'elles soient étroitement serrées les unes contre les
autres, ont conservé une certaine autonomie. — *B* et *C*. Ce qu'on
appelle des faisceaux musculaires primitifs avec fusion des cylindres
primitifs. — *a*. Le système d'interstices situé dans l'intérieur de la
substance contractile. — *b*. Le sarcolemme. (Fort grossissement.)

L'élément conjonctif ou cellulaire comprend, dans
ses modifications, le **tissu gélatineux** (fig. 13), le

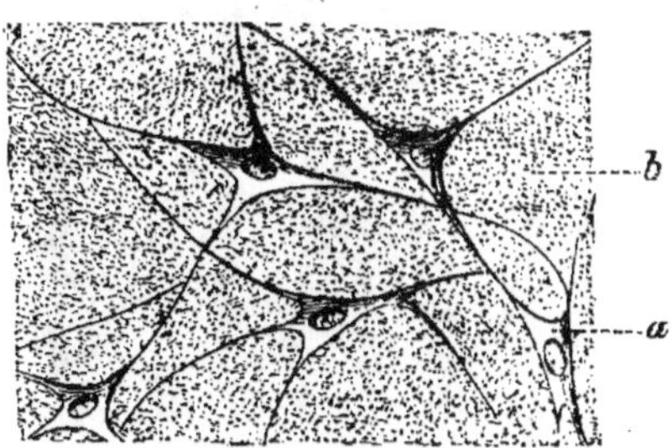

Fig. 13 — Tissu conjonctif gélatineux (d'après Leydig).
(Tissu muqueux de Virchow.)

a. La charpente celluleuse. — *b*. La masse intermédiaire gélatiniforme.
(Fort grossissement.)

tissu conjonctif ordinaire qu'on rencontre à divers
états tels que ceux de tissu conjonctif graisseux,
tissu conjonctif rigide, tissu jaune élastique, etc.
(fig. 14, 15 et 16) le tissu cartilagineux (fig. 17
et 18) et le tissu osseux (fig. 19, 20 et 21).

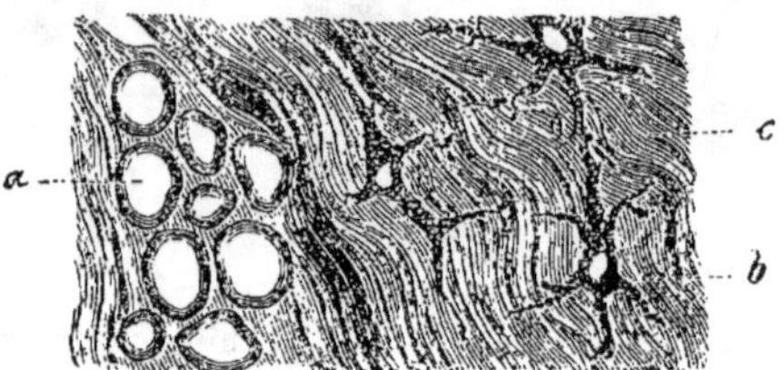

Fig. 14. — Tissu conjonctif dont les corpuscules sont devenus
des cellules graisseuses et des cellules pigmentaires (d'après
Leydig).

    a. Corpuscules du tissu conjonctif renfermant de la graisse.
— *b.* Corpuscules remplis de pigment. — *c.* Masse intermédiaire.

Fig. 15. — Tissu conjonctif rigide (d'après Leydig).

a. Corpuscules du tissu conjonctif. — *b.* Substance fondamentale striée.
(Fort grossissement.)

Fig. 16. — Tissu conjonctif dont la substance fondamentale s'est en partie condensée en fibres élastiques (d'après Leydig).

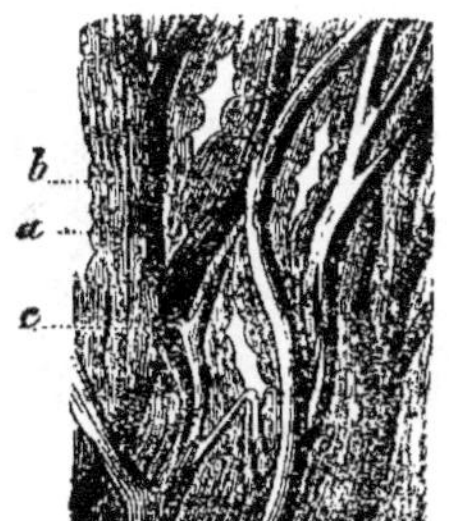

a. Les corpuscules du tissu conjonctif. — b. La substance fondamentale. — c. Les fibres élastiques. (Fort grossissement.)

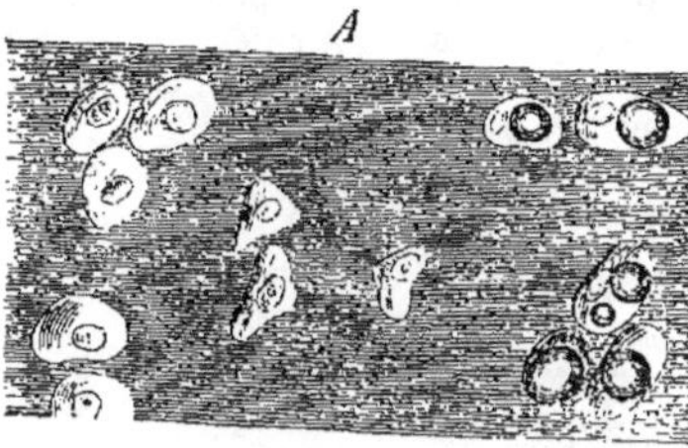

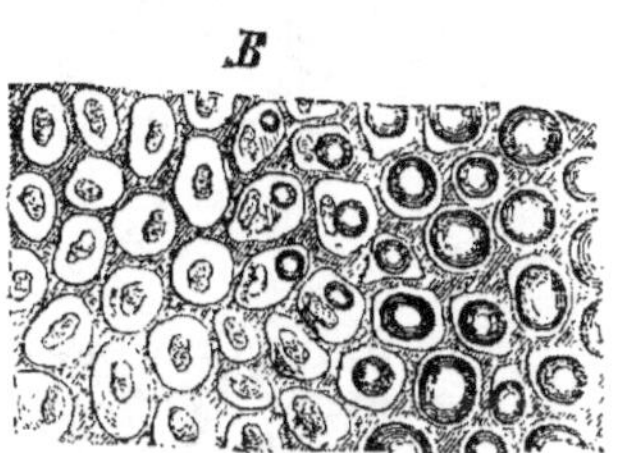

Fig. 17. — Cartilage hyalin (d'après Leydig).

A. Cartilage dans lequel la substance fondamentale domine. — B. Cartilage avec prédominance des éléments cellulaires. — Une partie des cellules dans les deux portions de la figure ont des gouttelettes graisseuses pour contenu. (Fort grossissement.)

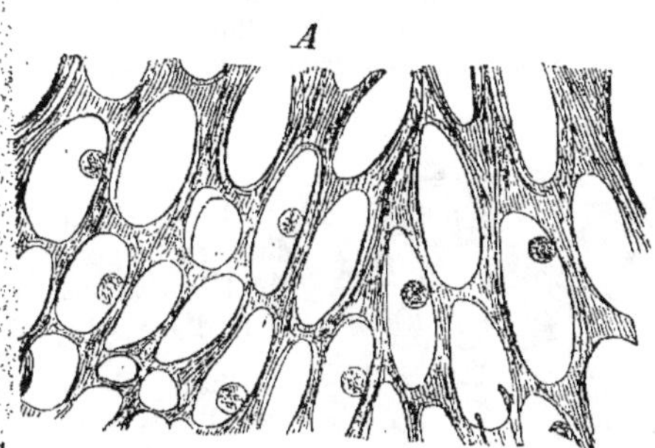

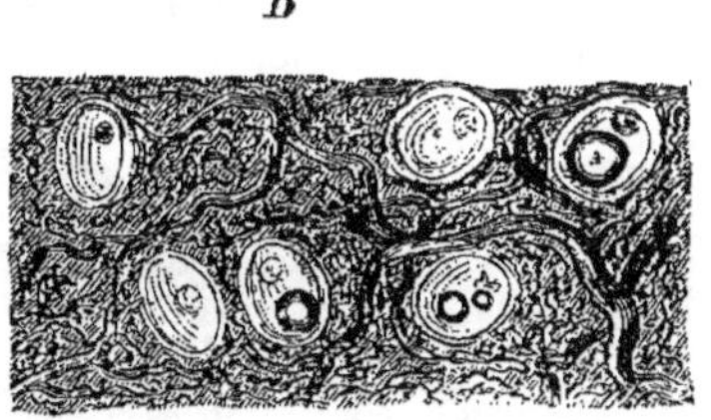

Fig. 18. — Tissu conjonctif cartilagineux (d'après Leydig).

A. Cartilage celluleux de la corde dorsale du *Polypterus*. — B. Fibrocartilage ou cartilage réticulé. La substance intercellulaire s'est condensée en un réseau fibroïde élastique. (Fort grossissement.)

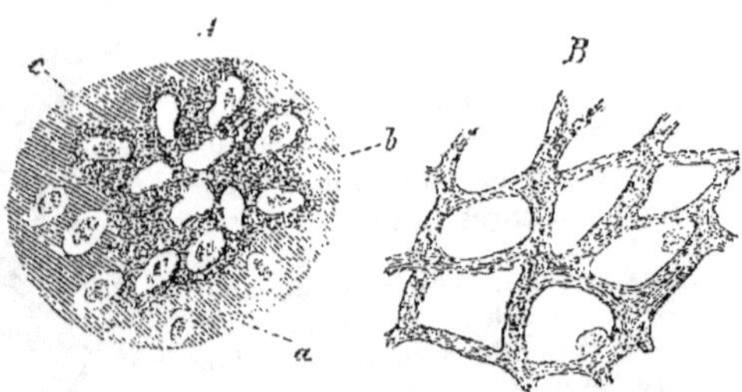

Fig. 19. — Ossification des cartilages (d'après Leydig).

A. Ossification du cartilage hyalin de la Torpille. — *a*. Cartilage hyalin avec ses cellules. — *b*. Sels calcaires déposés par lesquels les cellules cartilagineuses se transforment en corpuscules osseux. — *B*. Cartilage celluleux ossifié de la base d'un aiguillon cutané de la *Raja clavata*. (Fort grossissement.)

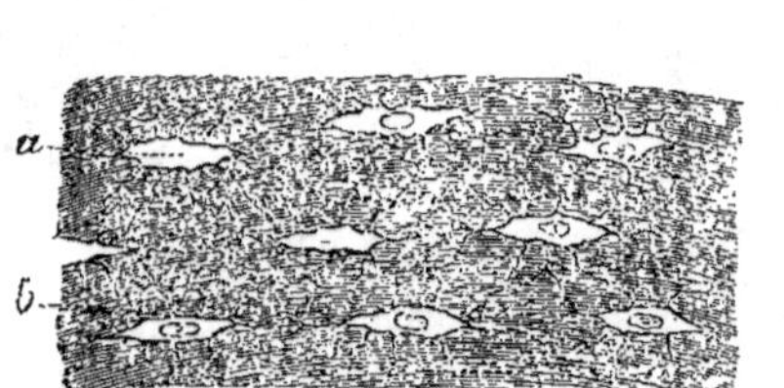
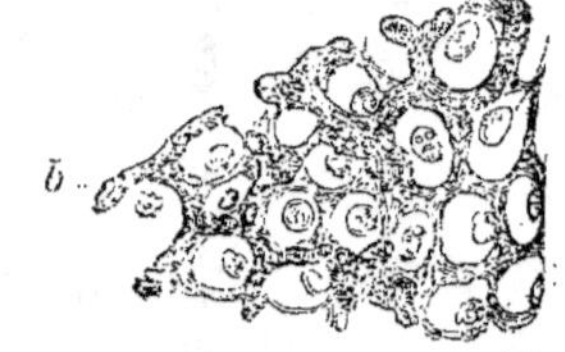

Fig. 20. — Tissu conjonctif osseux (d'après Leydig).

A. Tissu conjonctif ossifié. — *a*. Corpuscules osseux étoilés. — *b*. Substance fondamentale. — *B*. Incrustation de cellules cartilagineuses (du conduit aérien de la couleuvre à collier). — *a*. Les cellules. — *b*. Les dépôts calcaires.

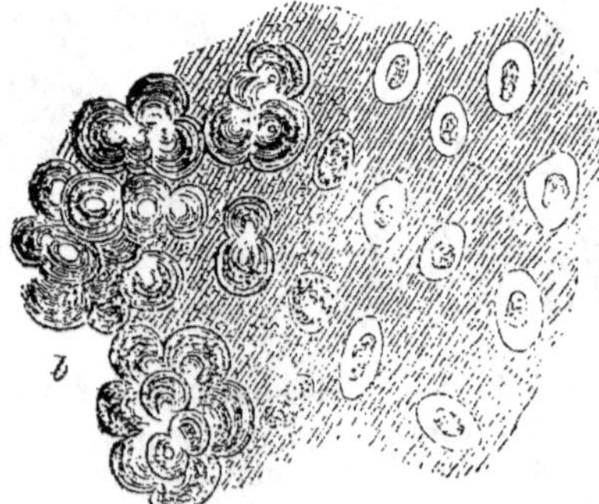

Fig. 21. — Ossification d'un cartilage branchial du *Polypterus bichir* (d'après Leydig).

a. Cartilage hyalin avec les cellules. — *b*. Sels calcaires déposés dans l'intérieur et au bord des cellules cartilagineuses. (Fort grossissement.)

Enfin, l'élément resté à l'état de cellule est représenté par les glandes, les tissus *glandulaire, parenchymateux* et *muqueux*, les divers *épithéliums*, les *globules du sang*, etc. (fig. 22 et 23).

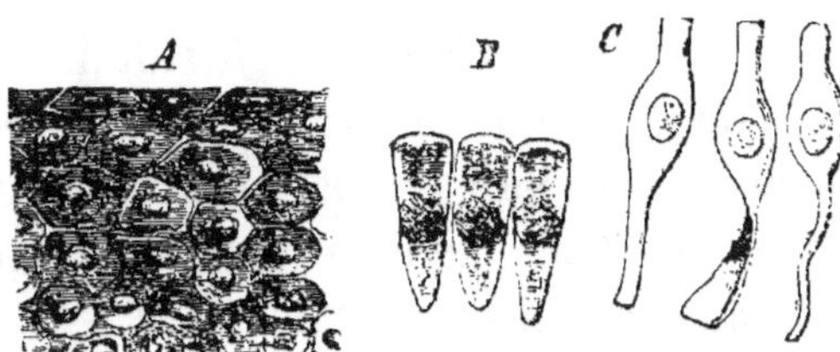

Fig. 22.

A. Épithélium pavimenteux stratifié. — *B*. Épithélium cylindrique. *C*. Épithélium cylindrique dont les cellules sont comprimées les unes contre les autres, de sorte qu'en certains endroits elles deviennent filiformes (couches épidermiques inférieures du Triton).

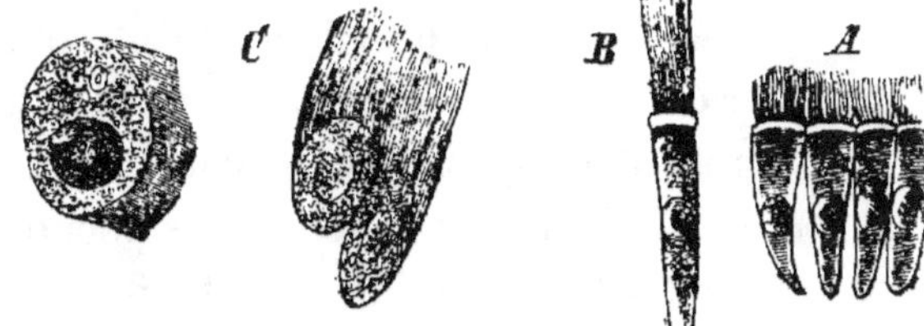

Fig. 23.

A. Cellules cylindriques avec des cils vibratiles assez longs. — *B*. Avec des cils plus longs. — *C*. Cellules vibratiles rondes (des Rotateurs et de la Sangsue). — *D*. Cellule vibratile avec un seul cil de forte dimension de l'oreille du *Petromyzon*. (Fort grossissement.)

Mais ne perdons pas de vue que ces classifications anatomiques, ces évolutions morphologiques, ne sauraient servir de base absolue au physiologiste. En effet, de ce que tous les organismes, tous les tissus, tous les éléments, se ramènent à une origine cellulaire, cette commune origine ne peut nous expliquer en aucune manière leur diversité si grande de propriétés physiologiques. Ce sont les propriétés des éléments histologiques, et non leurs formes, qui peuvent intéresser en physiologie. Il faut donc toujours en arriver à l'étude expérimentale des tissus, pour découvrir ces propriétés. Dès lors, l'organisation ou les formes anatomiques ne servent plus que de caractères pour reconnaître et localiser les propriétés physiologiques que l'expérience nous a révélées; mais à priori, l'organisation n'apprend rien, et ce n'est jamais qu'un rapport à posteriori qu'on peut constater entre la forme et les propriétés d'un élément.

Avant d'arriver à l'étude expérimentale des propriétés des tissus chez les êtres vivants, étude qui fait l'objet spécial de ce cours et qui doit servir de base à l'explication de tous les phénomènes de la vie, il est nécessaire d'exposer l'influence et le rôle particulier de chacune des deux conditions indispensables à la manifestation de ces phénomènes, que nous avons déterminées dans la dernière leçon, à savoir un organisme vivant et un milieu : nous vous avons déjà entretenus de l'organisation, il ne nous reste donc plus à traiter que de l'influence des milieux dans lesquels l'être vivant ou l'élément organique manifeste ses propriétés : ce sera l'objet particulier de cette leçon.

DES MILIEUX PHYSIOLOGIQUES.

En physiologie, il faut donner le nom de *milieux* à l'ensemble des circonstances qui environnent l'être vivant, et dans lesquelles il trouve les conditions propres à développer, entretenir et manifester la vie qui l'anime. Ces conditions générales sont : l'air, l'eau, les matières nutritives ou constitutives de l'être vivant (aliments), la chaleur, la lumière, l'électricité, etc. On peut dire, en général, que tous les êtres vivants trouvent primitivement ces conditions de leur existence dans le milieu cosmique qui les entoure. A leur mort, ils restituent au monde minéral leurs éléments constitutifs, qu'ils lui ont empruntés pour quelque temps ; ces éléments pourront bientôt servir à de nouveaux êtres, qui périront à leur tour, et ainsi de suite : de telle sorte qu'il y a un mouvement perpétuel, un *circulus* sans fin, comme disent les physiologistes, qui fait passer la matière d'un règne dans l'autre en maintenant toujours leur harmonie réciproque.

Mais, de plus, pendant la durée même de la vie dans les êtres organisés, les manifestations de leurs phénomènes sont plus ou moins étroitement liées aux circonstances extérieures du milieu cosmique, et varient avec elles. Certains physiologistes ont dit que ce qui caractérisait l'être vivant c'était son indépendance vis-à-vis des phénomènes extérieurs. Cependant cette indépendance est loin d'être absolue : l'être vivant n'est indépendant de l'extérieur que d'une manière toute relative. Ainsi les végétaux et les animaux à sang froid suivent toutes les variations de la température ambiante. Sans doute les animaux à sang chaud paraissent jouir, à cet égard, d'une complète indépendance ; mais cette constance de la température tient à des circonstances toutes particulières, que nous expliquerons dans un instant, et vous verrez que cette indépendance n'est qu'apparente et n'existe pas réellement. L'influence des milieux est générale et aucun être n'y échappe ; mais cette influence, pour être efficace, doit s'exercer sur les éléments organiques eux-mêmes.

L'organisme de tous les êtres vivants est composé de gaz et de matières minérales ou organiques plus ou moins nombreuses. Il n'y a pas un seul animal qui soit constitué par une substance unique ; il en faut toujours au moins trois : une substance azotée, une substance non azotée et une substance terreuse. Il en faut au moins trois, disons-nous, dans les êtres vivants les plus simples ; mais il y en a souvent davantage. Chez les êtres rudimentaires, la vie n'a pour *substratum* qu'une matière très-peu complexe, comme nous venons de l'indiquer. Mais à mesure qu'on s'élève dans l'échelle animale, les organismes se compliquent, et ils empruntent au monde minéral un nombre d'éléments de plus en plus grand. Cependant il n'entre jamais dans ces combinaisons une bien grande quantité de corps simples, comme le prouve la composition du corps humain, le plus complexe de tous, que nous donnons ici :

ÉLÉMENTS DU CORPS HUMAIN.

Corps simples.

Oxygène.	Chlore.
Hydrogène.	—
Azote.	Sodium.
Carbone.	Potassium.
—	Calcium.
Soufre.	Magnésium.
Phosphore.	Silicium.
Fluor.	Fer.

Combinaisons inorganiques.

Eau.

Acide carbonique (combiné avec la chaux, la potasse et d'autres bases).

Ammoniaque.

Cyanogène (en combinaison).

Acide sulfurique (en combinaison).

Hydrogène sulfuré.

Acide phosphorique (en combinaison).

Chlorures divers.

Combinaisons de l'oxygène avec le sodium, le potassium, le calcium, le magnésium, le silicium et le fer.

Combinaisons organiques non azotées.

Sucres de raisin, de lait, etc.

Glycogène.

Graisses et acides gras.

Acides butyrique, lactique, formique.

Combinaisons organiques azotées.

Albumine.	Acide hippurique.
Fibrine.	Leucine.
Caséine.	Tyrosine.
Gélatine.	Créatine, créatinine.
Mucine.	Acide inosique.
Urée.	—
Acide urique.	Diverses matières colorantes
Acides glycocholique et tauro-cholique (acides de la bile).	ou ferments, comme la diastase, etc.

Ainsi, tout cela se ramène à quatorze corps simples de la chimie minérale. Buffon avait supposé que les corps organisés devaient contenir une espèce particulière de matière qui ne se retrouverait que chez eux, et serait l'origine de leurs propriétés; mais cette hypothèse a été complétement démentie par les faits. Seulement, sous l'influence de la vie et avec ces mêmes corps simples qui forment la base du monde minéral, il se forme des combinaisons dites *organiques*, parce qu'elles sont des produits de l'organisme, et qu'on les chercherait en vain autre part.

Voilà les éléments qui entrent dans la composition du corps vivant le plus complexe, celui de l'homme; mais si nous prenions une cellule de levûre de bière, elle nous montrerait, comme bien vous pensez, une constitution tout autrement simple. Cette différence de complication dans les organismes s'accompagne d'une différence parallèle dans les milieux. En effet, il faut que l'être vivant trouve dans le milieu cosmique qui l'entoure tous les éléments constitutifs de son corps : il habitera donc forcément un milieu d'autant plus composé, qu'il réalisera un type plus élevé et que sa constitution sera elle-même plus complexe. Ainsi, M. Pasteur a montré que la levûre de bière se développe dans de l'eau distillée où l'on met un peu de sucre, une matière calcaire et de l'ammoniaque. Il est évident que l'on ne pourrait faire vivre dans un pareil milieu un animal tant soit peu élevé.

Parcourons maintenant les principales circonstances extérieures qui influent sur les phénomènes vitaux.

Air.

L'air est une des conditions les plus immédiatement indispensables à la vie. L'être organisé, quel qu'il soit, à qui l'on enlève l'air, périt plus ou moins rapidement, mais périt toujours.

Chez les végétaux, cette asphyxie est extrêmement lente.

Les animaux inférieurs résistent aussi assez longtemps, et Biot a tenu des insectes pendant plusieurs heures, dans le vide de la machine pneumatique, sans qu'ils parussent incommodés. Les animaux à sang chaud, au contraire, sont bien plus vite asphyxiés. Tous ces faits peuvent se ramener à cette loi générale : *un animal privé d'air meurt d'autant plus rapidement, que les phénomènes vitaux sont plus actifs chez lui.*

Cela se comprend très-bien, car si la vie est plus active, elle consomme plus d'oxygène, et la mort arrive, non pas quand il n'y a plus d'oxygène à l'extérieur, mais quand il n'y en a plus à l'intérieur en contact avec les éléments organiques de l'être vivant qui ressentent cette privation d'oxygène. En effet, l'oxygène de l'air se dissout dans le sang des animaux, et c'est par l'intermédiaire du sang qu'il agit sur les éléments organiques.

Cuvier, frappé de la rapidité avec laquelle les animaux supérieurs, comme les oiseaux, mouraient par la privation d'air, tandis qu'ils résistent bien plus longtemps à la privation de nourriture ; Cuvier, pour expliquer cette différence, avait émis l'idée que la respiration est une fonction continue, et la nutrition une fonction intermittente. Mais cette idée est erronée, car tous les animaux, et surtout les animaux supérieurs, ont dans leur corps des réservoirs d'air et de matières nutritives : la mort arrive quand ils ont épuisé ces provisions. Les animaux périssent donc plus ou moins rapidement, parce qu'ils consomment plus ou moins vite ces réserves qu'ils portent en eux-mêmes, ce qui tient évidemment à l'activité plus ou moins grande de la vie. Le mammifère périt en quelques minutes quand on lui enlève l'air, tandis qu'une grenouille meurt fort lentement. Mais le mammifère résisterait tout aussi longtemps, si on le mettait dans les mêmes conditions que la grenouille, c'est-à-dire si on le transformait en animal à sang froid, parce qu'alors l'activité de ses fonctions vitales serait considérablement diminuée. Tout ce que nous disons ici n'est pas une explication plus ou moins plausible et ingénieuse ; c'est le résultat d'expériences directes, nombreuses et irréfragables ; en effet, on ne trouve plus jamais dans le sang d'un animal asphyxié l'oxygène qui fait partie de sa constitution normale.

C'est à la présence de l'oxygène que l'air doit ses propriétés comme milieu propre à entretenir la vie. L'air normal contient en effet un cinquième environ de son volume d'oxygène ; les quatre autres cinquièmes sont formés par de l'azote, gaz inerte ou à très-peu près, avec quelques dix-millièmes d'acide carbonique. Sous l'influence de diverses causes, la constitution normale de l'air peut être sensiblement altérée ; ses propriétés sont alors plus ou moins modifiées, et il peut même devenir tout à fait impropre à entretenir la vie.

Et tout d'abord l'air n'est propre à servir de milieu pour les êtres vivants qu'à la condition de contenir au moins une certaine proportion d'oxygène. La proportion normale, c'est-à-dire 21 pour 100 environ, n'est pas absolument nécessaire ; mais lorsqu'elle diminue d'une manière sensible, l'activité des phénomènes vitaux diminue parallèlement et il arrive un moment où l'animal finit par succomber à une véritable asphyxie.

Mais quand ce résultat se produit-il, c'est-à-dire quand l'oxygène restant dans l'air commence-t-il à devenir insuffisant? C'est là une question qui ne peut recevoir de solution générale. D'abord tous les animaux ne sont par également sensibles à cette privation d'oxygène ; telle atmosphère dans laquelle un moineau ou un chien périraient en quelques instants pourrait être facilement respirable pour un animal inférieur.

Même en ne considérant qu'un seul animal, on trouve encore les variations les plus considérables. Ainsi les animaux hibernants supportent très bien, pendant leur sommeil d'hiver, une atmosphère où ils périraient presque aussitôt, s'ils se réveillaient, comme MM. Regnault et Reiset l'ont constaté dans leurs expériences sur les marmottes. D'un autre côté lorsqu'un animal se trouve placé dans une atmosphère qui s'appauvrit progressivement en oxygène, — ainsi que cela a lieu sous l'influence de la respiration, — son organisme tend à se mettre en équilibre avec le milieu qui l'entoure, et il peut ainsi en arriver à respirer impunément un air qui tue presque immédiatement un animal de même espèce et parfaitement semblable mais se trouvant à l'état normal lorsqu'on l'introduit dans cette atmosphère viciée. C'est ce qui explique pourquoi un animal peut vivre dans une chambre où périrait un homme bien portant qui y entrerait.

MM. Magendie et Claude Bernard ont fait autrefois des expériences pour déterminer autant que possible la limite inférieure de la quantité d'oxygène que doit contenir un milieu respirable, ils opéraient sur des lapins placés sous une cloche et, à l'aide d'une disposition particulière d'appareil, ils enlevaient de cette atmosphère confinée les gaz produits par la respiration et qui auraient pu troubler les résultats de l'expérience. La proportion d'oxygène restant dans l'atmosphère de la cloche lorsque les lapins succombaient n'était plus en général que de 3 à 5 pour 100 au lieu de 21 pour 100 que contient l'air normal.

La diminution de la proportion d'oxygène contenue dans l'atmosphère amène un affaissement général des fonctions vitales; l'augmentation de cette proportion d'oxygène produit naturellement un effet inverse, c'est-à-dire un accroissement d'énergie des phénomènes vitaux qui finit par occasionner la mort, surtout si l'on emploie de l'oxygène pur.

Enfin l'atmosphère, bien que contenant une quantité d'oxygène très-suffisante pour entretenir la respiration, et même une quantité dépassant de beaucoup celle que possède l'air normal, l'atmosphère, dis-je, peut devenir impropre à entretenir la vie, parce qu'il s'y trouve en même temps que de

l'oxygène d'autres gaz exerçant une action délétère.
Nous ne parlons pas ici bien entendu des gaz toxiques
comme l'oxyde de carbone ou l'acide sulfhydrique :
l'action de ces gaz produit un véritable empoisonnement, c'est-à-dire un phénomène tout différent
de ceux qui nous occupent ici. Mais l'acide carbonique par exemple, lorsqu'il est mêlé à l'air en proportion suffisante le rend complétement irrespirable,
bien qu'il n'ait cependant aucune propriété véné-
neuse proprement dite. Ainsi un oiseau meurt rapidement dans une atmosphère artificielle formée de
50 pour 100 d'oxygène avec 50 pour 100 d'acide
carbonique bien que l'air normal ne contienne que
21 pour 100 d'oxygène.

Eau.

L'eau est indispensable à l'accomplissement des
phénomènes de la vie et des phénomènes physico-chimiques qui l'accompagnent. Un poisson retiré de
l'eau meurt bien vite, parce qu'il ne peut pas respirer
l'air directement. Mais les animaux aériens sont à cet
égard dans la même situation que les animaux aquatiques ; ils ne peuvent également respirer ou exercer
leurs autres fonctions qu'au moyen de tissus sans
cesse lubrifiés par une certaine humidité : les membranes desséchées perdent leurs propriétés vitales.

La soustraction de l'eau amène, chez certains infusoires et chez les rotifères, des phénomènes

curieux de vie latente. Ces animaux, convenablement desséchés, perdent toute propriété vitale, au moins en apparence, et peuvent rester ainsi des années entières ; mais dès qu'on leur rend un peu d'eau, ils recommencent à vivre comme auparavant, pourvu qu'on n'ait pas dépassé un certain degré dans cette dessiccation. Les animaux un peu élevés ne sont évidemment plus susceptibles d'entretenir ainsi la vie à l'état latent ; chez eux, la privation d'eau entraîne la cessation définitive de la vie, avec divers phénomènes variables suivant les circonstances dans lesquelles on opère.

Tous les êtres ne périssent pas ainsi avec une égale rapidité, par la soustraction d'eau, et, dans le même être, les différents tissus sont affectés plus ou moins vite. Ainsi la grenouille est l'un des animaux qui éprouvent le plus vivement ce besoin d'humidité, et parmi les organes qui la composent, le premier de tous qui est attaqué dans ce cas, c'est le cristallin de l'œil : cette altération se traduit par une opacité considérable qui constitue une véritable cataracte ; mais, dès qu'on remet l'animal dans l'eau, la transparence reparaît immédiatement, et il devient propre de nouveau à remplir toutes ses fonctions dans la vision. La cornée transparente subit des modifications analogues. Dans tous les cas, c'est sur les éléments organiques que l'absence de l'eau produit ses effets.

Aliments.

Les aliments comprennent trois ordres de substances correspondant aux trois matières diverses qui se trouvent nécessairement dans tout organisme, comme nous l'avons dit plus haut. Les animaux supportent bien plus longtemps la privation d'aliments que la privation d'air. Cependant ils finissent tous par mourir d'inanition, plus ou moins vite dans les diverses espèces, suivant la rapidité plus ou moins grande des phénomènes vitaux, et particulièrement de la combustion respiratoire. Le cheval et le chien peuvent quelquefois vivre jusqu'à trente jours sans manger; la grenouille peut vivre bien plus longtemps encore, et il n'est pas rare d'en voir dans nos laboratoires qui passent six mois ou un an sans prendre aucune nourriture.

On raconte une foule de faits merveilleux sur des crapauds retrouvés au milieu de blocs de pierre où ils devaient être enfermés depuis des milliers d'années. Sans croire à ces anecdotes plus ou moins fabuleuses, nous aurions voulu éclaircir la question. On avait déjà enfermé des crapauds ainsi que d'autres animaux à sang froid, dans une masse de plâtre où ils étaient morts assez rapidement. Mais cette expérience ne prouvait rien, car le crapaud entouré de tous côtés par un corps très-avide d'humidité, avait été dépouillé rapidement de l'eau que contenait son organisme, et qui était indispensable à son action ; il y avait donc là deux causes de destruction non isolées, et il était impossible de faire la part de chacune d'elles.

L'expérience était donc à recommencer, et voici comment nous la disposâmes : Un crapaud fut enfermé dans un vase poreux, clos, entouré de terre saturée d'humidité, pour que l'animal ne fût soumis à aucune action desséchante. Ce vase était placé dans le sol à une certaine profondeur, et abrité de manière que sa température restât à peu près constante. Au bout d'un an, exhumation du crapaud, qui n'avait point cessé de vivre. La seconde année, il vivait encore, malgré ce jeûne si prolongé ; mais il était considérablement amaigri. A la troisième exhumation, faite il y a très-peu de temps, le crapaud était mort : mais il était peut-être mort accidentellement. L'hiver, plus rigoureux que les précédents, avait permis à la gelée de pénétrer plus avant dans la terre, et le crapaud avait été saisi par le froid. Cette expérience suffit toutefois à démontrer que ces animaux à sang froid supportent la privation de nourriture pendant une durée tout autrement longue que ne pourraient le faire les animaux supérieurs. En effet, un petit oiseau meurt de faim au bout de deux ou trois jours tout au plus.

Nous avons déjà parlé de l'erreur de Cuvier qui considérait la nutrition comme une fonction intermittente, tandis que la respiration serait une fonction continue. En effet, si l'animal résiste pendant un temps donné à la privation de nourriture, c'est que le sang est pour lui un liquide nourricier, un véritable réservoir nutritif dans lequel ses éléments histologiques puisent leur nourriture ; seulement les aliments lui manquent pour restaurer son sang. Il est donc exactement vrai, comme on le dit vulgairement, qu'un animal à jeun se nourrit de sa propre substance. Mais cela montre aussi que la privation de nourriture atteint les éléments organiques par suite de l'appauvrissement du sang.

Température.

La vie n'est possible qu'entre certaines limites de température, et ces limites varient pour les diverses espèces.

Un très-grand nombre d'êtres vivants suivent les variations de température du milieu ambiant et se mettent en équilibre calorifique avec ce milieu plus ou moins rapidement suivant leur masse ; ce sont les végétaux et les animaux à sang froid. Certains végétaux peuvent se développer dans la neige, et les animaux inférieurs vivent facilement à 0 degré, tant que les liquides intérieurs ne sont pas gelés ; mais, à partir de ce moment, la vie n'est plus possible. Nous avons sans doute entendu parler bien des fois d'animaux complétement gelés, qui pouvaient revivre ensuite, et nous avons essayé de reproduire ces phénomènes sans jamais y réussir. On peut, il est vrai, sans inconvénient, faire descendre la température ambiante au-dessous de zéro, mais pendant un temps assez court pour que les liquides organiques ne se congèlent pas, car une fois cette congélation intérieure opérée, les phénomènes vitaux ont toujours cessé de se produire.

Voilà pour les limites inférieures de température chez les êtres vivants. Quant aux limites supérieures, pour un animal à sang froid, ce sera environ 30 degrés au-dessus de zéro : il meurt quand on l'échauffe au delà, et que cette température le pénètre jusqu'à ses éléments anatomiques.

Chez les animaux élevés, comme les mammifères, la limite inférieure de la température est environ 20 degrés au-dessus de zéro ; nous ne pouvons déterminer exactement cette limite inférieure chez les oiseaux, parce que nous n'avons pas fait d'expériences à ce sujet. La limite supérieure est 45 degrés pour les mammifères et 50 degrés pour les oiseaux : c'est, pour chacune de ces deux classes, une marge de 5 degrés environ, car la température normale des mammifères est de 35 à 40 degrés au-dessus de zéro, tandis que celle des oiseaux s'élève à 44 ou 45 degrés. Un animal peut vivre momentanément dans une étuve sèche, à des températures bien supérieures à celles-là, 100 degrés par exemple et même 120 degrés, mais il faut toujours que la tempéra..re intérieure ne dépasse pas les limites que nous venons d'indiquer, c'est-à-dire un excès de 5 degrés environ sur la température normale; seulement, comme il faut un temps assez long pour que cet excès se produise dans le milieu intérieur, les animaux peuvent supporter en apparence pendant quelques moments une chaleur bien plus considérable.

Les animaux supérieurs, dont nous venons de parler, ont donc une température fixe qui leur est propre, plus élevée, en général, que celle du milieu ambiant, ce qui les fait nommer *animaux à sang chaud*. Ils jouissent d'une faculté propre de résistance qui, dans les conditions normales, maintient leur sang à 40 degrés environ au-dessus de zéro.

Les phénomènes de la vie se ralentissent, en général, quand la température baisse, pour devenir plus actifs quand elle s'élève : ce qui coïncide avec un ralentissement ou une accélération corrélative des phénomènes physico-chimiques liés aux phénomènes vitaux proprement dits.

Mais nous pouvons répéter ici ce que nous avons dit de toutes les autres influences extérieures : la température n'exerce une action salutaire ou nuisible sur les manifestations de la vie que parce qu'elle atteint les éléments organiques constitutifs de l'être.

Nous avons vu, chez les animaux à sang chaud,

la température du milieu intérieur se maintenir beaucoup mieux que chez les animaux à sang froid. Mais cette résistance est loin d'être absolue, et l'on ne peut prétendre qu'il y ait là une véritable indépendance des agents extérieurs. L'animal à sang chaud dont on refroidit convenablement le sang ne diffère plus d'un animal à sang froid. Ainsi, nous prenons un lapin et nous le mettons dans un vase complétement entouré de glace, pour ne pas le mouiller et laisser agir le froid seul : il se refroidit peu à peu ; sa température intérieure ne peut plus résister à cette absorption continue de chaleur, et baisse progressivement ; tous ses mouvements deviennent lents comme ceux des animaux à sang froid ; enfin, il périt lorsque la température de son sang est tombé à 18 ou 20 degrés au-dessus de zéro. Cependant, chez les mammifères hibernants, cette température peut descendre pendant l'hiver jusqu'à 2 ou 3 degrés seulement au-dessus de zéro. Ainsi, si le mammifère résiste à une température extérieure assez basse, c'est parce que la température de son milieu intérieur se maintient, et elle se maintient par diverses causes qui tiennent toutes au système nerveux et sont régies par lui. En effet, nous avons montré qu'en blessant d'une certaine façon le système nerveux d'un animal à sang chaud, on peut lui donner toutes les propriétés des animaux à sang froid, et faire ainsi, par exemple, un véritable lapin à sang froid. Les animaux à sang chaud ne sont donc pas plus indépendants que les autres : ils sont mieux protégés contre les influences réfrigérantes de l'extérieur, et voilà tout.

Lumière, électricité.

L'influence de la lumière et de l'électricité est moins bien connue que celle des conditions précédentes. Mais ces agents naturels ne sauraient également agir sur l'être vivant qu'en atteignant ses éléments organiques constitutifs, les seules parties actives dans la manifestation des phénomènes vitaux.

DISTINCTION DU MILIEU COSMIQUE ET DU MILIEU INTÉRIEUR.

De tout ce qui précède, il résulte que nous devons distinguer avec soin deux ordres de milieux : les milieux cosmiques et les milieux intérieurs, distinction importante que nous avons toujours faite dans nos cours, et qui nous semble indispensable pour analyser toutes les circonstances de la vie. Mais il faut toujours considérer les milieux extérieurs comme transmettant leurs actions dans les milieux internes qui constituent ainsi une sorte d'intermédiaire entre le milieu cosmique et les éléments organiques de l'être vivant.

La considération du milieu cosmique tout seul peut

suffire pour la phytologie et la zoologie ; mais au point de vue de la physiologie générale, qui remonte aux éléments organiques des manifestations de la vie, la considération de ce seul milieu ne suffit plus. En effet, pour comprendre la vie de l'organisme dans son ensemble, il faut connaître ses rapports avec le milieu cosmique général, au sein duquel il se développe ; de même, pour concevoir la vie de l'élément anatomique, il faudra aussi connaître le milieu organique dans lequel il est plongé, et qui lui présente seul les conditions diverses de son existence.

Dans tous nos cours de physiologie générale, nous avons donc toujours professé qu'il fallait admettre deux ordres de milieux bien distincts pour les êtres vivants :

1° Les *milieux cosmiques* ou *extérieurs*, entourant l'individu tout entier ;

2° Les *milieux organiques* ou *intérieurs*, en contact immédiat avec les éléments anatomiques qui composent l'être vivant.

Cette idée, que nous croyons avoir développée le premier, a déjà été adoptée par plusieurs physiologistes, et vous pourrez juger par vous-mêmes combien elle rend plus facile et plus claire l'analyse des phénomènes élémentaires de la vie.

Chez les êtres inférieurs, il n'y a, pour ainsi dire, pas de milieu organique distinct : ainsi les infusoires, dans les liquides où ils sont placés, subissent

immédiatement les influences du milieu extérieur ;
ils vivent dans l'eau et s'y nourrissent d'une façon
extrêmement simple. Ce sont, en quelque sorte, des
éléments organiques libres, vivant en contact immédiat avec les milieux extérieurs ; ils seraient donc en
quelque sorte dépourvus de milieux intérieurs, bien
qu'ils aient cependant une organisation assez complexe, et que nous n'allions pas jusqu'à les considérer comme des cellules simples.

Pour tous les végétaux en général, on peut encore
se contenter de la considération du milieu extérieur.

Mais à mesure qu'on s'élève dans l'échelle des êtres
vivants, l'organisation se complique ; les éléments
histologiques deviennent plus délicats, et ne peuvent
plus vivre directement dans le milieu extérieur.
Alors de deux choses l'une : ou ces animaux se créent
un milieu intérieur, ou ils prennent d'autres êtres
pour milieu, et deviennent parasites : tels sont les infusoires hématozoaires, les helminthes, les vers intestinaux en général, etc. — Ces organismes parasi-
taires empruntent donc en quelque sorte à d'autres
êtres vivants les milieux qu'ils ne savent pas se créer
eux-mêmes. Cette nécessité de milieux spéciaux
entraîne chez eux les migrations les plus singulières,
migrations analogues à celles des animaux élevés qui
changent de climats. Citons l'œstre du cheval, l'an-
guillule du froment, la trichine, etc., etc.

Mais ce que nous voulons surtout faire ressortir,

c'est la formation de milieux organiques propres. Dans les êtres plus élevés, les éléments histologiques ne pouvant plus s'accommoder des influences physico-chimiques extérieures, le milieu intérieur prend une importance toute nouvelle, et se constitue sous la forme d'un liquide circulant qui met incessamment les organes en rapport les uns avec les autres et avec l'extérieur: ce liquide, c'est le sang ou liquide nourricier.

Le sang n'est pas autre chose qu'un milieu intérieur dans lequel vivent les éléments anatomiques, comme les poissons vivent dans l'eau, c'est-à-dire sans en être le moins du monde imbibés dans leur substance. Ainsi les globules du sang eux-mêmes nagent dans le sérum; mais ils n'en sont pas pénétrés, comme on le croyait autrefois : c'est là un point aujourd'hui incontestable, car si les globules présentent une réaction alcaline, comme la liqueur qui les entoure, on a constaté que la potasse dominait dans les liquides qui remplissent l'intérieur de ces globules du sang, tandis qu'à l'extérieur, dans la liqueur ou ils nagent, c'est la soude qui se trouve en plus grande quantité. Mais il y a des phénomènes d'endosmose à travers les parois des éléments histologiques. Une différence entre le liquide intérieur de la cellule et le liquide extérieur qui la baigne est même une condition indispensable de l'échange de matières, et par suite de la nutrition. Aussi, lorsqu'il y a imbibition des éléments organiques, c'est-à-dire lorsque la constitution du liquide devient identique à l'extérieur et à l'intérieur de la cellule, l'endosmose s'arrête et la mort en est bientôt la conséquence (1).

A mesure que le milieu intérieur s'élève, il tend à s'isoler plus complétement des milieux extérieurs, et présente des conditions organiques modifiées d'une manière spéciale pour le développement des éléments anatomiques, qui sont ainsi de plus en plus protégés contre les influences du dehors. Le sang conserve alors une température propre, donne des matières nutritives spéciales, etc. — Nous comprenons ici, sous le nom de *milieux intérieurs*, le sang et tous les liquides plasmatiques ou blastématiques qui en dérivent.

Les milieux intérieurs sont donc des produits de l'organisme ; toutes les parties constitutives du sang, azotées ou non, albumine, fibrine, sucre, graisse, etc., sont dans ce cas, sauf les globules du sang, qui sont des éléments organiques. Il y a, en effet, dans le corps certains éléments qui créent le milieu dans lequel les autres doivent vivre : ce sont les organes dits de nutrition (digestion, respiration, sécrétions), qui n'ont pas d'autre fonction que de préparer un liquide nourricier général, dans lequel se développent

(1) Voyez à ce sujet la leçon d'ouverture du cours de physiologie générale de M. Claude Bernard en 1865, dans la *Revue des cours scientifiques* du 15 avril 1865 (n° 20).

les éléments organiques essentiels à la vie, tels que les fibres musculaires et nerveuses, etc.

Nous avons distingué deux ordres de sécrétions, les sécrétions externes et les sécrétions internes. Les *organes de sécrétion interne*, tels que le foie, la rate, les glandes sanguines, apportent dans le sang certains éléments particuliers. Ainsi les cellules glycogéniques n'ont pas d'autre rôle que de faire du sucre, matière qui entre dans la composition du sang.

Des considérations que nous venons d'exposer, on peut tirer les conclusions suivantes :

1° Dans l'étude des propriétés physiologiques des éléments, nous avons à considérer, d'une part, les propriétés spéciales de l'élément, et, d'autre part, les conditions de manifestation de ces propriétés, conditions qui se trouvent dans le milieu organique tout à fait local et spécial entourant cet élément.

2° Parmi les éléments organiques, il en est qui agissent seulement par leurs produits, et d'autres directement par leurs propriétés intimes. Ainsi, tous les éléments glandulaires ont pour fonction de préparer des produits organiques qui doivent servir à d'autres éléments anatomiques qu'on pourrait ainsi considérer comme supérieurs à eux. Au contraire, les fibres musculaires et nerveuses agissent par leurs propriétés directes, qui entretiennent l'activité des organes préparateurs des milieux organiques, en même temps qu'ils servent aux manifestations les plus élevées de l'être organisé. C'est donc un circuit continuel d'influences réciproques qui constituent l'harmonie de la vie.

Il nous faudra maintenant entrer dans l'analyse expérimentale des phénomènes élémentaires de la vie, en suivant les deux conditions qui leur donnent naissance, *élément histologique* et *milieu*. C'est ce que nous ferons dans la prochaine leçon, en commençant l'étude de l'irritabilité, qui a été considérée comme la propriété fondamentale de tous les éléments ou tissus vivants.

TROISIÈME LEÇON.

HISTOIRE DE LA THÉORIE DE L'IRRITABILITÉ.
PREMIÈRE PÉRIODE.

22 mars 1864.

SOMMAIRE. — Trois ordres de matières dans l'être vivant : 1° matières minérales ; 2° matières organiques mais non organisées ; 3° éléments organiques.
De l'irritabilité comme propriété fondamentale des tissus vivants.
— Histoire de la théorie de l'irritabilité. — Doctrine de Glisson (1672). — Pacchioni et Baglivi. — Animisme de Stahl ; objections qu'il soulève. — Retour à la doctrine de l'irritabilité : Gorter (1748), Winter, Lups et Gaub. — Haller (1777). — Deux propriétés vitales : *irritabilité* (contractilité), siégeant dans la fibre musculaire ; *sensibilité*, siégeant dans la fibre nerveuse. — Controverses soulevées par les idées de Haller. — Les nervistes. — Le vitalisme et le matérialisme. — Le principe vital est une hypothèse inutile.

Nous avons reconnu dans l'être vivant trois ordres de substances :

1° Des substances minérales se ramenant toutes à

quatorze corps simples dont nous avons donné la liste dans la dernière leçon ; mais ces corps simples ne s'y trouvent pas en général à l'état de liberté, sauf l'oxygène et l'azote dissous dans le sang. Encore beaucoup de physiologistes ont-ils pensé que l'oxygène se trouvait là à l'état de combinaison, fort instable il est vrai, avec les globules du sang. D'autres admettent qu'il s'y trouve à l'état d'oxygène actif ou d'ozone.

2° Des composés organiques, mais non organisés (principes immédiats), les uns azotés, les autres qui ne le sont pas, dissous en grande partie dans les liquides de l'organisme.

Ces deux premières espèces de substances constituent le milieu dans lequel vit une troisième espèce de corps que nous avons particulièrement à considérer.

3° Les éléments anatomiques ou organiques, cellules et fibres, présentant en général des formes déterminées, solides par conséquent, sauf peut-être ce qu'on appelle le protoplasma.

Ces trois ordres de substances se retrouvent dans tous les êtres vivants, depuis les plus compliqués jusqu'aux plus simples, soit animaux, soit végétaux.

Mais les matières des deux premiers ordres sont en quelque sorte passives dans l'organisme, et servent simplement à constituer les milieux intérieurs des éléments anatomiques. Seuls ces éléments anatomiques sont actifs, et ils influent sur le milieu qui les entoure à la façon d'organismes élémentaires. Ils possèdent tous la propriété de réagir sous l'influence des excitants en manifestant leur activité spéciale.

Puisqu'il n'y a que les éléments anatomiques qui soient vivants, ce sont eux seuls qui pourront nous donner les caractères de la vie. Or, chaque tissu présente des propriétés différentes, et l'on serait ainsi tenté de dire qu'il n'y a pas de caractère vital essentiel. Cependant les physiologistes ont essayé de déterminer ce caractère vital essentiel au milieu des variations de propriétés des tissus, et ils l'ont appelé l'*irritabilité*, c'est-à-dire l'aptitude à réagir physiologiquement (par un phénomène spécial) contre l'influence des circonstances extérieures, comme l'indique le mot lui-même. Cette propriété n'appartient ni aux matières minérales, ni aux matières organiques. C'est le privilége exclusif de la matière organisée et vivante, c'est-à-dire des éléments anatomiques vivants, qui sont, par conséquent, les seules parties irritables de l'organisme. Tous les êtres vivants sont donc irritables par les éléments histologiques qu'ils comprennent, et ils perdent cette propriété au moment de la mort. La propriété d'être irritable distinguerait donc la matière organisée de celle qui ne l'est pas ; et, de plus, parmi les matières organisées, elle distinguerait celle qui est vivante de celle qui ne vit plus. En un mot, l'irritabilité caractériserait la vie.

La matière par elle-même est inerte, même la matière vivante, en ce sens qu'elle doit être considérée comme dépourvue de toute spontanéité. Mais cette matière vivante est irritable, et elle peut ainsi entrer en activité pour manifester ses propriétés particulières, ce qui serait impossible si elle était à la fois dépourvue de spontanéité et d'irritabilité. L'irritabilité est donc la propriété fondamentale de la vie.

La question de l'irritabilité est par suite une question extrêmement importante, et l'on peut dire qu'il n'en est aucune qui le soit davantage; cependant elle a donné lieu à bien des discussions, et elle a été quelquefois obscurcie, oubliée même, pour reparaître bientôt ensuite sous une autre forme. Il est arrivé plus d'une fois, et il arrive encore souvent que l'on confond l'irritabilité, qui est une propriété générale de la matière vivante, avec certaines propriétés spéciales de tissus ou d'éléments anatomiques déterminés. On applique donc ce mot à des choses souvent très-différentes les unes des autres, et il devient dès lors indispensable d'indiquer le sens qu'il a pris aux époques successives de la science. Pour cela, nous devons faire l'histoire de la théorie de l'irritabilité.

Ce mot apparaît pour la première fois à la fin du xviie siècle. Avant cette époque, on essayait d'expliquer la vie par l'animisme de Platon et d'Aristote, ou par le naturisme d'Hippocrate, doctrine qui admettait une âme du monde animant et réglant toutes choses, et, par conséquent, la vie comme tout le reste. C'est à la fin du xviie siècle que la question se localise par le mot et aussi par les faits qui lui correspondent.

Glisson (1672) est le premier physiologiste qui attribua aux animaux une force spéciale déterminant les mouvements organiques. Il appela cette force *irritabilité*, parce qu'elle était mise en activité par des influences extérieures diverses, qu'il nommait *causes irritantes*, et qui manifestent ainsi les propriétés des corps organisés. Glisson attribua à toute matière vivante la faculté d'irritabilité, c'est-à-dire une aptitude particulière à percevoir les causes irritantes avec une tendance à réagir contre elles par des mouvements qu'il considérait en général comme des contractions.

Glisson analysa tous ces phénomènes avec soin, et il chercha à séparer nettement la perception de l'irritabilité, de la sensibilité ou de la sensation. Il admit trois manières distinctes de percevoir les causes irritantes, trois sortes d'irritabilités : l'*irritabilité naturelle*, l'*irritabilité sensitive*, et enfin, *celle qui dépend de la volonté*. La première appartient à la fibre animale, en général, et même au sang et aux humeurs. La seconde s'opère sur la fibre irritable par l'intermédiaire des nerfs irrités. Enfin, la troisième appartient à la volonté, c'est-à-dire au cerveau, qui met les muscles en mouvement par une excitation partie de l'intérieur. Ainsi, Glisson admettait non-seulement des excitations extérieures, mais encore des excitations internes, car le cerveau était à ses yeux l'irritant du nerf.

La théorie de Glisson se résumait donc en une force motrice, organique ou vitale, inhérente à l'organisme, l'*irritabilité*, force qui est sollicitée à entrer en action, soit par des irritations extérieures, soit par des irritations intérieures engendrées dans le corps vivant lui-même.

Les contemporains de Glisson le comprirent peu. Entraînés par les doctrines iatromécaniques qui régnaient alors, ils ne saisirent pas ce qu'il y avait d'essentiellement physiologique dans cette idée de l'irritabilité qui enlève à la matière vivante toute spontanéité d'action, et place toujours l'origine des mouvements qui l'animent dans des causes irritantes placées en dehors d'elle. Ils cherchèrent l'explication des phénomènes vitaux dans le mouvement direct et spontané des diverses parties du corps vivant.

A la même époque, Pacchioni et Baglivi développèrent des idées qui semblent, au premier abord, se rapprocher de celles de Glisson, mais qui en diffèrent cependant beaucoup. Ils faisaient dériver tous les mouvements organiques des contractions de la dure-mère, une des enveloppes du cerveau, contractions qu'on pouvait observer, en effet, sur l'animal vivant, en lui ouvrant le crâne. Cette idée, qui avait probablement aussi sa source dans les observations microscopiques de Leuwenhoeck, fut adoptée par Boerhaave et transportée par lui dans la médecine.

Ainsi, on était bien loin alors des idées de Glisson, que tout le monde avait perdues de vue : c'est seulement beaucoup plus tard qu'on devait y revenir.

Stahl (1708) s'en éloigna encore davantage. Ses connaissances chimiques étaient bien plus développées que celles de ses prédécesseurs, ce qui lui permit de faire ressortir le premier, avec toute la netteté désirable, les différences qui séparaient les êtres vivants, et notamment les animaux, des êtres privés de vie. Il reconnut et signala parfaitement les particularités de structure des êtres organisés en rapport avec leurs facultés spéciales, si éloignées des propriétés de la matière brute. Mais il arriva à une différence radicale, en supposant que les forces physico-chimiques tendent sans cesse à détruire l'organisme vivant. Cette idée de Stahl se perpétua longtemps, et l'on trouve encore la même idée dans Bichat, qui définit la vie *l'ensemble des fonctions qui résistent à la mort*. En effet, ce que Bichat entend ici par la mort, ce sont les forces extérieures agissant sur l'organisme et parvenant à le détruire.

Toutefois Stahl ne voulut pas admettre l'irritabilité de Glisson et regarder l'activité vitale comme inhérente à la matière vivante elle-même. En effet, il ne pouvait, dans cette théorie, attribuer aucune spontanéité à cette matière, puisqu'elle était mise en mouvement par des causes excitantes extérieures, et il devenait dès lors impossible d'expliquer la spontanéité dont jouissent néanmoins l'homme et les animaux. Stahl imagina donc une force vitale extérieure à la matière vivante, c'est-à-dire une sorte de substance immatérielle, l'*âme*, qui est la cause fondamentale de la vie et des mouvements qui s'y rattachent ; c'est en elle que résiderait cette résistance particulière aux influences extérieures qui tendent à détruire l'organisme. Quoique Descartes et Van Helmon eussent déjà soutenu des doctrines assez analogues, Stahl développa et poussa si loin cette théorie, qu'il doit être regardé comme le fondateur de l'animisme moderne dans la physiologie (1).

Ainsi, suivant Stahl, le corps animal, en cette seule qualité, n'a point la faculté de se mouvoir, mais il est mis en mouvement par une substance immatérielle, l'âme, qui n'est localisée dans aucun organe particulier, et qui agit seulement au moyen du système nerveux. Les mouvements musculaires, conscients ou inconscients, sont donc produits par l'âme, et Stahl admettait la même origine pour les mouvements de ton et de relâchement (mouvements nutritifs), ce qui fut pour Frédéric Hoffmann le point de départ de toute une théorie médicale. Toute cause

(1) Nous n'avons pas besoin de dire qu'il n'est ici question de l'âme qu'au point de vue physiologique, et que nous laissons entièrement de côté l'âme des théologiens et des philosophes.

irritante mise en contact avec un organe quelconque détermine d'abord un changement dans l'âme, et la sollicite à exercer à son tour sur l'organe irrité une réaction qui se manifeste par des mouvements physiologiques.

Les idées de Stahl trouvèrent un grand nombre d'adhérents parmi ses contemporains; mais elles eurent aussi des contradicteurs qui argumentaient ainsi contre elles :

On ne peut, disaient-ils, s'empêcher de distinguer le mouvement en lui-même de la force qui le produit et le dirige. Ce sont donc là deux choses tout à fait différentes l'une de l'autre. Or, quand on prend un intestin ou un morceau de fibre musculaire et qu'on vient à l'irriter, bien que séparé du reste de l'organisme, il n'a pas perdu la propriété de se mouvoir. Supposer qu'en pareil cas la force motrice est placée dans l'âme, c'est admettre implicitement la divisibilité de celle-ci, doctrine tout à fait incompatible avec la notion qu'on nous en donne, car on dit toujours qu'elle est une et indivisible par son essence. D'un autre côté, on observe dans les végétaux des mouvements déterminés par des excitations diverses, et pourtant personne ne supposait qu'ils eussent une âme. Stahl répondait que ce n'était point là des mouvements physiologiques, mais des mouvements purement physiques et mécaniques, explication qui était exacte dans un certain nombre de cas : ainsi, la déhiscence de certains fruits s'opère exclusivement sous des influences hygrométriques. Mais Stahl prenait l'exception pour la règle, car l'observation prouve d'une manière péremptoire qu'il y a également dans les plantes des mouvements vitaux proprement dits. Aussi un de ses partisans, E. Darwin, pour écarter définitivement toutes ces objections, accorda une âme aux végétaux comme aux animaux.

Gorter (1748) reprit l'idée de l'irritabilité de Glisson, et il la développa en agrandissant beaucoup le champ de ses applications. Il admit dans toutes les parties des corps vivants un principe spécial qui produisait des mouvements sous l'influence des excitations qui l'atteignaient et il le distingua nettement de l'élasticité et des forces physico-chimiques. Il admit également ce principe d'activité interne dans les végétaux, et le sépara ainsi de la force nerveuse qui n'existe que chez les animaux.

Winter, Lups et Gaub développèrent encore les idées de Gorter. Winter considérait l'irritabilité comme une force inhérente à chaque fibre du corps animal, force qui pouvait être mise en mouvement, soit par l'influence des nerfs, soit par l'influence d'excitations de nature et d'origine fort diverses. Lups montra que l'irritabilité appartient également aux végétaux ; il expliqua, par cette propriété, le mouvement des anthères et des pistils. Enfin, Gaub admit que l'irritabilité devait exister dans les liquides de l'organisme, comme le sang, aussi bien que dans les solides qui se forment à leurs dépens.

Dans toutes les doctrines qui précèdent, les physiologistes ont cherché à reconnaître aux parties vivantes une force d'activité spéciale et non spontanée, qu'ils distinguaient très-bien, soit des forces physiques résidant dans la nature minérale, soit de l'âme, force toute spontanée. Mais dans tout cela il y avait beaucoup plus de mots que d'expérimentations véritables, et la discussion portait plutôt sur une qualité hypothétique que sur des faits bien observés.

Le premier physiologiste qui ait introduit l'expérimentation directe dans cette question, c'est Haller (1777), un siècle après Glisson. Haller mit à découvert des muscles, des nerfs, le cœur, des vaisseaux, des membranes, des tendons, des ligaments, des cartilages, des os, des glandes, des viscères, sur des animaux de différentes classes, et il soumit ces organes à l'action d'un grand nombre d'agents divers, chimiques, physiques, mécaniques, pour constater l'effet produit dans ces parties par tous ces irritants.

En se fondant sur ces expériences, Haller reconnut dans les tissus vivants l'existence de deux forces distinctes. D'abord, une propriété qui les ramène à leur position primitive, quand ils en ont été écartés par des tiraillements en sens divers, propriété qu'Haller désigne sous le nom de *contractilité* ou *rétractilité*. C'est une force purement physique, se confondant avec l'élasticité, et qu'on retrouve, par conséquent, dans les animaux morts comme dans les êtres vivants. La seconde force inhérente aux tissus vivants, quand ils sont irrités, Haller l'appela *irritabilité*. C'est une propriété exclusive du muscle, qui peut dans des circonstances données, se raccourcir brusquement. Toutes ces dénominations avaient des inconvénients et embrouillaient le langage, car le mot *contractilité*, employé par Haller pour représenter les phénomènes de l'élasticité dans les corps vivants, avait toujours désigné la propriété qu'ont les muscles de se raccourcir, propriété qu'il appelait maintenant *irritabilité;* ce dernier terme ne s'appliquait donc plus à une propriété générale des corps vivants, mais à une propriété spéciale du muscle. On ne saurait trop louer Haller d'avoir voulu étudier expérimentalement la question de l'irritabilité ; cependant, en fait, il rétrécit singulièrement cette question et y porta même la confusion par sa terminologie. Il lui fit perdre sa généralité, inconvénient qui ne tient pas à la méthode employée, mais à l'imperfection des moyens anatomiques et physiologiques qu'on possédait alors pour caractériser les propriétés des divers tissus.

Haller, ayant remarqué qu'il produisait de la douleur en irritant les nerfs, considéra la sensation comme une propriété vitale particulière des nerfs et des tissus nerveux, et lui donna le nom de force nerveuse ou *sensibilité*.

Avec ces deux seules propriétés, irritabilité et sensibilité, Haller voulait reconstruire toute la physiologie ; il ne voyait partout que la fibre musculaire irritable et la fibre nerveuse sensible ; c'était donc bien simplifier les choses à certains points de vue, en les compliquant à d'autres, car ces mots prenaient souvent des sens différents. D'ailleurs cette théorie était exposée à plusieurs objections. Les végétaux et même beaucoup de parties animales sont dépourvues de ces deux propriétés, irritabilité et sensibilité, indiquées par Haller comme les seules forces de la vie; et cependant comment douter qu'on ait là des êtres vivants ? D'un autre côté, les phénomènes de formation, de nutrition et de sécrétion se produisent par l'effet d'excitations extérieures. Ces parties où se manifestent ces phénomènes sont donc irritables. Double résultat qui s'accorde mal avec les doctrines précédentes.

Les idées et les expériences de Haller soulevèrent une vive controverse qui dura pendant près d'un demi-siècle. Un grand nombre de physiologistes prirent part à cette lutte, qui avait son origine dans l'insuffisance de la doctrine de Haller, pour rendre compte des phénomènes de la vie. Il se produisit encore bien des complications théoriques que nous ne pouvons exposer ici, car les mémoires écrits sur cette

question ne forment pas moins de plusieurs volumes.
Haller eut ses partisans et ses détracteurs. Les premiers poursuivirent et discutèrent ses expériences
pour en prouver l'exactitude : tels sont Fontana,
Signa et beaucoup d'autres. Les seconds, comme
Lary, Whytt, Cullen, etc., firent plus d'expériences
pour leur propre compte, en cherchant des objections contre les idées de Haller. Ils attribuèrent la
faculté d'irritabilité non-seulement aux muscles et
aux nerfs, mais encore au tissu cellulaire, aux membranes, aux vaisseaux eux-mêmes, qu'ils préten-
daient faire contracter sous l'influence des excitants,
ce que Haller ne voulut jamais admettre : il était
même fort vif sur ce dernier point, contre son habi-
tude. Cependant, s'il vivait de nos jours, il verrait
que ce résultat ne contrariait en rien ses idées, puisqu'on a découvert, dans la tunique des vaisseaux,
des fibres musculaires encore inconnues à cette
époque.

Dans les idées de Haller, il fallait admettre que le
nerf n'était que l'excitant de la fibre musculaire; de
sorte qu'il enseignait l'indépendance parfaite des
deux propriétés constatées par lui, tout en avouant
qu'elles pouvaient réagir mutuellement l'une sur
l'autre. Whytt, Lary et d'autres attaquèrent cette
opinion. Ils tendirent à croire que la présence de
nerfs dans la partie excitée était une condition indispensable à la manifestation de l'irritabilité, et que si
le muscle était irritable, c'était seulement par les

nerfs qu'il contenait, opinion que partage encore aujourd'hui un petit nombre de physiologistes. Ils confondirent l'irritabilité avec la force nerveuse, et ils érigèrent cette dernière propriété en force fondamentale de la vie animale. Au fond, il ne restait donc plus que la sensibilité et les nerfs qui en sont le siége exclusif. Cette fusion des deux propriétés vitales reçut plus tard de notables développements, et, comme nous le disions à l'instant, elle compte encore, aujourd'hui même, quelques partisans.

Pour ce qui nous concerne, notre opinion est bien arrêtée depuis longtemps, et nous sommes pour Haller contre Whytt, Lary et tous les autres ; mais nous nous rendons parfaitement compte des raisons qui ont empêché cet assentiment de devenir tout à fait général. En effet, quand on excite un muscle, on ne sait jamais si l'on n'excite pas un nerf en même temps. Il est bien vrai qu'alors qu'on n'obtient plus rien en irritant un tronc nerveux mis à nu, on trouve encore le muscle irritable ; mais les adversaires de Haller répondent avec beaucoup de force, que les nerfs meurent de la périphérie vers le centre, et qu'on ne sait jamais si l'on n'obtiendrait pas quelque chose en irritant l'extrémité du nerf.

Cette opinion, qui attribue toute l'irritabilité aux nerfs, ne se rapproche qu'en apparence de celle de Stahl ; elle en diffère en ce que l'on admet pour le nerf la possibilité d'agir indépendamment de l'âme ;

c'est là, en quelque sorte, les *mouvements réflexes,* tels qu'on les connaît aujourd'hui.

Au fond, ce que l'on cherche toujours, c'est le principe de la vie ou la propriété fondamentale des êtres vivants ; aussi a-t-on donné le nom de *névristes* à ceux qui placent dans les nerfs la propriété essentielle des êtres vivants. Cette théorie ne pouvait évidemment s'appliquer qu'aux animaux, car les plantes n'ont ni muscles, ni nerfs. Comme elle ne s'appuyait pas d'ailleurs sur des preuves suffisantes, elle ne pouvait se soutenir et fut bientôt abandonnée pour une autre hypothèse, celle des *vitalistes.* C'est ainsi que des hypothèses sans cesse renouvelées succédèrent aux expériences de Haller, parce que l'esprit, trop impatient dans son essor, voulait obtenir un système complet, sans attendre les résultats toujours fort lents de l'observation et de l'expérimentation.

Stahl avait établi une différence radicale entre les phénomènes de la nature brute et ceux de la nature vivante. On conserva ce fait intéressant, mais la théorie de l'âme fut abandonnée. De même, l'irritabilité de Glisson, l'irritabilité et la sensibilité de Haller parurent obscures, insuffisantes et mal définies. On eut donc recours à l'admission d'une autre force fondamentale, de laquelle dépendent toutes les manifestations de la vie, dans les plantes comme dans les animaux, et qu'on désigna sous le nom de *force vitale* ou *principe vital.* Cette force, qui régit tous les phénomènes vitaux, donne l'irritabilité aux parties contractiles des plantes et des animaux, c'est-à-dire la propriété d'être affectées par les excitants extérieurs. (Le mot d'*irritabilité* est pris ici au sens de Glisson, et non à celui de Haller.) On admettait encore chez les animaux l'âme de Stahl, qui, de concert avec le principe vital, présidait aux phénomènes intellectuels. Cette théorie fut soutenue par Barthez, en France, Hufeland et Blumenbach, en Allemagne, etc.

Mais le principe vital n'est après tout qu'une qualité occulte dont rien ne prouve l'existence. Aussi voulut-on rechercher son origine et sa cause, et cette théorie se développa encore. Les uns, avec Barthez, ne voulaient pas qu'on se demandât l'origine du principe vital : c'était pour eux une force simple et immatérielle, un principe premier et spécial à la vie. D'autres n'y virent qu'une résultante des forces physico-chimiques générales et complexes qui existent dans les êtres vivants ; c'est avec eux qu'apparut ce qu'on peut appeler le *matérialisme*. On essaya même d'élever l'oxygène et l'électricité, récemment découverts, au rang de principes de la vie.

On le voit facilement, les idées d'irritabilité avaient disparu d'une manière complète dans toutes ces hypothèses.

C'est vers la fin du siècle dernier et au commencement de celui-ci, que la question de l'irritabilité

renaquit avec Brown, pour se développer alors ex·
périmentalement et d'une manière continue jusqu'à
nos jours. Nous suivrons ces développements dans la
prochaine leçon.

QUATRIÈME LEÇON.

HISTOIRE DE LA THÉORIE DE L'IRRITABILITÉ. — SECONDE PÉRIODE. — EXPOSÉ DES IDÉES ACTUELLES SUR L'IRRITABILITÉ.

5 avril 1864.

SOMMAIRE. — Doctrine de Brown : *incitamenta, incitabilité*. — Insuffisance du système de Brown ; il ne tient pas compte de la nature des incitants. — Lamark ; l'orgasme. — Tiedemann ; l'excitabilité. — Distinction des *excitants* et des *actions physico-chimiques* ; le corps excitant ne cède rien au corps excité. — Wirchow : distinction de trois ordres d'irritabilité : irritabilité fonctionnelle, irritabilité nutritive, irritabilité de développement. — Cette troisième espèce d'irritabilité peut se ramener à la seconde.

Résumé des idées actuelles sur l'irritabilité. — Distinction de deux espèces d'irritabilité : 1° l'irritabilité fonctionnelle ; 2° l'irritabilité nutritive. — Distinction de trois classes d'irritants suivant leur nature propre : 1° irritants physiques ; 2° irritants chimiques ; 3° irritants vitaux. — Exemples de ces divers irritants. — Toutes les parties d'un corps vivant sont irritables,

mais chacune réagit d'une manière particulière. — *Circuit
d'irritations successives produisant un mouvement.* — *Qualité
et quantité d'un irritant.* — La quantité d'un irritant dépend à
la fois de l'intensité propre de l'agent employé et de la sensibilité de l'organe irrité. — *Action des anesthésiques.* — L'action
des irritants se produit sur les éléments organiques et non sur
les organes. — Chaque élément organique a donc toujours les
mêmes propriétés dans quelque endroit du corps qu'il soit
placé; l'intensité de ces propriétés peut seule varier pour le
même élément : leur essence reste invariable.

Nous avons déjà commencé l'étude de l'irritabilité
considérée comme propriété fondamentale des tissus
vivants, ou, en d'autres termes, comme la propriété
vitale par excellence. Cette question de l'irritabilité,
née au xviie siècle avec Glisson, subit ensuite des
fortunes très-diverses que nous avons suivies. Le
mot lui-même change souvent d'acception, et nous
avons vu Haller, notamment, en modifier et en
restreindre singulièrement le sens.

Mais, dans un sujet de ce genre, il arrive toujours
un moment où un plus grand nombre de faits découverts et analysés permet de reprendre les questions
anciennes avec plus de succès. C'est ce qui arriva à
la fin du siècle dernier, en ce qui concerne l'irritabilité.

Brown, vers 1780, revint aux idées de Glisson; il
combattit les théories nées en Allemagne et en France
sur un principe distinct de l'organisme et qui lui
communiquerait ses propriétés vitales. La force vi-

tale n'était pas autre chose qu'une hypothèse : Brown le mit en évidence, et indiqua les deux conditions indispensables à l'existence des phénomènes vitaux, un organisme et un milieu convenable. Il reconnaît donc pleinement la dépendance forcée dans laquelle est la vie par rapport aux influences extérieures, chaleur, air, eau, aliments, etc., qui agissent sur l'organisme. Il appelle *incitamenta*, les causes extérieures qui mettent ainsi en activité les corps vivants, et donne le nom d'*incitabilité* à la propriété que possède la matière vivante de réagir contre les causes extérieures qui l'influencent. L'incitabilité de Brown est donc exactement la même chose que l'irritabilité de Glisson, et les incitants de l'un sont les irritants de l'autre : le mot seul a changé.

Le système de Brown eut beaucoup de retentissement, non-seulement parmi les physiologistes, mais aussi parmi les médecins, et la doctrine de Broussais n'est pas autre chose que l'application des idées de Brown à la pathologie. Broussais admettait en effet des incitants pathologiques comme des incitants physiologiques ou normaux, et c'est ainsi qu'il pouvait considérer toutes les maladies comme le résultat d'une irritation.

Cependant le système de Brown était incomplet, et il y avait bien des objections à lui faire. Sans doute, ce physiologiste considérait toutes les influences entourant l'être animé comme des incitants, c'est-à-dire des causes, sinon efficientes, du moins occasionnelles des phénomènes vitaux ; mais il ne distinguait pas les incitants spéciaux les uns des autres, et, ne tenant compte que de leur intensité, il semblait admettre qu'ils avaient tous la même nature, en tant qu'incitants, et la même action sur tous les tissus vivants. Ce point de vue ne pouvait suffire : il faut distinguer à la fois la *qualité* et la *quantité* de l'incitant, et cette dernière, comme nous allons le montrer tout à l'heure, varie, soit par la quantité du corps incitant lui-même, soit par l'incitabilité plus ou moins grande de la fibre vivante qui réagit.

Brown admettait l'incitabilité dans tous les tissus solides. Quant aux liquides, il ne les croyait pas incitables, mais les considérait comme contenant des incitants intérieurs, qui agissaient sur les tissus solides de la même manière que les incitants extérieurs. Il est facile de voir que cela revient exactement à la distinction que nous avons faite entre les milieux extérieurs et les milieux intérieurs de l'organisme.

Lamarck ne fit pas grand'chose de neuf dans la question qui nous occupe, et elle ne lui dut pas de progrès bien notables. Dans sa *Zoologie philosophique*, il distingue, à côté de l'irritabilité, une propriété spéciale qu'il appelle *orgasme*, et qu'il définit à peu près l'intensité de vie existant dans chaque organe. Du reste, cette distinction introduite par Lamarck, et le mot nouveau qu'elle rendait nécessaire, furent bien vite oubliés après lui.

Avec Tiedemann, la terminologie se modifie de nouveau. Il appelle *excitabilité* ce que Brown avait nommé *incitabilité*, et Glisson *irritabilité*. Les *irritants* de Glisson devenus les *incitants* de Brown, changent donc encore une fois de nom pour s'appeler *excitants*. Mais, au fond, c'est toujours la même chose, et ces variations de mots sans importance, dont il suffit d'être prévenu, n'empêchent pas de voir dans toutes ces doctrines un développement naturel des idées de Glisson.

Tiedemann va plus loin que Brown, car il admet l'excitabilité même dans les liquides de l'organisme : tout ce qui vit est excitable ; l'œuf est excitable, le sang est excitable, les plasma ou blastèmes sont eux-mêmes excitables, et peuvent amener dans leur sein la production d'êtres vivants au milieu d'une matière amorphe. Il admettait donc la génération spontanée. En résumé, tout excitant peut solliciter à entrer en action la matière organisée et vivante, quelle qu'elle soit.

Mais Tiedemann ne s'arrête pas là ; il distingue les excitants entre eux, suivant que les mouvements produits dans l'organisme sous leur influence sont apparents, comme les mouvements des membres, ou invisibles, comme ceux de la nutrition : dans ces deux cas, ce sont toujours des excitants, mais leur nature n'est plus la même.

Tiedemann a voulu aussi distinguer nettement les excitants des actions physico-chimiques. Dans une action chimique, il y a entre les corps intervenants, entre l'action et la réaction, un rapport mécanique, c'est-à-dire que la composition des corps intervenants est changée, et qu'ils cèdent une partie de leur substance au nouveau corps qui se forme. L'action vitale ne présente rien de semblable ; l'excitant est tout à fait étranger aux modifications qui se produisent dans l'intérieur de l'organisme. Il y a en chimie des phénomènes, pour lesquels on a créé un terme spécial, et qui font bien comprendre ce genre d'action : c'est ce qu'on appelle les *phénomènes catalytiques* ou *actions de présence*. L'excitation serait donc une sorte d'action de présence, le corps excitant ne cédant rien au corps excité et n'agissant que par sa seule présence.

Virchow, qui vient ensuite, suit les idées de Tiedemann et de Brown, qui n'avaient fait eux-mêmes que reprendre celles de Glisson ; parmi les diverses expressions proposées, il préfère celle de Glisson, l'irritabilité, et il admet, comme ses devanciers, que tout ce qui est vivant est irritable et que tout ce qui est mort ne l'est pas. C'est un point sur lequel on est universellement d'accord aujourd'hui. Seulement, Virchow distingue mieux que ne l'avait fait Tiedemann, la spécialité des irritants et des irritabilités diverses. Ainsi, le muscle a sa propriété particulière, le nerf en a une autre, et les cellules épithéliales ou glandulaires également. Il considère l'organisme, ainsi qu'on l'a fait souvent du reste, comme une sorte d'*institution sociale organique*. A côté des irritants physiologiques, il admet explicitement des irritants pathologiques, source des maladies qui nous affligent. Enfin, il reconnaît trois espèces d'irritabilité : l'*irritabilité fonctionnelle*, l'*irritabilité nutritive* et l'*irritabilité de formation ou de développement*, qui préside à la formation des parties vivantes. Il n'y a, en effet, que trois choses dans un être vivant, sa fonction, sa nutrition, son développement; et chacune de ces trois choses a ses irritants spéciaux, comme son irritabilité particulière. Encore l'irritabilité de développement peut-elle, suivant moi, se ramener à l'irritabilité nutritive, dont elle n'est, à vrai dire, qu'une des manifestations.

Ainsi, pour nous résumer, on est arrivé aujourd'hui à considérer l'irritabilité comme le caractère essentiel de la matière vivante. S'il y a encore quelques dissidences d'opinions, elles sont peu importantes, et tout le monde s'accorde au moins pour reconnaître deux choses comme indispensables à la manifestation des phénomènes vitaux :

1° Une organisation et des propriétés données par cette organisation, c'est-à-dire une matière vivante.

Les forces inhérentes et spéciales à cette matière vivante ne peuvent évidemment lui venir de la matière brute ; elles sont un résultat de l'organisation.

2° La matière vivante ne manifesterait jamais ses propriétés, si le milieu qui l'entoure ne lui en donnait l'occasion par des irritants spéciaux qui constituent des conditions extérieures à la partie excitée.

La théorie de l'irritabilité comprend ces deux éléments, et toutes les fois que nous voudrons analyser un certain ordre de phénomènes, nous nous attacherons à faire ressortir parallèlement ces deux conditions.

On peut dire que l'irritabilité est de deux espèces, car nous avons déjà reconnu avec Virchow l'irritabilité fonctionnelle et l'irritabilité nutritive, qui comprend l'irritabilité de développement, et il faut y ajouter les irritants toxiques ou anormaux. Il est difficile, dans une leçon générale, de faire l'histoire des différents irritants. Mais, pour mieux indiquer quelles sont nos idées sur cette question fondamentale, nous allons prendre quelques exemples.

Il faut d'abord constater qu'il y a des irritants de plusieurs natures ; et nous les répartirons en trois classes très-distinctes ; les *irritants physiques*, les *irritants chimiques* et les *irritants vitaux*.

Les irritants physiques sont très-nombreux ; ce sont la chaleur, l'air, la lumière, l'humidité, etc.; ils peuvent être des irritants fonctionnels, nutritifs, ou de développement, suivant qu'ils concourent à la manifestation de phénomènes fonctionnels, nutritifs ou de développement; mais, au fond, ils ne diffèrent pas sensiblement dans ces divers cas. Ainsi, la lumière est souvent un élément nutritif; il nous suffit de citer les phénomènes qui se produisent dans les parties vertes des plantes : plongées dans l'obscurité, ces organes ne sauraient assimiler leur aliment propre, l'acide carbonique, qui les baigne pourtant de toutes parts; il leur faut un irritant qui détermine cette absorption, et cet irritant c'est la lumière.

Le rôle d'irritant nutritif peut être également rempli par un irritant d'une autre nature, par exemple, par un irritant chimique. Ainsi, d'après des travaux récents, et notamment d'après ceux de M. Pasteur, la fermentation alcoolique serait un phénomène de nutrition de la levûre de bière, qui augmenterait de volume et se multiplierait rapidement de cette façon. Pour que cette levûre de bière se nourrisse, il lui faut d'abord un aliment, une matière azotée ou terreuse; mais cela ne suffit pas : il lui faut encore un irritant particulier, un irritant nutritif; et cet irritant, c'est le sucre. Il est l'excitant nutritif propre de la levûre de bière; mais ce n'est point là pour lui une propriété générale, car son influence ne développe pas de phénomènes analogues dans d'autres substances organisées; bien plus, M. Dujardin a constaté qu'une quantité déterminée

de sucre mise dans un liquide y donnait immédiatement la mort à certains infusoires qui s'y dévelop-
paient auparavant d'une manière régulière. Ce sont
là du reste des faits exceptionnels qui ont encore
besoin d'être étudiés.

Un autre exemple, non moins intéressant, c'est la
fermentation du tartrate double d'ammoniaque, qui
fournit deux acides tartriques présentant exactement
la même composition chimique, mais caractérisés
par une dyssymétrie moléculaire très-remarquable:
l'un déviant à gauche la lumière polarisée, et l'autre
la déviant à droite. Ces deux acides, identiques par
leur composition chimique, ne le sont plus quand on
les considère comme irritants nutritifs, car ils agissent d'une manière différente sur certains ferments
organisés. Beaucoup de corps peut-être sont dans le
même cas au milieu des organismes vivants.

Un irritant vital est celui qu'on ne trouve que
dans certaines conditions particulières créées par
l'organisme. Quelques exemples vont mieux faire
sentir ce qu'on doit entendre par là. En distinguant
les irritants des parties organisées, nous avons dit
que l'irritant est tout ce qui est extérieur à l'organisme; mais nous n'avons point voulu dire par là
que l'irritant soit nécessairement hors du corps organisé. Ainsi, le nerf est l'irritant du muscle, et il fait
partie du corps; mais il est extérieur au muscle. Le
nerf de sentiment est l'irritant du nerf moteur, qui
n se comprendrait pas sans cela; le nerf du mou-

vement irrite le muscle, etc. On n'a peut-être pas assez insisté sur ces irritants vitaux, qui ont une importance capitale dans l'explication des phénomènes de la vie.

Quelquefois les irritants physiques peuvent produire les effets qui résultent également de l'action des irritants vitaux. Ainsi, certains acides amènent la contraction du muscle; l'électricité produit le même effet. Mais, à l'état physiologique, ce phénomène se manifeste sous l'influence du nerf. M. du Bois-Reymond avait cru pouvoir ramener cette influence à une cause physique, en considérant le nerf comme un organe qui sécréterait en quelque sorte de l'électricité. Malheureusement, les faits ne sont pas encore venus démontrer cette hypothèse, à laquelle M. du Bois-Reymond paraît avoir lui-même renoncé. Nous sommes donc obligé d'appeler cette force nerveuse, jusqu'à nouvel ordre, un irritant vital, c'est-à-dire une force que l'on n'a pu encore faire rentrer dans les forces physico-chimiques, car cette expression *vitale* n'a pas d'autre sens.

Pendant longtemps on avait cru que toutes les parties du système nerveux étaient sensibles, et Haller faisait de la sensibilité, le privilége et le caractère de toute fibre nerveuse. Mais il est bien démontré aujourd'hui que c'était une erreur : Magendie a pu pincer, couper, contondre le nerf acoustique, le nerf optique, le cerveau, sans exciter la moindre sensation de douleur. Cependant toutes ces parties sont irritables; mais, au lieu de réagir par une sensation de douleur, elles manifestent d'autres phénomènes, et elles les manifestent quand elles sont attaquées par les irritants qui leur sont propres. Prenons, par exemple, la moelle épinière. Sa fonction est de faire arriver aux extrémités l'influence de la volonté, dont le centre d'action est au cerveau, et de transmettre à ce même cerveau, jouant le rôle de *sensorium commune*, les sensations recueillies par les nerfs dans les parties périphériques. L'action de la volonté constitue un excitant vital par excellence, qu'il serait impossible de remplacer, et qui agirait d'une manière toute particulière sur la moelle épinière. Ces faits ont été bien mis en évidence par les expériences récentes de Van Deen.

Il y a dans tous les phénomènes nerveux et musculaires comme un circuit complet d'influences successives. Le nerf de sentiment, affecté par les causes externes qui jouent vis-à-vis de lui le rôle d'irritant, réveille une sensation dans la moelle; là cette sensation se change en un irritant propre des nerfs qui est leur irritant vital. La moelle, à son tour, quoique tout à fait insensible par elle-même, fait arriver la sensation au *sensorium commune*, c'est-à-dire au cerveau; puis de là le circuit se continue par l'action de la volonté, qui est l'irritant physiologique du nerf de mouvement, lequel irrite enfin le muscle, organe direct de ce mouvement.

Tous les irritants, quelle que soit leur nature, qu'ils soient physiques, chimiques ou vitaux, doivent donc être regardés comme des irritants spéciaux de certains tissus ou de certains organes.

Mais la spécialité n'est pas tout, il faut encore tenir compte de la quantité de l'irritant. L'importance de cette considération est déjà indiquée par Brown, qui appelait incitation normale celle que produisait l'irritant employé à sa dose ordinaire; quand cette dose était dépassée, l'incitation devenait l'irritation et amenait les phénomènes morbides. C'est cette donnée qu'a suivie Broussais et dont il a fait la base de sa pathologie générale. La quantité de l'irritant est donc un point important. Ainsi, qu'on fasse passer dans un organe un courant électrique très-faible, les tissus ne seront pas irrités et ne réagiront point. Mais augmentez la force de ce courant, et vous obtiendrez des phénomènes dont l'intensité ira en croissant, avec certaines qualités du courant, jusqu'à prendre un véritable caractère morbide. Il y a donc une certaine mesure à atteindre dans l'application d'un irritant, et cette mesure dépend à la fois de la quantité plus ou moins grande de l'irritant lui-même, et de la susceptibilité plus ou moins délicate de l'organe excité.

Certaines substances diminuent l'irritabilité normale des organes d'une manière notable; et quand on pousse leur emploi jusqu'à un certain point, l'activité de toutes les fonctions vitales va en décroissant jusqu'à devenir presque nulle. D'autres substances, au contraire, exagèrent l'irritabilité, et donnent à tous les phénomènes vitaux une suractivité qui peut aussi, par des mécanismes tout différents des précédents, arriver à produire la mort. Les divers poisons opèrent, tantôt de la première manière, et tantôt de la seconde.

Les anesthésiques diminuent l'irritabilité, mais non pas d'une manière générale, ni dans tous les tissus : ainsi, le chloroforme n'agit que sur les nerfs de sensibilité ; de même, l'éther, l'alcool, etc. Quand ils sont sous l'influence des anesthésiques, les nerfs sensitifs ne sont plus attaqués par leurs irritants normaux, ni même par des irritants anormaux qui, dans l'état ordinaire, augmenteraient l'intensité des phénomènes, au point de produire la mort. Ainsi, certains poisons qui, à l'état normal, agissent sur les nerfs au point de produire la mort, peuvent être injectés dans les veines d'un animal soumis à l'action du chloroforme ou de l'alcool, sans que les nerfs soient le moins du monde irrités par une dose qui amènerait très-rapidement la mort dans l'état normal. C'est, qu'en effet, la vie des nerfs est devenue alors presque latente, ou du moins qu'ils se trouvent placés dans un état d'engourdissement qui les protége. C'est dans le même état que se trouvent les grenouilles pendant l'hiver, et en général tous les animaux hibernants. Leurs nerfs sont devenus beaucoup moins excitables, et l'on ne peut plus les empoisonner qu'en employant une dose de poison parfois double ou triple de celle qui les tuerait pendant l'été, quand leurs nerfs sont très-excitables.

Au contraire, en augmentant l'irritabilité des tissus des animaux, et surtout des nerfs, on les empoisonne beaucoup plus facilement. Dans le second cas, l'animal vit plus vite et meurt également plus vite ; dans le premier, toutes ses fonctions sont ralenties et il vit beaucoup moins et meurt plus difficilement : car en diminuant l'irritabilité, on diminue en même temps l'activité de la nutrition.

Mais, dans tous les cas, quelle que soit l'action produite, ce sont toujours les éléments anatomiques qui sont atteints. Par exemple, une certaine substance agira sur le système musculaire, et elle attaquera toutes les fibres musculaires qui se trouvent dans les diverses parties du corps ; une autre agira sur les nerfs de la sensibilité, une troisième sur les nerfs moteurs, et ainsi de suite.

Cependant on dit souvent que telle substance agit, non pas sur une classe donnée d'éléments de tissus, mais sur un organe en particulier, le cœur, je suppose. C'est une erreur ; car nous pouvons établir aujourd'hui en physiologie que les fibres musculaires ou nerveuses ont partout les mêmes propriétés. Si nous trouvons des substances qui paraissent agir spécialement sur certains organes, c'est qu'il y a des fibres musculaires qui sont plus ou moins sensibles à l'irritant particulier qu'on emploie. Ainsi, la digitaline, l'upas antiar, agissent d'une manière plus spéciale sur le cœur, parce que les fibres du cœur sont plus irritables à cet agent que les fibres musculaires des autres organes, et réagissent avec plus d'énergie et de rapidité sous son influence. Si l'on voulait admettre le contraire, il faudrait dire que telle substance qui atteint les fibres musculaires du cœur n'atteint pas les autres muscles, et par suite que les fibres musculaires de cet organe ne sont pas les mêmes que celles des autres parties du corps. Cette idée répugne à toutes les notions physiologiques et anatomiques, et la science ne saurait s'y résoudre.

Dans le cas que nous venons de citer, on pourrait se laisser tromper par une simple apparence, et l'erreur ne se commet que lorsqu'on opère exclusivement sur des animaux élevés, chez lesquels la vie est fort active, et, par conséquent, l'effet des poisons très-rapide. Sous l'influence d'une même matière toxique, un oiseau périt avant un mammifère; et un mammifère avant un batracien ou un reptile. Cela étant, supposez qu'on empoisonne avec un poison dit du cœur un animal élevé, oiseau ou mammifère : on ouvre immédiatement le corps, et l'on constate que le cœur est arrêté, tandis que les autres muscles ont conservé encore intactes leurs propriétés contractiles. On part de là pour conclure aussitôt que le cœur seul est atteint par le poison employé. Sans doute, il est seul atteint, quand on opère comme nous venons de le dire ; mais cela tient uniquement à la rapidité de la mort de l'animal, qui ne peut survivre à l'arrêt du cœur ; si la vie s'était prolongée plus longtemps, les autres muscles auraient été successivement atteints à leur tour.

Ce n'est pas là une explication qui rende un compte plus ou moins plausible des faits observés, c'est une proposition qu'on peut établir d'une manière nette en opérant sur des animaux inférieurs, par exemple une grenouille qui peut encore vivre pendant plusieurs heures après l'arrêt des contractions du cœur. Qu'on lui administre un poison musculaire, et l'on verra le cœur atteint assez vite de paralysie et même de rigidité ; mais l'animal ne mourra pas sur-le-champ comme le ferait un mammifère ; plus tard seulement, les autres muscles seront attaqués, et quand l'animal succombera, ils auront tous perdu leur irritabilité, c'est-à-dire leurs propriétés contractiles.

Ainsi, dans un animal, tous les éléments d'un même système, comme le système musculaire, ont la même propriété contractile ; mais ils sont plus ou moins irritables, et, quand on emploie l'irritant à petites doses, certains muscles peuvent se trouver atteints et les autres ne l'être pas. Ce que nous disons des muscles, nous pouvons le dire également des autres tissus, par exemple du tissu glandulaire. L'iode s'échappe plus ou moins facilement par toutes les glandes ; cependant, quand on l'introduit en petite quantité dans l'organisme, on ne le retrouve que dans les sécrétions des glandes salivaires, qui sont plus sensibles que les autres à l'irritation produite par l'action de cette substance. En résumé, il ne faut voir, dans les actions spéciales sur certains organes, qu'une question de dose et de rapidité d'action sur certains éléments histologiques plus excitables que d'autres. Mais ce ne sont là que des différences de degré dans l'action de l'excitant, et non des différences dans sa nature même.

CINQUIÈME LEÇON.

CLASSIFICATION DES PHÉNOMÈNES DE LA VIE.

9 avril 1864.

SOMMAIRE. — Trois ordres de classifications des phénomènes de la vie. — 1° Des classifications zoologiques. — Parties *similaires et dissimilaires :* la perfection organique d'un être est proportionnelle à la différentiation plus ou moins grande de ses parties. — Les fonctions vitales sont mieux isolées chez les animaux supérieurs : ils sont donc plus simples au point de vue de la physiologie générale. — 2° Des classifications qui prennent l'homme pour point de départ. — Galien. — Haller. — Bichat ; exposé et discussion de sa classification. — Les fonctions de la vie animale et les fonctions de la vie organique. — Cette classification est commode pour la physiologie spéciale des animaux supérieurs. — Elle est inadmissible en physiologie générale. — Günther. — Cuvier et Dugès. — 3° Des classifications propres à la physiologie générale. — Classification de Leydig : tissus nerveux, musculaire, glandulaire et conjonctif. — Distinction de trois ordres de phénomènes dans les êtres vivants : phénomènes physiques, phénomènes chimiques, phénomènes vitaux. — Les phénomènes vitaux ne sont pas réductibles aux phénomènes physico-chimiques. — Digestion. — Formation du sucre dans le foie. Les phénomènes physico-chimiques servent de conditions aux phénomènes vitaux.

Nous avons étudié dans les dernières séances une propriété générale qui distingue la matière vivante de la matière brute : c'est l'*irritabilité*, c'est-à-dire la propriété de réagir sous l'influence des excitants extérieurs. Mais il est bien évident que si l'irritabilité est la propriété générale de la matière vivante, chaque partie vivante réagit d'une manière qui lui est propre, et produit des phénomènes particuliers qui engendrent l'infinie variété des manifestations vitales. Toutes ces parties organiques se distinguent donc par leurs réactions physiologiques, et il faut par suite déterminer la réaction physiologique propre à chacune d'elles.

Nous allons essayer aujourd'hui de classer les phénomènes de la vie, en n'oubliant pas que cette classification doit porter seulement sur les fonctions propres de l'économie vivante, et non sur les êtres animés qui accomplissent ces fonctions. Il y a longtemps qu'on a tenté des classifications de ce genre, et toutes peuvent se ramener à trois grandes classes :

1° Des classifications zoologiques, ou plutôt les classifications physiologiques qu'elles entraînent ;

2° Des classifications qui prennent surtout l'homme pour point de départ;

3° Des classifications propres à la physiologie générale.

Dans les classifications de la première espèce, on cherche toujours à concevoir un certain ordre morphologique que réalisent les êtres vivants, et dans lequel ils se rangent suivant les formes variées et la complexité croissante de leurs organes. Elles ne prennent donc pas pour point de départ la nature même des fonctions vitales, mais la complication des organes et des appareils. On peut distinguer alors des parties similaires et des parties dissimilaires, distinction qui est complétement indépendante du nombre des organes. Ainsi, un arbre a beaucoup de feuilles, mais il n'en est pas plus parfait pour cela; car toutes ces feuilles, si nombreuses qu'elles soient, c'est toujours le même organe. Or, ce qu'il faut considérer, ce n'est pas la multiplicité d'un organe se répétant un nombre indéfini de fois, mais la diversité des organes qu'on rencontre chez un individu. Dans la constitution des animaux élevés, il entre presque toujours un grand nombre d'organes différents; le peu de différentiation des parties constitutives est au contraire un signe d'infériorité. L'animal inférieur qui n'est formé que de cellules, est un être très-imparfait, car il n'a qu'un genre d'organe, la cellule; mais cet organe se répète indéfiniment ; un vertébré, au contraire, aura des cellules et des fibres très-diverses dans leurs formes et leurs propriétés.

Ces classifications fondées sur la zoologie se retrouvent dans tous les traités d'histoire naturelle ; nous n'aurons donc pas à nous en occuper ici , et nous nous bornerons à faire une seule remarque : c'est que ces classifications ne répondent pas aux besoins de la physiologie générale, car elles ne correspondent qu'à la complexité plus ou moins grande, suivant les cas, des organismes vivants.

Nous avons déjà dit que lorsqu'on voulait étudier une fonction vitale quelconque, il ne fallait pas, pour la trouver plus simple, la prendre dans un animal inférieur, mais bien dans un animal élevé, où elle est plus isolée, par suite plus facile à saisir, et où elle se prête mieux à l'expérimentation. Il ne faudrait pas croire, en effet, que l'animal inférieur est plus simple ou que ses fonctions sont moins compliquées ou moins nombreuses ; et qu'on pourrait les prendre pour ainsi dire à leur naissance, pour suivre ensuite leur développement dans les animaux supérieurs, qui auraient ainsi des propriétés nouvelles se surajoutant aux premières. L'animal inférieur possède toutes les propriétés essentielles qu'on retrouve aux degrés les plus élevés de l'échelle des êtres ; mais il les possède à l'état confus, et pour ainsi dire répandues dans toutes les parties du corps. Ainsi l'infusoire, qui

s'agite et se dirige dans le liquide où il a pris naissance, possède évidemment la propriété de se mouvoir ; il doit être doué de sensibilité pour déterminer
ses mouvements ; enfin, il peut se reproduire, puisque
l'espèce ne périt pas. Voilà donc la vie à son degré le
plus infime, avec toutes les fonctions qu'elle manifeste chez les animaux élevés. Mais quand on cherche
les organes de chacune de ces fonctions, on ne peut
plus rien distinguer, et c'est à ce point de vue seulement qu'on doit parler de la prétendue simplicité
des animaux inférieurs.

Beaucoup de physiologistes croient même qu'il
faut admettre chez ces animaux inférieurs tous les
éléments qui se développent chez les animaux élevés :
ceux-ci se constitueraient par une transformation
successive des éléments organiques qui les ferait passer par des degrés de perfection successive. Ainsi
l'œuf est d'abord une cellule simple, qui se développe
ensuite par une différentiation progressive de ses parties, jusqu'à devenir un être très-complexe. Il en est
de même dans 'échelle animale : à mesure qu'on
monte, la différentiation est plus nette, plus avancée,
et c'est elle qui constitue la perfection de plus en
plus grande des êtres animés.

L'animal le plus élevé, c'est donc celui chez lequel
toutes les fonctions sont isolées les unes des autres
autant que possible. Mais de ce qu'un animal élevé
a des moyens de manifestation bien mieux isolés,
c'est-à-dire plus perfectionnés, il ne faudrait pas

croire que tous les mouvements qui s'opèrent en lui sont exclusivement le résultat de ces moyens d'action perfectionnés ; il possède également tous les modes d'activité imparfaits qu'on trouve chez les animaux inférieurs , et ces modes d'activité jouent un rôle notable dans l'accomplissement des phénomènes qu'ils manifestent. Ainsi , les animaux les plus inférieurs n'ont que des cils vibratiles ; chez d'autres, nous trouvons le *sarcode*, substance rétractile produisant des mouvements toujours lents, quoique nets ; plus haut dans l'échelle des êtres, nous rencontrons des fibres musculaires, organes propres à déterminer des mouvements bien plus puissants, quoique encore avec une perfection différente : ce sont d'abord des mouvements lents qui ne sont dirigés par aucun système nerveux apparent ; puis nous trouvons des nerfs, d'abord des nerfs de mouvement et enfin des nerfs de sentiment.

Si maintenant nous considérons un animal placé au sommet de l'échelle, l'homme, par exemple, il possède tous ces mouvements que nous avons observés chez les êtres moins parfaits que lui. Ainsi, il possédera des fibres musculaires et un système nerveux à son état de développement le plus complet ; mais il aura aussi des mouvements sarcodiques et des cils vibratiles, organes de certains mouvements intimes dont il n'a pas conscience. Il est donc permis de dire que l'animal élevé représente et résume tous ceux qui le précèdent dans l'échelle des perfections successives. Mais au fond il n'est en réalité ni plus parfait ni plus élevé ; il ne possède pas de fonctions essentielles que les autres ne possèdent aussi : seulement ces fonctions sont mieux isolées chez lui et manifestées avec une sorte de luxe, et voilà tout.

La seconde espèce de classifications des phénomènes vitaux dont nous avons parlé comprend celles qui prennent surtout l'homme pour point de départ. Au fond, toutes ces classifications n'offrent entre elles que des différences fort légères.

La classification de Galien n'est pas, à proprement parler, une classification des fonctions, elle est purement anatomique. Son traité *De usu partium* n'est pas autre chose qu'une étude des usages de chaque organe.

Haller donne encore une classification purement anatomique ; seulement, au lieu d'étudier chaque organe en particulier, il étudie chaque groupe de fonctions, ce qui est déjà plus philosophique.

La première classification de ce genre qui doive nous arrêter, c'est celle de Bichat. Buffon avait déjà indiqué l'idée fondamentale de cette classification ; mais c'est Bichat qui l'a développée en déterminant ses conséquences, et elle lui appartient ainsi véritablement.

Bichat distingue les fonctions vitales communes aux animaux et aux végétaux, et les fonctions propres aux animaux seulement. Ce sont, d'une part les fonctions de la vie organique ou végétative, et d'autre part les fonctions de la vie animale ou de relation. Bichat va plus loin : il ne se contente pas de distinguer les fonctions, au point de vue physiologique ; il veut faire une distinction parallèle au point de vue anatomique dans les organes qui accomplissent ces fonctions. Il pose donc en principe que les organes de la vie organique sont simples, tandis que les organes de la vie animale sont doubles et symétriques. Mais bien des objections peuvent être opposées à cette classification absolue. Ainsi les reins et les poumons, qui appartiennent sans conteste au système de la vie organique, sont des organes doubles. Il est vrai que Bichat avait surtout en vue les organes de la digestion ; mais là encore son idée est contestable, car il y a des organes doubles dans l'appareil intestinal à certaines époques du développement embryonnaire. Pour ne citer qu'un seul exemple, le fœtus présente d'abord deux pancréas distincts, qui se réunissent ensuite et n'en forment plus qu'un seul.

Mais Bichat faisait avant tout une distinction profonde, et très-juste, entre les phénomènes de la vie individuelle et les phénomènes de la vie de l'espèce. En effet, la génération est évidemment inutile au point de vue de l'individu, car les animaux peuvent parfaitement vivre sans accomplir cette fonction, puisque chez certaines espèces, il y a des *neutres*, c'est-à-dire des individus totalement dépourvus de sexe.

Ce sont donc surtout les fonctions de la vie individuelle qu'il divisait en fonctions de relation ou de la
vie animale, et fonctions végétatives ou de la vie
organique. Dans les fonctions de la vie organique, il
distinguait la respiration, la circulation, la nutrition,
la digestion, la sécrétion, l'exhalation, etc. Ces fonctions sont généralement inconscientes et continuelles :
ainsi la circulation s'exerce constamment, la nutrition constamment, la respiration constamment, et
ainsi de suite. Il est vrai que la digestion est intermittente, mais cette exception n'atteint pas le principe général.

Dans les fonctions de la vie animale, Bichat distinguait d'abord les sens, puis les mouvements de
toute espèce dus au système locomoteur proprement
dit, et enfin les divers sentiments ; il subdivisait
ensuite tous ces phénomènes pour les étudier dans
leurs détails.

Dans les phénomènes relatifs à la propagation de
l'espèce, il distinguait le sexe masculin, le sexe fémi-
nin et l'hermaphroditisme, ou réunion des deux
sexes chez le même individu ; puis il parcourait les
différentes périodes du développement de l'embryon
ou fœtus.

Voici du reste un tableau résumant la classification
des phénomènes de la vie, d'après Bichat :

CLASSIFICATION DES FONCTIONS DE LA VIE,
D'APRÈS BICHAT.

I. — FONCTIONS RELATIVES A L'INDIVIDU.

Fonctions animales.

Sensation.	Transmission nerveuse.
Fonctions cérébrales.	Sommeil.
Locomotion. Voix.	

Fonctions organiques ou végétatives.

Digestion.	Exhalations.
Respiration.	Absorption.
Circulation.	Nutrition.
Sécrétions.	Calorification.

II. — FONCTIONS RELATIVES A L'ESPÈCE.

Aux sexes proprement dits ou à l'union des sexes.

Production de la semence.	Production du lait.
Menstruation.	Génération.
Production des fluides propres à la génération.	Gestation.
	Accouchement.

Bichat, localisant toutes les fonctions de la vie dans des tissus distincts, avait dû imaginer, parallèlement à sa classification des fonctions, une classification analogue des propriétés des tissus, et par suite de leur constitution. Il est bien entendu qu'il distinguait d'abord dans les tissus des propriétés physiques et des propriétés vitales. Ce sont les propriétés vitales qui nous importent seules ici. Or, Bichat divisait les propriétés vitales des tissus en propriétés animales et propriétés organiques ou végétatives, comme il avait divisé les fonctions en fonctions animales et fonctions organiques. Chacun de ces deux ordres de propriétés se divisait en *sensibilité* et *contractilité*; à la sensibilité animale correspondait le système nerveux de la vie animale, et à la contractilité animale le système musculaire de la vie animale. La sensibilité organique résidait dans le système nerveux de la vie organique; la contractilité organique, dans le système musculaire de la vie organique lorsqu'elle était sensible, et dans le système cellulaire lorsqu'elle était insensible. Voici un tableau qui résume cette classification des propriétés vitales des tissus, d'après les idées de Bichat :

CLASSIFICATION DES PROPRIÉTÉS VITALES DES TISSUS, D'APRÈS BICHAT.

I. — PROPRIÉTÉS ANIMALES.

Sensibilité. — Système nerveux de la vie animale.
Contractilité. — Système musculaire de la vie animale.

II. — PROPRIÉTÉS ORGANIQUES.

Sensibilité. — Système nerveux de la vie organique.
Contractilité. { Sensible : — Système musculaire de la vie organique.
{ Insensible : — Système cellulaire.

Sans doute, tous les phénomènes vitaux dans leur ensemble trouvent leur place au milieu des cadres de cette classification; mais les détails en sont souvent inacceptables à nos yeux. A un point de vue général, nous pouvons bien admettre ses grandes divisions, quoiqu'elles signifient simplement que certains phénomènes sont conscients, et que les autres ne le sont pas ; que certains phénomènes sont soumis à l'action du système nerveux central, et intermittents dans leur manifestation, tandis que les autres échappent à cette action, et se produisent d'une manière continue. Mais quand Bichat veut introduire ces classifications dans la physiologie générale, il rencontre des difficultés fort graves. En effet, il avait admis des systèmes de tissus ayant chacun des propriétés spéciales, et notamment deux systèmes musculaires différents, l'un de la vie organique, l'autre de la vie animale. Sans doute, il y avait bien là deux séries de phénomènes distincts ; mais ces deux vies différentes ont toutes deux des mouvements qui se produisent également par des fibres contractiles, et, au fond, tout ce qu'il y avait à dire, c'est que les mouvements manifestés par les uns étaient conscients, tandis que les autres ne l'étaient pas.

Nous verrons, en effet, qu'on ne peut aucunement distinguer les fibres musculaires entre elles, par cette circonstance que les unes appartiennent à l'un des deux systèmes musculaires, à l'une des deux vies, si l'on veut, tandis que les autres appartiennent au système de l'autre vie. On avait cru d'abord que les fibres musculaires de la vie animale étaient toutes striées, et que cette forme plus parfaite ne se rencontrait pas dans le système de la vie organique. Mais c'était une erreur, car le cœur, qui appartient évidemment à la vie organique, possède des fibres striées, et chez certains animaux, la tanche par exemple, les intestins en ont également. Il y a donc des fibres striées dans les deux systèmes, et l'on ne peut plus soutenir cette distinction, ni physiologiquement, ni anatomiquement.

Il en est de même de la distinction tirée du système nerveux. On ne peut prétendre qu'il y en ait un exclusivement réservé à la vie animale, et un autre complétement propre à la vie organique, car on trouve à chaque instant des filaments nerveux du grand sympathique, ou vaso-moteur, se rendant dans un organe de la vie animale, et réciproquement.

On peut en dire autant du système glandulaire : il n'est pas plus permis de soutenir que les glandes se montrent exclusivement dans les organes d'une des deux vies, et sont étrangères à l'autre, car s'il y a de nombreuses glandes annexées au canal digestif, il y en a aussi dans les organes des sens, dans la peau, et bien autre part encore.

Ainsi la classification de Bichat ne peut être admise en physiologie générale, parce qu'elle établit des distinctions qui n'existent plus pour cette science. Mais on peut très-bien la conserver en physiologie spéciale, dans la physiologie humaine notamment, et dans celle des animaux élevés. Ainsi les fibres musculaires de l'utérus qui concourent à la vie de l'espèce, n'ont évidemment rien de particulier au point de vue de la physiologie générale ; mais il peut être intéressant de les distinguer dans la physiologie humaine. Cette classification est, en effet, généralement adoptée, parce qu'elle est commode et bonne dans ses traits généraux. On y a cependant apporté quelques modifications peu importantes, et dans le détail desquelles il serait trop long d'entrer. Citons seulement les principaux essais de classifications des phénomènes de la vie postérieurs à Bichat.

Günther classait ainsi les phénomènes fondamentaux de la vie :

1° Imbibition.
2° Endosmose.
3° Affinité chimique.
4° Chaleur propre.
5° Phénomènes électriques.
6° Mouvements vibratiles et mouvements musculaires.
7° Influence du système nerveux.

Cuvier et Dugès proposèrent de distinguer : 1° les *fonctions vitales*, communes à tous les êtres vivants, animaux ou végétaux, et 2° les *fonctions animales* appartenant aux animaux seulement. Mais il est facile de voir que cela revient exactement à la division de Bichat en phénomènes de la vie organique et phénomènes de la vie animale.

Puisque la classification de Bichat ne peut convenir à la physiologie générale, nous avons maintenant à chercher des classifications propres à cette science. Il y a eu plusieurs tentatives dans ce sens, et nous devons les indiquer sommairement.

Remarquons tout d'abord qu'il est naturel aujourd'hui d'aller chercher les propriétés vitales dans les éléments histologiques, tandis qu'il était non moins naturel que Bichat se contentât de les chercher dans les tissus, puisqu'il les considérait comme les éléments primitifs des organes. Nous devrions donc faire une classification des éléments histologiques ; sans doute, ce n'est là qu'une classification anatomique, et non une classification physiologique proprement dite ; mais elle doit toujours arriver au même résultat, puisque en définitive les fonctions vitales résident dans les éléments organiques.

A ce point de vue, Leydig distinguait quatre espèces d'éléments ou de tissus, qui sont :

1° Le *tissu nerveux* ;

2° Le *tissu musculaire* ;

3° Le *tissu des cellules restées autonomes*, comprenant surtout les *épithéliums* et les *glandes*, et qui sert particulièrement à l'accomplissement des fonctions d'absorption et de sécrétion ;

4° Le *tissu de la substance conjonctive*, qui a des fonctions physiologiques beaucoup moins élevées, et sert en quelque sorte de soutien aux autres tissus plus spéciaux.

Cette classification a déjà été exposée plus haut avec détail. (Voy. pag. 27 à 35 et fig. 8 à 23.)

Nous aurions donc à suivre les propriétés de chacun de ces éléments, et nous obtiendrions ainsi une classification fondée sur l'anatomie générale. Mais cette manière de procéder présente des inconvénients, car fort souvent on laisse échapper des faits qui ne se rattachent étroitement à aucun des tissus élémentaires. Ainsi Haller, qui veut fonder la physiologie entière sur la fibre sensible et la fibre contractile ou musculaire, est amené à négliger tout ce qui ne rentre pas dans cette donnée trop étroite, et sa définition de la physiologie, *anatomia animata*, n'est pas toujours vraie. Les physiologistes solidistes, qui s'y attachèrent exclusivement, laissèrent de côté l'étude des liquides de l'organisme, comme on l'a reproché à Brown et à Broussais. Les humoristes tombent dans l'excès contraire. Mais, à notre point de vue, il est certain que les anatomistes ne tiennent pas assez de compte des liquides divers, et en général des phénomènes physico-chimiques qui jouent pourtant un rôle notable dans les manifestations vitales.

Aussi je pense qu'il faut d'abord étudier les fonctions dans leurs apparences, c'est-à-dire leurs manifestations, pour en chercher ensuite l'explication déduite de l'expérimentation. L'anatomie ne présente que les rapports des fonctions avec les organes, et les phénomènes physico-chimiques ne peuvent se comprendre que par l'étude des conditions extérieures à l'organisme, c'est-à-dire du milieu, mais non par la seule connaissance des organes. Ce point de vue, le plus complet de tous, a donné naissance à des classifications dont nous devons parler un instant.

L'action de la vie donne lieu à trois ordres de phénomènes : d'abord des phénomènes physiques et des phénomènes chimiques, qui se passent là comme ils se passeraient autre part dans la nature brute, et qu'on ne doit pas considérer comme opposés à la vie et sans cesse en lutte avec elle, mais au contraire, comme concourant à sa manifestation ; puis des phénomènes vitaux propres aux êtres vivants, et qui ne se produisent que là. Il n'est pas toujours très-facile de distinguer ces différents ordres de phénomènes les uns des autres, car ils sont souvent connexes et intimement unis. Tel phénomène, vital à un moment donné, devient ensuite chimique. Aussi a-t-on prétendu qu'avec les progrès de la physiologie, tous les phénomènes vitaux disparaîtraient pour rentrer dans la classe des phénomènes physico-chimiques. Quelques explications sont indispensables pour bien indiquer ce qu'on entend par là.

Il se produit d'abord dans les corps vivants des phénomènes évidemment chimiques, que personne n'a jamais été tenté d'attribuer à l'action propre de la vie : telle est la formation du phosphate de chaux, du carbonate de chaux, et des précipités divers. Il est bien clair que tout cela se produit là absolument comme dans la nature brute. Mais il y a aussi, à côté de ces exemples, une foule de phénomènes chimiques qui n'appartiennent qu'aux êtres vivants, en ce sens qu'ils ne se manifestent qu'entre des matières préparées par l'organisme. Toutes les fermentations sont dans ce cas, et il faut en distinguer plusieurs espèces. Certaines actions de ce genre produites dans l'organisme furent d'abord considérées comme essentiellement vitales; plus tard on leur donna le nom de phénomènes chimiques quand on peut les transporter hors de l'organisme, et c'est ce qui a fait croire que tous les phénomènes considérés comme vitaux se ramèneraient de même à des phénomènes chimiques.

Nous croyons devoir nous expliquer à ce sujet.

Prenons, par exemple, la digestion, qui fut long-temps considérée comme un phénomène exclusivement vital. Les expériences de Réaumur et de Spallanzani, confirmées par les recherches modernes, montrèrent qu'on pouvait produire la digestion dans un verre. Dès lors la digestion gastrique devient un phénomène chimique dû à l'action de la pepsine et de l'acide lactique contenus dans le suc gastrique, phénomène que ces corps peuvent produire partout, quand on les met dans des conditions convenables de température. De même la respiration devient une combustion chimique dans laquelle se détruisent des matières hydrocarbonées.

Ainsi voilà toute une série de phénomènes véritablement chimiques. Mais on ne peut pas y faire rentrer le phénomène tout entier. En effet, ce sont bien là des actions chimiques, puisqu'on peut les produire partout artificiellement; et cependant ces phénomènes sont intimement liés à l'organisme, car c'est là que naissent les agents de leur production. Ainsi le suc gastrique est sécrété par des cellules spéciales, et ne se forme jamais hors de l'être vivant : voilà une action vitale. Mais une fois formé dans l'organisme, il est abandonné, pour ainsi dire, par la force vitale, et devient un agent chimique ordinaire. La production de ces liquides chimiques de l'organisme ne se fait donc que sous l'influence de la vie, et toutes les sécrétions sont en général dans le même cas.

On peut en dire autant des sécrétions intérieures, par exemple de la formation du sucre chez les animaux et les végétaux. Elle a lieu de la même manière, dans les deux règnes, mais bien plus rapidement chez les animaux, où l'on peut pour ainsi dire le voir se former. Si nous prenons les animaux supérieurs adultes, nous trouvons cette fonction localisée dans le foie. Quand le sucre se produit, il y a toujours deux choses à distinguer, la force qui produit l'agent organique, et le produit de cet agent. La formation du sucre peut être suivie avec soin ; on voit d'abord apparaître une cellule qui n'a pas de caractère déterminé; puis dans cette cellule se forme un produit amidonné. A partir de ce moment, nous avons affaire à un produit purement chimique; l'action vitale cesse, et tout ce qui se passe ensuite, transformation de l'amidon en dextrine, de la dextrine en glycose, puis en acide lactique et en acide carbonique, tout cela peut se faire par des conditions purement physico-chimiques, et par conséquent aussi bien au dehors qu'au dedans de l'organisme. Ainsi ce qui est dû à l'action vitale, ce n'est pas la formation du sucre, mais la production d'une cellule formant de l'amidon.

C'est pour cela qu'on a observé des faits si surprenants au premier abord, et qui s'expliquent pourtant bien facilement. Ainsi le foie semble encore fonctionner après la mort, ce qui étonne beaucoup certaines personnes, parce qu'elles n'ont pas bien saisi le sens et la nature véritables de ces phénomènes. Cependant on ne peut se révolter contre les faits, et il faut bien les accepter, sauf à les interpréter ensuite. Or, voici l'expérience telle que je l'ai faite bien des fois, et que tout le monde peut répéter.

On prend le foie d'un animal mort récemment, et on le lave intérieurement avec soin, en y introduisant un courant d'eau par la veine porte. Le sucre, étant soluble dans l'eau, s'en va complétement avec ce liquide, et l'on peut s'en convaincre par l'impossibilité d'en trouver des traces notables dans le foie à ce moment. Si l'on abandonne alors le foie à lui-même pendant une ou plusieurs heures, on y trouve bientôt une grande quantité de sucre, et même une quantité qui peut dépasser celle qu'on avait enlevée par le lavage préliminaire.

Il ne saurait y avoir là qu'un phénomène purement chimique, puisqu'il se produit également après la mort. En lavant le foie, on a bien enlevé tout le sucre qui est soluble, mais on n'a pas enlevé l'amidon qui ne l'est pas ; et celui-ci, sous l'influence de la diastase et des autres agents chimiques qui se trouvent toujours dans le foie, s'est changé en sucre. Cela est si vrai, que si on lave de nouveau le foie en laissant écouler un temps convenable entre les deux lavages, on ne retrouvera plus de sucre désormais, ce qui ne manquerait pas d'arriver en admettant que le foie continue à en produire sans l'influence de l'action vitale.

Ainsi nous distinguerons des phénomènes physiques, des phénomènes chimiques, et des phénomènes vitaux. Il est clair que ces derniers sont les plus importants ; ils résident essentiellement dans les éléments organiques cellulaires, conjonctifs, musculaires et nerveux. Nous considérerons d'abord les phénomènes les plus élevés de l'organisme, ceux que manifestent les systèmes nerveux et musculaire ; puis les éléments restés à l'état de cellules, soit les épithéliums, soit les glandes ; ensuite les cellules elles-mêmes, et leur rôle, soit dans la nutrition, soit dans la génération, car au fond c'est toujours la même chose : la nutrition n'est qu'une génération continuée, où tout s'opère encore par la cellule ; enfin, un quatrième ordre de phénomènes, ce sont ceux qui sont dus au tissu conjonctif et à la formation de divers organes, particulièrement à la formation de ceux qui constituent la charpente osseuse. Il est certain qu'il y a encore un phénomène vital dans la formation des os, car c'est la cellule du périoste qui précipite le carbonate ou le phosphate de chaux pour former les os.

Quant aux phénomènes physiques et chimiques, il n'est pas nécessaire de les considérer à part dans leur ensemble, car jamais le phénomène vital ne peut se produire sans être accompagné de phénomènes physiques ou chimiques. Ainsi la fermentation a pour agent essentiel le milieu dans lequel elle se développe. Tous les phénomènes physico-chimiques viendront donc se ranger à côté des phénomènes vitaux, avec lesquels ils concourent à l'accomplissement des phénomènes de la vie, les uns à titre de milieu, les autres à titre d'organisme ou d'élément vital. C'est donc toujours cette double condition que nous avons signalée au début de ce cours, l'*organisation* d'un côté, le *milieu* de l'autre.

L'ÉLÉMENT CONTRACTILE.

SIXIÈME LEÇON.

DES MOUVEMENTS CHEZ LES ÊTRES VIVANTS.
DU MOUVEMENT CILIAIRE OU VIBRATILE.

12 avril 1864.

SOMMAIRE. — La manifestation des phénomènes vitaux est étroitement liée à celle des phénomènes physico-chimiques. — Les propriétés vitales résident dans les éléments organiques.

DES MOUVEMENTS CHEZ LES ÊTRES VIVANTS. — Mouvements dus à des propriétés purement physiques. — Mouvements vitaux proprement dits. — Mouvement ciliaire. — Mouvement sarcodique. — Mouvement musculaire. — Les mouvements ciliaire et sarcodique existent chez les végétaux.

DU MOUVEMENT CILIAIRE OU VIBRATILE. — Il réside dans les cellules vibratiles. — Cellules vibratiles isolées; infusoires ciliés. — Cellules vibratiles réunies en membranes. — Des mouvements vibratiles chez les invertébrés. — Des membranes vibratiles chez les vertébrés; recherches de Purkinje et de Valentin. — Des principaux organes dans lesquels ont les trouve : voies respiratoires, canal digestif, organes génitaux mâles et femelles, etc.

— Caractères des mouvements vibratiles ; leur constance. — Leur rôle dans l'accomplissement de la génération. — Les mouvements vibratiles sont indépendants du système nerveux. — Aucun poison ne les détruit. — Les anesthésiques les suspendent. — Intensité et directions des mouvements vibratiles.

Nous entrons aujourd'hui dans l'analyse des circonstances qui président à la manifestation des phénomènes vitaux. Ces phénomènes ne peuvent pas se produire sans être accompagnés de phénomènes physico-chimiques qui leur servent de conditions et de milieu : il y a donc entre ces deux ordres de faits un parallélisme complet et une dépendance mutuelle, de sorte que si les phénomènes physico-chimiques diminuent d'intensité, les phénomènes vitaux s'affaiblissent également.

Or, les propriétés vitales résident toujours dans les organes élémentaires des êtres vivants, qui sont ainsi le siége véritable de tous les phénomènes de la vie. C'est donc à leur étude que se ramènent toutes les questions physiologiques, soit à l'état normal, soit à l'état pathologique ; et quand nous nous occupons d'un phénomène vital, quel qu'il soit, la première chose à déterminer, c'est la partie histologique dans laquelle il se manifeste.

Il ne faut point, du reste, s'effrayer de la grande diversité de phénomènes qu'on observe chez les êtres vivants ; tous ces phénomènes présentent des points communs, et, envisagés d'une manière convenable, ils se ramènent à un petit nombre de classes bien

distinctes. Ainsi, quelque variés que soient les appareils organiques, ils sont toujours formés de cellules et de fibres baignées par des liquides et des gaz ; et toutes les fonctions vitales, sans exception, aboutissent, comme résultat final, à être l'expression des propriétés physiques ou chimiques de ces tissus ; ce sont précisément ces propriétés physiques ou chimiques qui constituent le phénomène vital lui-même.

Dans l'étude des diverses manifestations de la vie, nous commencerons par les phénomènes de mouvement et de sensibilité, en nous en adressant surtout aux organes des animaux élevés, qui présentent toutes les fonctions plus développées et mieux isolées.

Parmi les mouvements qui se produisent dans les êtres vivants, il faut d'abord distinguer quelques mouvements purement physiques et des mouvements vitaux proprement dits. Il y a, en effet, dans les êtres organisés des mouvements qui sont dus à des propriétés purement physiques ; par exemple, la déhiscence de certaines graines qui s'opère exclusivement sous des influences hygrométriques. Citons aussi des mouvements moléculaires appelés *mouvements browniens*, et qu'on observe également chez les animaux et chez les végétaux : ces derniers mouvements se produisent partout où l'on a des particules très-ténues disséminées au milieu d'un liquide, et dans toute poussière suffisamment divisée, organique ou non. Enfin, les phénomènes d'élasticité que présentent certains tissus sont encore du même genre. Mais la physiologie générale n'a pas à expliquer tous ces mouvements, qui se produisent dans les corps vivants de la même manière que dans les corps bruts: nous nous bornerons donc à les signaler.

Restent les mouvements vitaux proprement dits, qui se distinguent en trois classes :

1° Le *mouvement vibratile*, dû à l'oscillation de cils ou poils, libres à l'une de leurs extrémités et implantés à l'autre dans des cellules isolées ou réunies en membranes.

2° Le *mouvement sarcodique*, dû à la contraction, ou plutôt à la rétraction d'une substance vivante particulière, contractile, mais dépourvue de nerfs, et mise en mouvement par des influences extérieures que nous examinerons.

3° Le *mouvement musculaire*, dû à la contraction d'une substance particulière généralement pourvue de nerfs.

Ce dernier genre de mouvement est de beaucoup le plus élevé dans l'échelle des mouvements physiologiques, car il est dirigé par un système nerveux harmonisateur qui lui donne bien plus de précision, de rapidité et de puissance.

De ces trois espèces de mouvements, les deux premières existent chez les végétaux comme chez les animaux ; le mouvement musculaire seul est spécial à ces derniers.

Nous étudierons d'abord le mouvement ciliaire.

DU MOUVEMENT CILIAIRE.

Le mouvement ciliaire ou vibratile est un mouvement qui ne s'aperçoit qu'au microscope, et qui est dû aux propriétés particulières de certains éléments anatomiques. Ces éléments sont les cellules épithéliales, vibratiles ou ciliaires (fig. 24) : elles ont

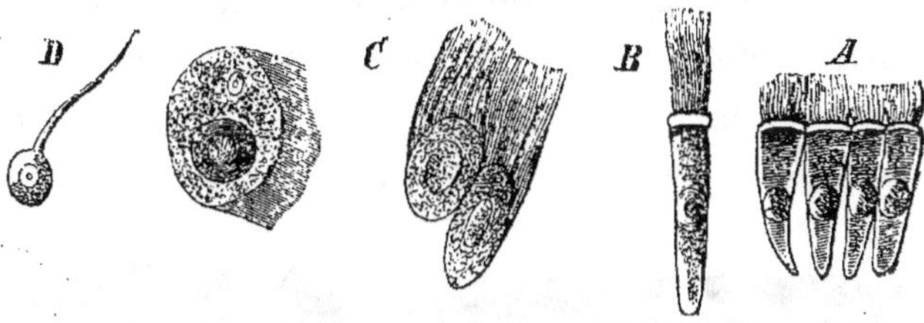

Fig. 24. — Cellules vibratiles (d'après Leydig).

A. Cellules cylindriques avec des cils vibratiles assez longs. — B. Avec des cils plus longs. — C. Cellules vibratiles rondes (des Rotateurs et de la Sangsue). — D. Cellule vibratile avec un seul cil de forte dimension de l'oreille du *Petromyzon*. (Fort grossissement.)

une forme cylindrique ou ovoïde, quelquefois conique ; leur intérieur est rempli d'un liquide spécial, et leur partie centrale est occupée par un *noyau* au milieu duquel on aperçoit un *nucléole*. Cette cellule porte des cils très-déliés en nombre variable, — quelquefois un seul, jamais plus de huit, — et de longueurs égales ou inégales, suivant les cas. Ces cils sont généralement un peu renflés à leur base, quelquefois aplatis et obtus, surtout chez les vertébrés ; d'autres fois cylindriques et terminés par une extrémité pointue, particulièrement chez les invertébrés. Ils s'agitent toujours, et déterminent ainsi un mouvement, soit dans la cellule qui les porte, si elle est libre, soit dans les liquides au milieu desquels ils s'agitent, si cette cellule est fixée à une membrane ou à un pédicule qui leur rend tout déplacement impossible.

Ces mouvements ciliaires constituent un mode particulier de locomotion chez les animaux inférieurs : par exemple, chez les infusoires ciliés tels que les *paramécies*, les *cercomonades* (fig. 25), les *trichomonades* (fig. 26), etc. L'animal est constitué en

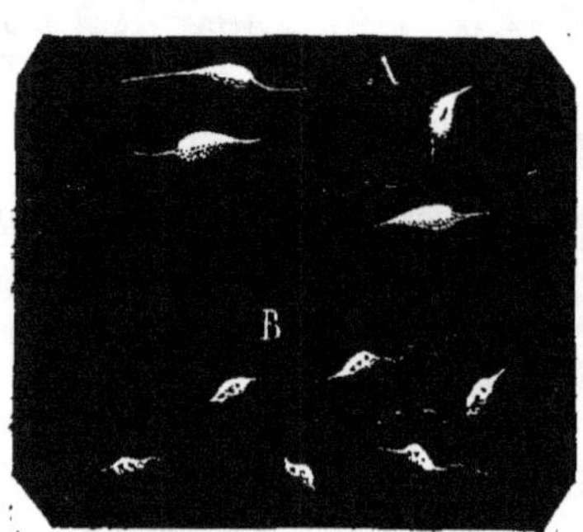

Fig. 25.

A. *Cercomonas Davaini.* —
B. Autre variété.

Fig. 26.

Trichomonas vaginalis.

quelque sorte par une cellule vibratile isolée, et, à l'aide de ces cils, cette cellule s'agite rapidement dans les liquides où elle vit. — D'autres fois l'infusoire est fixé : ainsi les *vorticelles* sont retenues par un pédicule contractile qu'on a comparé à une fibre musculaire (fig. 27). Cet animal représente un entonnoir sur le bord duquel sont implantés des cils vibratiles qui, par leurs mouvements, font entrer

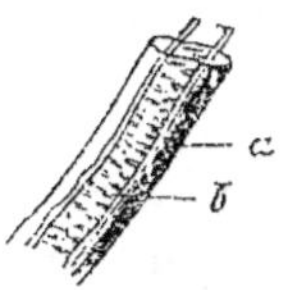

Fig. 27. — Pédicule d'une vorticelle (d'après Leydig).

a. Cuticule. — *b.* Le muscle avec son enveloppe délicate.
(Fort grossissement.)

les substances étrangères dans l'entonnoir ; mais, si l'on coupe ce pédicule, l'animal redevient mobile, et se déplace à travers le liquide au moyen de ces cils vibratiles.

Les cils vibratiles se retrouvent dans beaucoup d'autres animaux, et même chez l'homme, comme nous aurons occasion de le constater. Ils sont extrêmement multipliés chez tous les invertébrés, mais particulièrement chez les mollusques. Seulement, chez les infusoires, nous pouvions considérer la cellule comme isolée et constituant à elle seule l'animal, tandis que nous trouvons maintenant des surfaces vibratiles tout entières produites par la réunion d'un nombre plus ou moins considérable de cellules semblables à celles que nous avons décrites et qui se juxtaposent de manière à former une membrane continue. L'œuf des animaux supérieurs se meut encore comme une véritable cellule; mais, à l'état adulte, on ne trouve plus chez les animaux un peu élevés que des surfaces vibratiles, et elles y sont en très-grand nombre, comme on le verra tout à l'heure. L'huître peut aussi se mouvoir au moyen de cils vibratiles, du moins dans les premiers moments de son existence. En sortant de la valve maternelle, elle porte en effet autour de la bouche une couronne de cils vibratiles qui lui permettent de se transporter dans la mer pendant quelques jours, après lesquels cette couronne se détache, et continue quelque temps encore à se mouvoir seule; quant à l'huître, elle tombe au fond de l'eau et s'y fixe par une exsudation particulière.

Passons maintenant à l'étude des membranes vibratiles. Elles sont connues depuis très-longtemps; mais les travaux de Purkinje et de Valentin ont surtout mis en lumière leurs propriétés et leur développement considérable.

Les membranes vibratiles sont le siége de mouvements toujours dirigés dans le même sens. C'est quelquefois un mouvement infundibuliforme; ce qui se présente surtout à l'extrémité de la bouche, où cette disposition a pour but de faire pénétrer les particules alimentaires dans le canal intestinal. D'autres fois ce sont des mouvements ondulés semblables à ceux que le vent produit dans un champ de blé; ou bien encore ce sont des mouvements rectilignes dirigés de dedans en dehors, ou de dehors en dedans, suivant les cas.

Ces mouvements, comme les cils qui les produisent, se retrouvent dans toute l'échelle animale et même chez l'homme, ainsi que nous l'avons déjà dit ; sans doute toutes les membranes muqueuses ne sont pas pourvues de ces organes, mais on en trouve dans un très-grand nombre. Les mollusques possèdent des cils vibratiles sur la muqueuse du canal intestinal et aussi sur la peau, de sorte qu'ils ont comme un vêtement complet de membranes vibratiles. Dans les animaux plus élevés, les cils vibratiles ne se montrent plus guère sur la peau : ainsi, chez les vertébrés, tous les mouvements ciliaires sont relégués à l'intérieur du corps ; cependant certains vertébrés en présentent encore sur leur peau, à l'état de larves : les têtards de grenouille, par exemple ; mais au fur et à mesure que l'animal se développe, les mouvements ciliaires se concentrent dans la queue, et finissent également par se réfugier dans les membranes muqueuses internes.

Purkinje et Valentin ont surtout étudié les différentes membranes sur lesquelles on rencontre des cils vibratiles.

Disons tout d'abord que ces organes ne sont pas un privilége exclusif des muqueuses, bien qu'on les trouve plus souvent là qu'ailleurs ; on en rencontre aussi dans les cavités closes, les membranes séreuses, comme l'arachnoïde, les ventricules du cerveau, etc.

Il y en a même dans le règne végétal, notamment chez les algues et les mousses.

Les conduits des voies respiratoires possèdent des cils vibratiles chez tous les vertébrés (fig. 28 et 29).

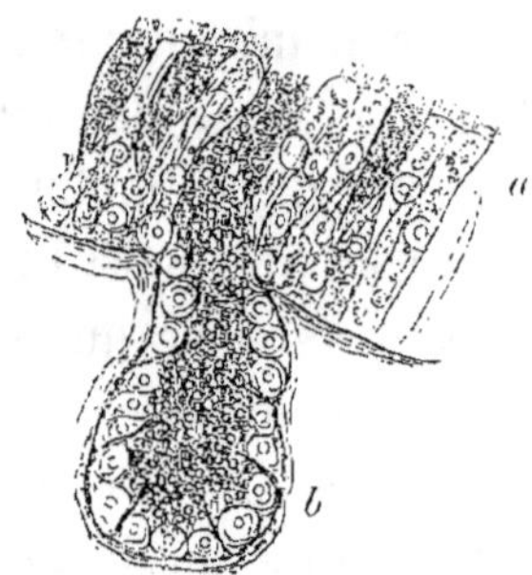

Fig. 28. — Muqueuse nasale de la grenouille (d'après Leydig).

a. L'épithélium vibratile avec les deux sortes de cellules. — *b.* Glande de la muqueuse. (Fort grossissement.)

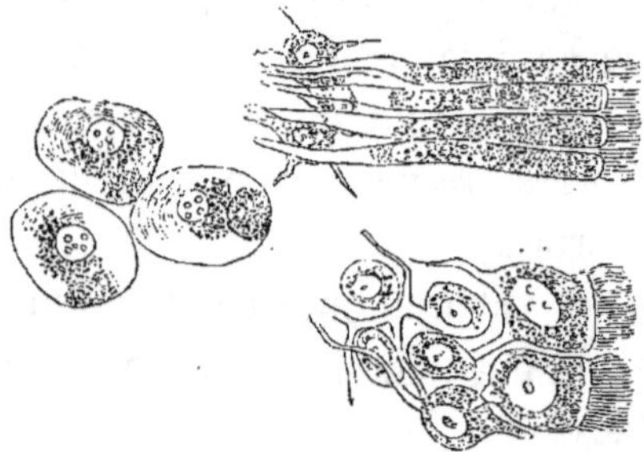

Fig. 29. — Épithélium nasal des poissons et des reptiles (d'après Leydig). (Fort grossissement).

Les trois cellules de gauche sont dépourvues de cils ; elles appartiennent à la *Raja batis*. Les groupes de cellules de droite appartiennent, le supérieur à la *Lacerta agilis*, l'inférieur au *Triton igneus*. En outre des cellules vibratiles, on aperçoit, dans la profondeur, des cellules ramifiées.

Les mouvements de ces cils ont presque toujours une direction telle qu'ils déterminent un mouvement total de dedans en dehors; cette disposition, qu'on rencontre chez les mammifères, les oiseaux et les reptiles, a pour but d'expulser des voies respiratoires les matières étrangères qui pourraient s'y être introduites. Cet épithélium commence avec l'ouverture des voies respiratoires, aux fosses nasales, et se continue par la trachée et les bronches; mais quand on arrive aux vésicules pulmonaires, c'est-à-dire à la partie vraiment respiratoire de cet appareil, on ne trouve plus de cils, ce qui autorise à penser que ces cellules vibratiles constituent seulement une membrane protectrice pour la fonction de respiration.

Le canal digestif des vertébrés ne présente de mouvements vibratiles que depuis la bouche jusqu'à l'estomac, et non plus dans toute son étendue, comme chez les mollusques; cependant les têtards de grenouille en ont encore sur toute la longueur des voies digestives : mais il se produit, là aussi, ce que nous avons déjà indiqué pour la peau des mêmes animaux, c'est-à-dire que lorsqu'ils passent à l'état adulte, les cils disparaissent dans toute la partie du canal digestif qui vient après l'estomac. M. Corty a remarqué que l'intestin cessait d'avoir des cils vibratiles à une très-petite distance du canal cholédoque qui y amène la bile, et cette disparition des cils vibratiles coïncidant avec l'arrivée de la bile, il s'est cru autorisé à en conclure que c'était cette humeur qui détruisait les cils. On a en effet observé que la bile déposée sur une membrane muqueuse y arrêtait les mouvements vibratiles. Cependant, chez les mollusques, on trouve des cils vibratiles jusque dans les conduits biliaires, où ils sont continuellement humectés de cette humeur, sans être pour cela le moins du monde arrêtés. On peut répondre, il est vrai, que la bile des mollusques n'a peut-être pas les mêmes propriétés que celle des vertébrés; hypothèse qui n'a rien d'invraisemblable, car la composition de la bile n'est pas exactement la même dans ces deux embranchements : ainsi on y trouve toujours du sucre chez les mollusques, tandis qu'il n'y en a jamais chez les vertébrés.

Les cils vibratiles se montrent aussi fort répandus et avec des proportions très-remarquables dans les organes génitaux des deux sexes. Pour ce qui est des organes femelles, l'utérus et les trompes de Fallope présentent particulièrement des mouvements vibratiles très-marqués, et on leur a attribué des usages spéciaux en rapport avec l'accomplissement de la fonction reproductrice, surtout avec le transport, soit de la liqueur séminale, soit de l'œuf lui-même. Ces mouvements ont en effet des directions telles, qu'ils peuvent produire les effets qu'on leur suppose. Ainsi, dans les trompes, ils se dirigent de l'ovaire vers l'utérus, et peuvent ainsi concourir d'une manière notable, au transport de l'œuf. Dans le vagin, ils ont des directions en sens différents qui produisent un mouvement total de dehors en dedans très-propre à favoriser le cheminement de la liqueur séminale jusqu'au col de l'utérus.

Les cils vibratiles, tels que nous venons de les décrire, existent seulement dans les organes génitaux femelles. Mais les organes mâles possèdent un autre élément qu'on peut en rapprocher avec toute raison : ce sont les spermatozoaires, constitués par une sorte de noyau de cellule leur servant de corps ou de tête, et terminés par un prolongement ayant toutes les apparences d'un cil vibratile, qui s'agite avec activité, et au moyen duquel ils se meuvent rapidement dans la liqueur séminale (fig. 30). Ces animalcules, — auxquels on pourrait aussi comparer les zoospores

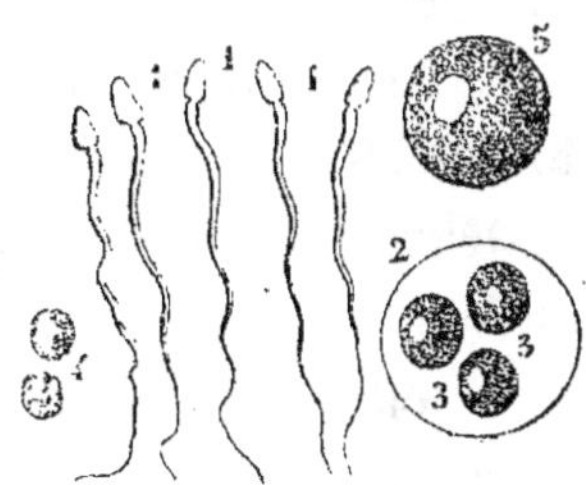

Fig. 30.

1. Spermatozoïdes. — 2. Ovule mâle, grande cellule du sperme. — 3. Cellules incluses dans chacune desquelles se développera un spermatozoïde. — 4. Mêmes cellules isolées. — 5. Une grossie.

des cryptogames dans le règne végétal, — ces animalcules peuvent être considérés comme des cellules vibratiles isolées. Les organes mâles possèderaient donc des cils vibratiles comme les organes femelles; seulement, au lieu d'y être à l'état de membranes, ils y sont à l'état d'élément, libres et isolés : voilà toute la différence.

Ces mouvements vibratiles ont été admis, d'une manière presque unanime, par tous les physiologistes, et ils ont même donné lieu à certaines observations très-curieuses, dont nous allons parler en indiquant les conditions qui président à l'accomplissement de ce phénomène.

Et tout d'abord, le mouvement vibratile est un mouvement constant, perpétuel; ce qui est d'autant plus remarquable, que les mouvements sarcodique et musculaire, dont nous parlerons ensuite, sont toujours intermittents. Cependant les cellules qui servent à ce mouvement ne sont point perpétuelles comme lui; elles se remplacent au contraire assez vite comme toutes les cellules épithéliales. Sous les cellules superficielles qui sont arrivées à leur complet développement, on trouve d'autres cellules non encore pourvues de cils, et qui, lorsque les premières tombent, arrivent à leur tour à la surface, et se munissent alors de cils pour remplacer celles qui avaient disparu. On peut observer ce fait très-facilement sur la trachée. Pour cela, on râcle la muqueuse avec soin, de manière à enlever toutes les cellules pourvues de cils vibratiles, et, quelque temps après, on constate que les cils ont reparu en aussi grande abondance qu'auparavant. On peut même, en les isolant de la membrane à laquelle elles adhéraient, leur voir conserver pendant un certain temps leurs propriétés particulières, et ces cellules ciliaires se meuvent alors dans les liquides où on les met absolument comme les infusoires dont nous parlions tout à l'heure.

Les cils vibratiles des organes génitaux femelles tombent à l'époque de la mue, et, pendant la même période, les organes mâles ne possèdent plus de zoospermes avec prolongement mobile, comme on l'a constaté bien des fois dans les testicules du coq. Cette disparition des cils vibratiles coïncide avec une interruption complète des fonctions reproductrices, ce qui semble bien prouver la réalité du rôle qu'on a attribué à ces petits organes dans la génération.

Harvey a fait connaître une anomalie très-curieuse qu'on peut surtout constater chez les chevrettes, et qu'on a rattachée aux particularités des mouvements vibratiles. Souvent la mue arrive chez ces animaux presque aussitôt après la fécondation. Quelques jours après la fécondation, on constate qu'il n'y a pas d'œuf dans l'utérus, et cependant il arrive que les chevrettes mettent bas au bout d'un certain temps. Comment rendre raison de ce fait? Ziegler a proposé l'explication suivante. L'œuf était transporté le long de la trompe, de l'ovaire à l'utérus, au moyen des mouvements vibratiles; mais, l'époque de la mue arrivant, il est surpris en route par la chute des cils, et il reste en place au milieu de la trompe, jusqu'à ce que les mouvements vibratiles renaissent et lui permettent de descendre alors jusqu'à l'utérus : il n'est plus étonnant dès lors qu'en ouvrant la chevrette pendant la période de la mue, on ne trouve aucun œuf dans l'utérus. Tous ces faits montrent bien l'importance des mouvements vibratiles dans les phénomènes de la génération, surtout si l'on veut considérer les spermatozoaires comme des cellules vibratiles isolées.

Il nous faut indiquer maintenant les conditions d'existence de ces mouvements ciliaires. Ce sont des mouvements d'une nature toute particulière, des mouvements essentiellement organiques ou vitaux, et continus, comme nous l'avons déjà dit. On peut, sous l'influence de certains agents, diminuer ou augmenter leur intensité. Mais ce qui les distingue surtout, c'est qu'ils sont complétement indépendants du système nerveux, et qu'ils échappent à l'action de toutes les substances toxiques aujourd'hui connues. Chaque élément histologique a ses poisons particuliers qui le détruisent, et amènent ainsi la mort de l'animal en supprimant un des éléments essentiels de l'harmonie vitale. Les cils vibratiles font exception, car on peut empoisonner un animal avec de l'opium, du curare, de la strychnine ou toute autre matière, et jamais on ne détruira les mouvements vibratiles, qui persistent toujours un certain temps après la mort. Cependant les anesthésiques arrêtent ces mouvements. Ainsi, qu'on place un œsophage de grenouille sous une cloche avec une éponge imbibée d'éther liquide, qui, en s'évaporant rapidement, constituera une atmosphère anesthésique, et l'on verra bientôt les mouvements vibratiles cesser complétement. Mais si on lève la cloche pour laisser les vapeurs d'éther se dissiper dans l'air, les mouvements vibratiles recommenceront aussitôt, car ils étaient simplement suspendus et non détruits, comme cela arrive sous l'influence d'un poison. L'action des anesthésiques est du reste la seule que l'on connaisse, et c'est probablement une action physique.

On peut considérer les mouvements vibratiles, soit dans leur intensité, soit dans leurs causes, soit dans leurs directions.

L'intensité est plus ou moins grande, suivant que la température est plus ou moins élevée : ainsi, chez une grenouille, les mouvements ciliaires sont bien plus rapides en été qu'en hiver. Ces mouvements sont du reste très-énergiques, et les moyens de les constater fort faciles. Il y a d'abord l'observation microscopique simple. Ces mouvements vibratiles se confondent souvent à l'œil en une sorte d'ondulation. Du reste, tous les micrographes savent qu'en râclant légèrement avec un cure-oreille la muqueuse du nez, on en ramène un certain nombre de cellules ciliaires dont il est très-facile d'observer l'agitation constante.

On peut aussi mettre ces mouvements en évidence

par les transports de matière qu'ils effectuent : ainsi, qu'on développe la muqueuse d'une trachée ou d'un œsophage de grenouille, et qu'on dépose à une extrémité, convenablement choisie, de la poudre de charbon ou même de petits grains de plomb, et ces corps seront transportés à l'autre bout, comme vous pourrez le voir dans un instant. Mais voici une expérience plus saisissante encore. On a disposé horizontalement et avec une tension convenable un œsophage de grenouille fraîchement préparé, dans lequel est engagé un fétu de paille qui en remplit assez exactement la cavité cylindrique, de manière à subir toute l'action des cils vibratiles. Sous cette influence, le fétu chemine très-rapidement, et sa vitesse, dans l'expérience qui s'accomplit ici, est d'un centimètre par minute : c'est une vitesse qu'on peut facilement suivre de l'œil.

On peut encore introduire dans les poumons d'une grenouille de la poudre de charbon; au bout d'un quart d'heure, — quelquefois moins, — toute cette poudre déposée dans le poumon se retrouve dans l'estomac. Comment a pu se faire ce transport? Évidemment par les voies naturelles. Mais quel en est l'agent? Les mouvements vibratiles sans aucun doute; car dans la trachée, ces mouvements sont orientés de manière à rejeter dans le pharynx toutes les substances qu'ils atteignent, tandis que les cils du canal digestif tendent au contraire à transporter du pharynx dans l'estomac, tous les objets placés sur le trajet (fig. 31). Certains parasites, qui vivent dans l'intérieur de nos organes, ne peuvent s'y reproduire que par un procédé analogue. Ainsi un helminthe, parasite des poumons, observé par M. Davaine, a

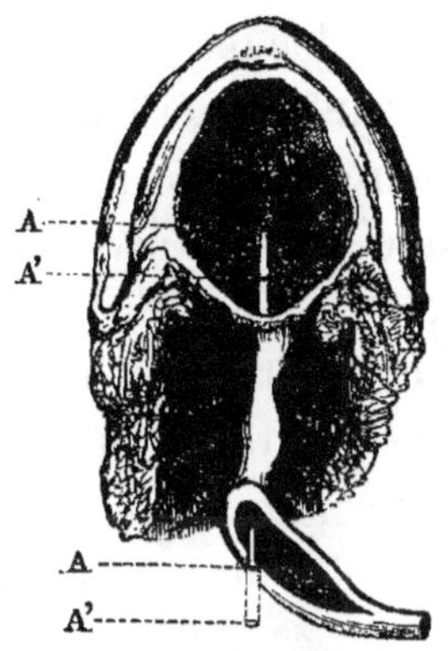

Fig. 31. — Œsophage de grenouille pour montrer l'action des cils vibratiles qui font pénétrer les substances dans l'estomac. Le fétu de paille engagé dans l'œsophage chemine de la position A A à la position A′ A′ et ainsi de suite.

cependant des œufs qui ne peuvent se développer que dans le canal intestinal : il y avait là un fait très-singulier, que les mouvements vibratiles sont venus expliquer tout naturellement.

Un de nos élèves, M. Calliburcès, a imaginé un appareil fort ingénieux qui permet de mesurer les variations d'intensité des mouvements vibra-tiles.

Cet appareil consiste en un flacon de verre carré ayant 49 centimètres carrés de base, sur 17 centimètres de hauteur (fig. 32), coupé transversalement en deux parties égales A et B. L'une des parois de la moitié inférieure est percée au milieu de son tiers supérieur d'un très-petit trou, dans lequel est engagé un fil d'aluminium servant d'axe à un cylindre de 1 centimètre de longueur et faisant corps avec celui-ci. L'extrémité extérieure de cet axe est le centre d'un cadran G extérieurement gravé sur la paroi du flacon et dont les divisions sont décrites par un fil de verre très-mince F. Il résulte de cette disposition que ce petit index entraîné au moindre mouvement du cylindre permet d'évaluer la rapidité avec laquelle tourne ce dernier lorsqu'il est poussé par les vibrations des cils de l'épithélium.

Pour concevoir comment ceux-ci lui transmettent leur mouvement, il importe de savoir comment est garnie la moitié supérieure du flacon et de quelle façon elle s'adapte à la moitié inférieure.

L'orifice du flacon est fermé par un couvercle métallique N auquel est soudée intérieurement une tige prismatique de cuivre K. Celle-ci descend jusqu'en dedans de la moitié inférieure du vase où son extrémité va pénétrer dans une rondelle percée qui se trouve fixée au fond du flacon et par laquelle elle est maintenue dans une position verticale lorsqu'on réunit les deux parties du vase. Une bande de laiton CC entoure le flacon au niveau de sa section horizontale et forme une gorge qui empêche l'une des parties de glisser sur l'autre. Une tablette de cuivre

Fig. 32. — Appareil de M. Calliburcès pour mesurer les variations
d'intensité des mouvements vibratiles.

horizontale H, percée d'une ouverture de même forme que la section transversale de la tige peut se mouvoir verticalement le long de cette tige qui la traverse. Au moyen d'une longue vis de rappel JJ dont le pas pénètre dans un écrou taraudé à travers cette tablette, elle est déplacée dans un sens ou dans l'autre. La tête M de cette vis fait saillie au-dessus du couvercle. En la tournant à droite ou à gauche, on élève ou on abaisse la plaque métallique ainsi que la réglette destinée à indiquer la hauteur à laquelle on l'a élevée. Cette réglette LL est formée d'une petite lame de métal soudée par son extrémité inférieure à la tablette de cuivre au-dessus de laquelle elle s'élève perpendiculairement jusqu'au delà du couvercle. Son extrémité supérieure le traverse librement et porte des divisions au moyen desquelles se mesure la hauteur de la tablette. Pour plus de précision, la tête de la vis est partagée en degrés que l'on compte à partir d'un point de repère O, et dont le nombre représente les fractions de division à ajouter à l'indication de la réglette. Deux ouvertures sont pratiquées dans le couvercle : par la première on introduit un thermomètre P ; à la seconde on adapte un tube de sûreté Q. La disposition de la tablette de cuivre et ses dimensions sont telles qu'en rapprochant de la moitié inférieure du flacon sa moitié supérieure, on puisse faire reposer le cylindre mobile sur les cils vibratiles de la membrane épithéliale R, étalée d'avance sur une feuille de liége adhérente à la tablette. M. Calliburcès désigne sous le nom de *porte-épithélium* la plaque de cuivre recouverte de liége. L'extrémité inférieure du fil d'aluminium vient buter contre une lamelle de verre qui l'empêche de se déplacer selon son axe ; cette même extrémité trouve un point d'appui contre un stylet très-mince enfoncé verticalement dans le liége, de sorte que les cils vibratiles ne communiquent pas au cylindre un mouvement de translation, mais seulement un mouvement de rotation qui est traduit à l'extérieur par l'aiguille du cadran. Le poids du cylindre de verre, y compris celui du fil d'aluminium avec son index de verre, est de 0^{gr},073.

SEPTIÈME LEÇON.

DU MOUVEMENT CILIAIRE (suite). — DU MOUVEMENT SARCODIQUE.

16 avril 1864.

SOMMAIRE. —Conditions de nutrition des mouvements vibratiles. — Influence de la chaleur et du froid. — Influence de la sécheresse et de l'humidité ; phénomènes de réviviscence. — Immunité des mouvements vibratiles à l'action des gaz. — Action des acides et des alcalis. — Constance des mouvements vibratiles ; ils persistent longtemps après la mort. — Causes des mouvements vibratiles. — Comparaison du mouvement vibratile et du mouvement musculaire. — Indépendance des mouvements vibratiles vis-à-vis du système nerveux. — Cette indépendance existe aussi pour les mouvements musculaires pendant une grande partie de la vie embryonnaire. — Les diverses substances contractiles ne sont que des formes de plus en plus perfectionnées d'une même substance.
DU MOUVEMENT SARCODIQUE. — Il réside dans une matière contractile amorphe. — Caractères de cette matière. — Des amibes. — Les mouvements sarcodiques existent chez les végétaux.

Nous avons commencé, dans la séance dernière, l'étude des mouvements vibratiles et constaté leur existence chez les végétaux comme chez les animaux. Ces mouvements ne sont jamais interrompus et ils jouent sans doute un rôle important dans l'accomplissement de beaucoup d'actes physiologiques; ils existent du reste dans un grand nombre d'organes, notamment dans la plupart des muqueuses et aussi dans certaines cavités closes, comme les ventricules du cerveau, l'arachnoïde, etc. Les expériences que nous avons exécutées sous vos yeux vous ont permis d'apprécier l'intensité souvent considérable de ces mouvements et leurs directions constantes.

Les mouvements vibratiles sont continuellement liés à certaines conditions de nutrition. En effet, ils ont pour organes essentiels des cellules, et il faut que la nutrition en développe incessamment de nouvelles pour remplacer celles qui tombent, car toutes les cellules épithéliales sont caduques et dépérissent même assez rapidement dans certains cas. Aussi, quand les fonctions de nutrition sont provisoirement troublées dans certains organes par suite de causes morbides, comme les maladies inflammatoires des bronches, il n'y a plus de mouvements des cils vibratiles. Chez les animaux hibernants, les mouvements ciliaires cessent également pendant l'hibernation. Ainsi ce sont là bien véritablement des mouvements vitaux.

Comme nous l'avons déjà dit, ces mouvements éprouvent des modifications importantes sous l'influence de la chaleur ou du froid. L'abaissement de

la température en diminue l'intensité et la rapidité;
son élévation produit l'effet contraire, mais tant
qu'on reste dans certaines limites. Ainsi, l'œsophage
d'une grenouille ne présente aucun mouvement vibratile à 0 degré; lorsqu'on élève progressivement
la température, ces mouvements croissent parallèlement. Le temps moyen d'une révolution de l'aiguille
de l'appareil de M. Calliburcès est de 22′ 3″ quand
la membrane vibratile est à la température ambiante
(de 12 à 19 degrés), et de 3′ 7″ seulement lorsque
cette température s'élève vers 28 degrés. Cette
intensité va en augmentant jusqu'à 50 ou 60 degrés, point à partir duquel le mouvement commence à diminuer, pour cesser complétement à
80 degrés, et ne plus reparaître désormais : car
c'est un caractère des phénomènes vitaux de pouvoir
renaître par une élévation de température, quand
on les a arrêtés au moyen du froid, et de ne le
pouvoir plus quand c'est la chaleur qui les a détruits : la matière organique est alors altérée sans
remède, peut-être par la coagulation de certains
éléments.

Le sec et l'humide exercent aussi une certaine influence sur ces mouvements, qui sont, à vrai dire, des
mouvements aquatiques. Les animaux qui en possèdent à l'extérieur, — comme les têtards de grenouille
et les mollusques, — vivent dans l'eau, et les membranes muqueuses ou séreuses qui les présentent chez
les animaux supérieurs sont toujours baignées de

liquides. Quand on dessèche un peu ces membranes, on voit bientôt diminuer progressivement l'intensité de ces mouvements, qui ne tarderaient pas à s'arrêter tout à fait si l'on continuait la dessiccation. Les phénomènes de réviviscence découverts par Spallanzani ont été observés d'abord sur les rotifères, qui sont animés de mouvements vibratiles : ces animaux, convenablement desséchés, perdent toute espèce de mouvement, et après être restés dans cet état pendant plusieurs années, ils peuvent recommencer à se mouvoir si on leur rend un peu d'eau. Mais nous ne croyons pas que des phénomènes du même genre puissent se produire chez les animaux supérieurs, ni même chez la grenouille. Ainsi on ne pourrait plus faire renaître les mouvements vibratiles dans un œsophage de grenouille convenablement desséché.

Les gaz n'exercent aucune influence sur les cils vibratiles, comme il est facile de s'en convaincre en plaçant successivement un œsophage de grenouille dans le vide, dans l'acide carbonique, dans l'oxygène, dans l'azote et dans les autres gaz : les mouvements ciliaires y continuent toujours absolument comme dans l'air.

Au contraire, les liquides ont une action très-marquée. Les acides arrêtent immédiatement tout mouvement ciliaire : et nous ne parlons pas ici d'acides forts, comme l'acide sulfurique ou l'acide azotique, qui pourraient agir chimiquement sur la matière des cils vibratiles ; les acides les plus faibles suffisent parfaitement pour amener ce résultat, par exemple l'acide acétique très-dilué. Les corps neutres sont plus favorables aux mouvements vibratiles ; mais ce qui en augmente tout particulièrement l'intensité, ce sont les alcalis, surtout l'ammoniaque et la soude, comme l'ont montré les expériences de Virchow. On peut même, avec ces bases puissantes, ranimer les mouvements ciliaires dans les corps où ils s'étaient arrêtés sous l'influence des acides, par exemple, dans les liquides contenant des zoospermes. C'est pour cela qu'on rencontre bien souvent des mouvements vibratiles dans des cadavres déjà en putréfaction, parce qu'ils présentent le milieu fortement alcalin propre à entretenir ces mouvements. Mais, par contre, nous verrons ces mouvements s'éteindre fort vite quand le milieu présentera une réaction acide.

Les mouvements ciliaires sont beaucoup plus durables chez les invertébrés que chez les vertébrés, et parmi ces derniers, ils ont plus de vigueur chez les animaux à sang froid que chez animaux à sang chaud. Il faut donc prendre des animaux à sang froid quand on veut faire des expériences sur ce mode de mouvement. C'est d'ailleurs un des phénomènes vitaux les plus tenaces et qui persistent le plus longtemps après la mort. On a fait à ce sujet des observations sur l'homme lui-même. Mais pour qu'elles donnent un résultat satisfaisant, il faut prendre des personnes mortes brusquement par suite d'un accident, car chez les sujets qui ont succombé à une longue maladie, les mouvements vibratiles sont déjà considérablement affaiblis ou même tout à fait éteints au moment de la mort. M. Gosselin, en examinant des cadavres d'individus décapités, a constaté la persistance des mouvements vibratiles dans la muqueuse du nez, vingt-quatre et même trente-six heures après la mort, tandis que les muscles et les nerfs conservent à peine leurs propriétés vitales pendant une heure.

Nous avons déjà signalé l'immunité complète des cils vibratiles en ce qui concerne les matières toxiques. Il y a des poisons qui atteignent la cellule ou la fibre nerveuse, d'autres les globules du sang, d'autres encore la fibre musculaire, etc. ; mais jusqu'ici on n'en connaît pas qui agissent sur les cils vibratiles. On pourrait croire que cela tient à l'absence de communication entre ces organes et les systèmes circulatoire et nerveux ; mais cette explication ne peut suffire, car Müller a déposé le poison sur la membrane vibratile elle-même, sans obtenir plus de résultat. Nous avons dit également que les anesthésiques arrêtaient les mouvements ciliaires ; mais c'est une simple suspension qui n'altère aucunement l'organe, car ces mouvements recommencent aussitôt que l'influence anesthésique a disparu.

Nous avons déterminé les conditions générales du mouvement vibratile, cherchons maintenant à quelles causes il faut le rapporter.

Ehrenberg, qui s'est beaucoup occupé de ces mouvements, surtout chez les infusoires, croyait d'abord qu'on pouvait les attribuer à l'action de muscles particuliers. En effet, on voit ordinairement à la base de chaque cil un petit renflement où Ehrenberg supposait l'existence d'un petit muscle. Cette théorie s'appliquait bien à certains faits. Ainsi, chez les rotateurs, il y a à la fois des mouvements vibratiles et des mouvements musculaires qui sont unis entre eux par une intime connexion, car, en empoisonnant l'animal, on fait cesser tout mouvement. Mais les observations d'Ehrenberg ont été longuement discutées par Müller, et personne n'a pu arriver à une parfaite conviction sur ce point. Il est impossible d'apercevoir au microscope les muscles supposés par Ehrenberg; aussi se borne-t-on généralement à dire que les mouvements ciliaires sont inconnus dans leurs causes et qu'on ne sait à quel tissu les rapporter, bien qu'il soit très-certain qu'ils sont dus à la substance que contiennent les cils vibratiles, quelles que soient d'ailleurs la forme et la nature de cette substance.

Les mouvements vibratiles se distinguent des mouvements musculaires par deux points principaux, leur constance et leur indépendance complète vis-à-vis du système nerveux. Mais ils présentent aussi avec eux des analogies nombreuses. Ainsi les mouvements musculaires se ralentissent sous l'influence du froid et s'exagèrent par l'action de la chaleur, dans le cœur notamment, circonstance que nous avons constatée déjà pour les mouvements vibratiles. L'influence des acides est aussi la même des deux côtés, et la rigidité cadavérique des muscles n'arrive même que par le développement d'un acide dans leurs tissus baignés d'une liqueur alcaline à l'état normal.

Il est d'ailleurs impossible aujourd'hui de faire une distinction complète entre les différentes espèces de mouvements que possèdent les êtres vivants. Ces mouvements se fondent insensiblement les uns dans les autres. Ainsi on a bien distingué le mouvement ciliaire dont nous venons de parler, le mouvement sarcodique dû à une substance contractile et amorphe, et le mouvement musculaire produit par une substance contractile à forme déterminée, fibre ou cellule, et soumise à l'influence d'un système nerveux. Mais nous verrons que l'influence du système nerveux ne se fait pas sentir dans tous les cas sur les mouvements musculaires, car on peut trouver dans certaines circonstances un système musculaire assez développé sans aucune trace de système nerveux; inversement, l'influence du système nerveux s'exerce quelquefois en dehors du tissu musculaire. Si nous donnons toutes ces classifications, c'est qu'elles existent dans la science ; mais encore devons-nous dire quelle est notre opinion sur leur valeur.

Les époques auxquelles apparaissent, dans le développement embryonnaire, le système musculaire d'un côté et le système nerveux de l'autre, ces époques ne sont aucunement liées entre elles. Ainsi, une observation connue depuis fort longtemps déjà, mais que nous avons particulièrement signalée et mise en lumière, c'est que le cœur du petit poulet bat dès les premières heures de l'incubation, c'est-à-dire à une époque où il n'y a certainement pas encore la moindre trace de système nerveux. D'un autre côté, les muscles des membres du petit poulet se contractent sous l'influence des changements de température de l'air extérieur, du froid ou du chaud; et cependant ils ne subissent encore aucune action de la part du système nerveux, dont le développement commence à peine. C'est même à cette circonstance que sont dues les contractions, car les muscles qui ne sont pas encore soumis à l'influence nerveuse sont bien plus facilement influençables par le froid et le chaud que les muscles déjà dominés par cette influence. On n'a pas oublié que les mouvements des cils vibratiles, si souvent influencés ou provoqués par la chaleur et le froid, ne subissent jamais aucune action de la part du système nerveux.

Les effets produits par les changements de température varient donc beaucoup suivant les circonstances dans lesquelles on se place. Ainsi prenez un poulet au quinzième ou seizième jour de son développement, et soumettez-le, après l'avoir ouvert, dans un appareil analogue à celui de M. Calliburcès, à un changement brusque de température : l'élévation de la température fera contracter, non pas seulement le cœur et le gésier, mais aussi les membres antérieurs et postérieurs. Quand le développement sera terminé, le cœur et le gésier se contracteront encore sous des influences de ce genre ; mais deux ou trois jours après l'éclosion, les membres y échapperont complétement, parce que le système nerveux, en s'emparant d'un muscle, diminue considérablement sa sensibilité aux phénomènes calorifiques.

Ainsi, pour nous résumer, nous croyons que toutes ces substances contractiles ne sont que des degrés divers d'une même substance, et tous ces mouvements des variétés d'un mouvement unique dans son essence. Il y a en effet des influences qui les accompagnent partout et se reproduisent dans tous les cas, à quelque espèce de mouvement qu'on ait affaire, notamment les influences calorifiques, celle des acides et des alcalis, etc. Ce sont donc là, nous venons de le dire, autant de degrés divers d'une même chose, et encore ces degrés sont-ils souvent bien difficiles à distinguer les uns des autres.

MOUVEMENT SARCODIQUE.

Les mouvements sarcodiques, dont nous avons maintenant à dire quelques mots, correspondent à ce que certains physiologiques ont appelé le *tissu cellulaire contractile*. Ces mouvements sont en général fort lents ; ils tiennent à une substance contractile amorphe, le *sarcode*, et le type en est fourni par un infusoire nommé *amibe* (fig. 33). Ces animaux ne sont pas précisément diffluents, mais ils n'ont aucune forme déterminée, et sont susceptibles de les prendre toutes successivement. Quelquefois on les voit tout ronds ; un instant après, ils poussent des prolongements qui se multiplient quelquefois en croix ou en étoile, pour revenir ensuite à la forme circulaire ou à toute autre, et pousser encore des prolongements

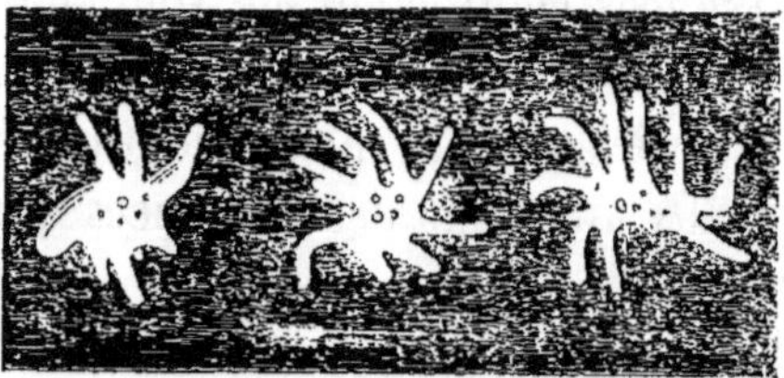

Fig. 33. — Amibe diffluente glissant dans le sens indiqué par la flèche et vue sous trois aspects différents.

dont la disposition varie indéfiniment. Ces mouvements sont influençables par la chaleur ou le froid, et tous les micrographes ont remarqué qu'au moment où ils cessent, il se manifeste une sorte de coagulation fort analogue à celle qu'on observe dans les tubes musculaires pendant la rigidité cadavérique. Cette substance sarcodique est souvent très-réfringente, et sa texture uniforme ne présente rien de remarquable, si ce n'est des granulations plus ou moins nombreuses qui peuvent se déplacer facilement. Malgré de nombreuses expériences, on n'a encore pu constater, au moment de la contraction, aucun changement appréciable dans l'état de la substance sarcodique. On a seulement observé que lorsque l'animal va pousser un prolongement dans un certain sens, une plus grande quantité de granulations se porte de ce côté.

Les mouvements sarcodiques existent chez les végétaux comme chez les animaux.

Cet état de la substance contractile, où elle n'est pas renfermée dans des tubes, ne doit pas nous étonner, car ce n'est pas une particularité du tissu sarcodique, c'est aussi le premier état de la substance musculaire dans le développement de l'animal. Ainsi le cœur du petit poulet, qui commence à battre après quelques heures d'incubation, n'est pas encore défini sous forme de fibres, et se trouve dans un état fort analogue à celui du tissu sarcodique.

On invoque souvent, et avec raison, ces propriétés du tissu sarcodique pour expliquer certains mouvements dont on n'aperçoit pas la cause, par exemple ceux des villosités intestinales. Mais nous ne pouvons pas nous arrêter plus longtemps sur ces détails, parce que nous avons hâte d'arriver au système musculaire proprement dit, qui nous fournira des expériences plus nombreuses et plus intéressantes.

HUITIÈME LEÇON.

DU SYSTÈME MUSCULAIRE.

19 avril 1864.

SOMMAIRE. — Importance du mouvement musculaire et du système musculaire. — La cause du mouvement musculaire réside dans une substance particulière, contractile. — La substance contractile se présente sous trois états : état amorphe, cellule, fibre. — Rapports de la substance musculaire avec ses enveloppes, avec les os, avec le système nerveux. — Les fibres musculaires peuvent exister sans système nerveux. — Développement du cœur. — Les fibres striées ne sont pas seulement spéciales aux organes de la vie animale. — Elles sont toujours en rapport avec un système nerveux.

Substance musculaire ou *syntonine*. — Elle ne doit pas être confondue avec la fibrine. — Ses différents états. — Cellules contractiles. — Fibres musculaires lisses et striées. — Réunion des fibres en faisceaux ou muscles. — Enveloppes : sarcolemme, périmysium. — Aponévrose, tendons. — Vaisseaux et nerfs contenus dans les muscles. — Suc musculaire ; sa constitution. — Il diffère du sang.

Le mouvement musculaire, dont nous commençons aujourd'hui l'étude, caractérise à vrai dire l'animal, car il est produit par une substance particulière, constituant tout un vaste système d'organes, qui suppose à la fois le système nerveux qui lui sert d'irritant spécial et le système osseux qui lui fournit les leviers nécessaires pour rendre son action plus précise et plus variée. Or, en supprimant ces trois systèmes, on supprimerait l'animal presque tout entier, car on n'aurait plus que ce que Leydig appelle les *éléments restés à l'état de cellules*, les épithéliums, les glandes et les parties de ce genre, c'est-à-dire presque rien. Le système musculaire peut sans doute exister tout seul; mais on ne comprendrait pas sans lui l'existence des os et des nerfs : ces trois choses sont intimement liées les unes aux autres, et c'est le muscle qui explique tout, parce qu'il est la raison de la manifestation de toutes les parties de cet ensemble.

Le mouvement musculaire constitue donc la principale fonction animale, et par suite le système musculaire est le centre des phénomènes manifestés par les êtres vivants.

Si nous remontons à la cause élémentaire de ce mouvement, comme la physiologie générale doit toujours le faire, nous trouvons cette cause dans une substance particulière qui a la propriété de se contracter sous l'influence de certains irritants, vitaux ou autres, mais jamais spontanément, car la matière vivante est aussi incapable que la matière brute de se donner à elle-même le mouvement : elle le reçoit toujours de quelque chose d'extérieur à elle. Cette propriété est identique dans son essence chez tous les animaux ; mais elle se montre sous plusieurs aspects différents, suivant la forme que revêt la substance contractile.

La substance contractile se présente sous trois états différents :

1° L'état amorphe tel qu'on le voit dans les méduses et les amibes : toutes les conditions de la substance contractile y existent ; mais on n'a qu'une matière presque diffuse répandue indifféremment dans l'animal et ne formant aucun organe plus ou moins analogue à la fibre musculaire : c'est le tissu sarcodique ou sarcode que nous avons étudié précédemment et sur lequel il est inutile de revenir.

2° Dans un second état, la substance contractile n'est plus amorphe ; elle est déjà limitée dans une forme définie, mais cette forme, c'est seulement une cellule : c'est l'état qu'on observe dans les polypes hydraires ou dans les hydres d'eau douce (fig. 34).

3° Enfin, le troisième état de la substance musculaire est celui où elle se présente limitée dans des tubes plus ou moins longs qui constituent les fibres musculaires ; ces fibres elles-mêmes sont de deux sortes, les unes lisses et plates, les autres arrondies et striées (fig. 35).

La substance musculaire peut aussi se présenter dans divers rapports avec l'enveloppe qui l'entoure ; elle est tantôt diffluente (sarcode) et tantôt contenue

dans une enveloppe élastique qui revient à sa forme
première, après la contraction. Enfin, dans l'intestin
on trouve des fibres musculaires sans aucun rapport

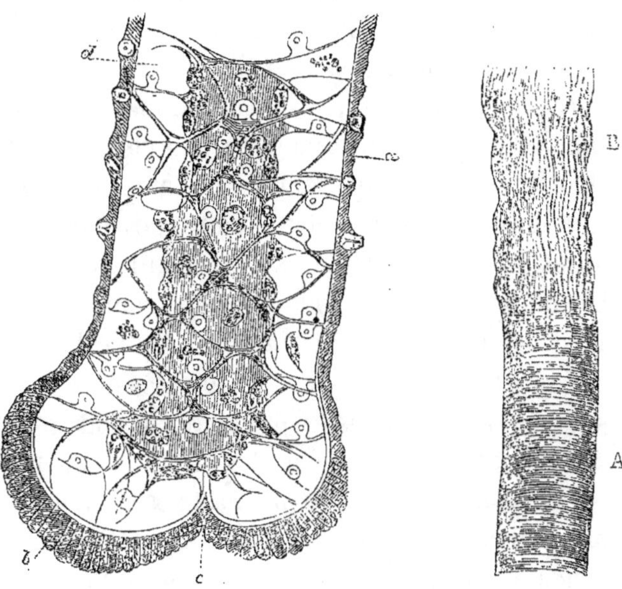

Fig. 34. — Pied d'une *hydre* (d'a-
près Leydig); le foyer est placé
sur le tissu contractile.

a. La peau avec quelques organes ur-
ticants. — *b*. Les cellules cutanées
du disque pédial. — *c*. L'orifice
situé dans le disque. — *d*. Les cellules contractiles. (Fort grossissement.)

Fig. 35.— Fibre musculaire
striée (d'après Kölliker).

A. Faisceau primitif des muscles intercostaux internes de
l'homme se continuant di-
rectement et sans limite tran-
chée avec un faisceau ten-
dineux B. (Grossissement de
250 diamètres)

avec les os, et chez certains animaux, comme les
mollusques, on ne trouve pas d'os du tout, quoiqu'il
y ait des fibres musculaires parfaitement définies.

On peut également trouver ces fibres sans aucune trace de système nerveux. C'est donc un tort de vouloir distinguer le sarcode et les fibres musculaires par l'absence ou la présence des nerfs, car si le tissu sarcodique n'a jamais de nerfs, le tissu musculaire n'en a pas toujours.

D'ailleurs, pour tous les organes, mais plus particulièrement peut-être pour les muscles, on trouve chez les animaux supérieurs, à certaines époques de leur développement embryonnaire, des états transitoires qui restent définitifs chez d'autres animaux. L'évolution organique de l'être élevé représente donc ainsi, comme on l'a dit bien souvent, l'échelle animale tout entière. Eh bien ! les muscles ne sont point pourvus de nerfs dans les premières périodes de leur développement, même chez les animaux supérieurs.

Le cœur se prête très-bien à l'observation de ce phénomène, surtout chez les oiseaux. Ce muscle a pendant un certain temps l'apparence d'une masse musculaire sans texture et sans aucune trace de nerfs, ce qui ne l'empêche pas de se contracter sous l'influence d'autres excitants que l'action nerveuse, comme nous l'avons dit dans notre précédente leçon. Plus tard apparaît la substance contractile définie sous forme de cellule, puis les fibres plates et ensuite les fibres striées. C'est seulement après toute cette évolution que le système nerveux commence à se développer. Mais, si l'on tient compte de l'état embryonnaire, il est vrai de dire qu'on trouve tout dans l'homme et que l'animal supérieur représente toutes les formes élémentaires inférieures par lesquelles il a dû passer pour arriver à une perfection plus grande. Nous venons de voir en effet la substance contractile, d'abord sous forme de sarcode, se définir ensuite en cellules qui deviennent des fibres plates, lesquelles se transforment enfin en fibres striées. Il y a là une transmutation successive qu'il est impossible de méconnaître.

Quelques physiologistes ont prétendu que tous les organes de la vie de relation avaient des fibres striées, tandis que les organes de la vie végétative avaient des fibres plates. Mais la zoologie donne un démenti flagrant à tous les systèmes qu'on voudrait établir à ce sujet. Ainsi le cœur est certainement un organe de la vie végétative, et il possède cependant des fibres striées; sans doute les muscles de l'intestin sont généralement formés de fibres lisses : mais le gésier des oiseaux et l'intestin des tanches, d'après les observations d'Ernest-Henry Weber, ont encore des fibres striées. Les organes de la vie de relation ne comportent pas non plus exclusivement des fibres striées ; mais si c'est là encore une proposition qui n'est pas plus vraie, *comme loi*, que la précédente, on pourrait cependant l'accepter comme une généralité représentant le cas le plus ordinaire.

On a voulu dire aussi que certains animaux se caractérisaient spécialement par une certaine nature de fibres; ainsi les huîtres et les mollusques n'auraient que des fibres plates, tandis que les insectes n'auraient que des fibres striées. Mais il faut prendre garde de se laisser aller sur tous ces points à des affirmations trop absolues.

Quand un animal possède des fibres striées, elles sont toujours en rapport avec un système nerveux. Cependant un observateur fort habile, Léon Dufour, a décrit un insecte névroptère vivant en Espagne, qui posséderait des fibres striées bien caractérisées, et n'aurait pas de système nerveux. Mais c'est là un fait qui est resté isolé et qu'on n'a pas eu occasion de vérifier. Aussi malgré toute l'autorité qui s'attache au nom de ce savant, ce résultat renverserait si complétement toutes les données physiologiques, que nous préférons y voir une simple difficulté d'observation.

Voilà les différentes formes que prend la substance musculaire ; mais ce n'est pas à sa forme qu'est due sa propriété, car, malgré ces variations, cette propriété reste partout la même. C'est donc dans la nature même de la substance qu'il faut en chercher l'explication.

La substance contractile ou musculaire, qu'on peut voir en quelque sorte à nu dans les amibes, est une substance semi-fluide et transparente pendant la vie, opaque après la mort, et qui possède le même aspect dans les fibres musculaires de l'homme que chez les amibes. Quant à sa composition chimique, c'est une

matière protéique ou azotée. Elle a été longtemps
prise pour de la fibrine, et la fibrine en dissolution
dans le sang était appelée *chair coulante*, ce qui signi-
fiait qu'en se fixant dans les organes elle constituait
la fibre musculaire ou la chair proprement dite.
Mais cette assimilation est une erreur, car la substance contractile qui nous occupe est, par ses caractères chimiques, une substance spéciale qu'on appelle
substance musculaire et à laquelle Lehman a proposé de donner le nom de *syntonine*, qui a été accepté par beaucoup de physiologistes. La syntonine
a une réaction constamment alcaline et elle jouit de
la propriété de se contracter sous l'influence des
excitants que nous étudierons plus tard en détail.

Chez les amibes la substance contractile se trans-
porte lentement d'un côté à l'autre par rétraction,
et reste ainsi dans ce nouvel état jusqu'à ce qu'une
autre contraction se produise.

La cellule contractile, qui représente le second état
de la substance contractile, possède une enveloppe de
tissu élastique dérivant du tissu cellulaire conjonctif
et renferme de la substance musculaire. Quand elle
se met en mouvement, ou plutôt quand elle entre
en contraction, elle s'aplatit dans un sens et s'allonge
dans l'autre. Mais, dès que la contraction a cessé,
au lieu de rester dans ce nouvel état comme une
amibe, la cellule reprend aussitôt sa forme primitive,
sphérique ou autre, par l'effet de l'élasticité de son
enveloppe. On trouve, du reste, des cellules contrac-

tiles chez les végétaux comme chez les animaux ; des travaux récents ont rendu ce point incontestable (fig. 36).

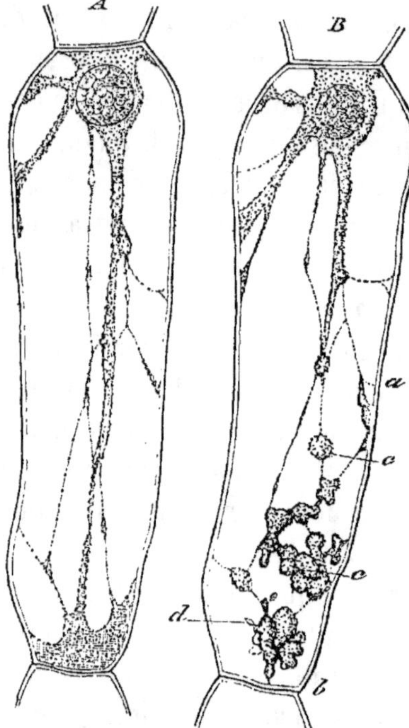

Fig. 36. — Cellule végétale contractile (d'après Kühne).

A. Cellule fraîche observée dans l'eau. — *B*. La même cellule après une irritation électrique locale et modérée. — La région dans laquelle s'accumule le protoplasma s'étend de *a* en *b*. — *cc*. Amas que forme le protoplasma en se contractant. — *d*. Conglomérat résultant également de la contraction du protoplasma.

La fibre musculaire présente la même structure que la cellule ; la forme seule diffère. C'est un tube allongé dont les parois sont douées d'élasticité ; on peut dire que c'est une cellule très-étendue dans un sens et attachée à ses deux extrémités par des tendons. La cellule est parfois striée ou présente seulement quelques granulations à l'intérieur ; quant aux fibres musculaires, elles se divisent en fibres striées et fibres lisses ou fibres-cellules, c'est-à-dire intermédiaires, au point de vue du développement, entre les fibres striées et les cellules (fig. 37). Les fibres lisses

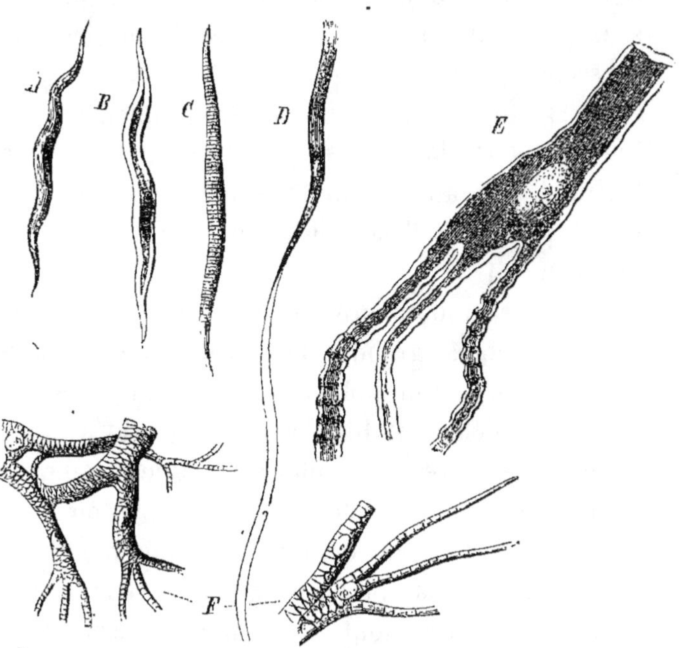

Fig. 37. — Cellules et fibres musculaires simples et ramifiées (d'après Leydig).

A. Ce qu'on appelle une *fibre lisse* avec contenu uniforme. — *B.* Cellule lisse qui présente dans sa composition une substance médullaire et une substance corticale. — *C.* Une autre fibre dont le contenu est devenu une masse striée transversalement. — *D.* Fibre plate qui s'est développée en long. — *E.* Cellule musculaire ramifiée d'un mollusque (*Carinaria*). — *F. Muscles striés ramifiés* d'un Arthropode (*Branchipus*). (Fort grossissement.)

possèdent des granulations comme les cellules. Les fibres striées sont complétement transparentes, sauf à l'endroit des stries que certains anatomistes considèrent comme des amas de granulations. Après la contraction, la fibre musculaire reprend sa longueur normale par suite de l'élasticité de son enveloppe et sans que la substance musculaire soit pour rien dans ce second mouvement.

Nous avons donc deux choses parfaitement distinctes à considérer : une propriété vitale, la contractilité, qui fait raccourcir le muscle ; et une propriété physique, l'élasticité, qui le ramène à son premier état.

Les fibres musculaires se combinent en nombre plus ou moins grand pour former des organes musculaires, qui multiplient sans les changer les propriétés de l'élément histologique (fig. 38). Ces organes musculaires sont tantôt à l'état de membranes contractiles, tantôt à l'état de faisceaux plus ou moins allongés, c'est-à-dire de muscles proprement dits. Les fibres sont tantôt lisses et tantôt striées, sans qu'il y ait de règle tout à fait absolue à cet égard, comme nous l'avons dit tout à l'heure : généralement elles se juxtaposent comme les fétus de blé dans une gerbe ; mais quelquefois aussi elles s'anastomosent de manière à former un véritable réseau. Les fibres anastomosées ne se présentent jamais dans les muscles des membres ; mais la langue, l'intestin, le cœur, etc., en possèdent.

On trouve souvent de petits noyaux contre les parois des fibres ou dans l'intérieur de la substance. Quelques histologistes pensent, en effet, que les fibres

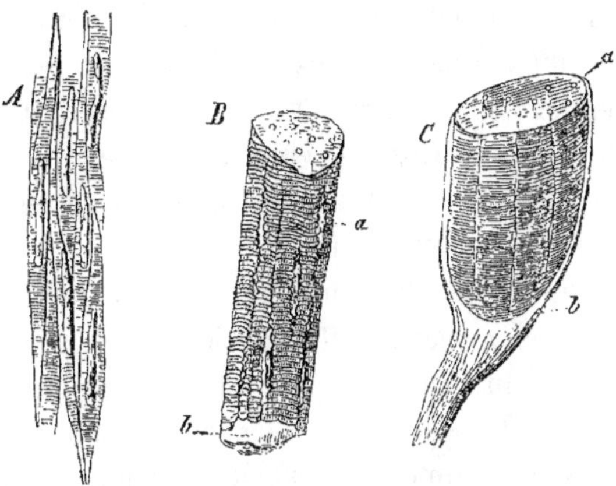

Fig. 38. — Fibres musculaires réunies en nouvelles unités ou faisceaux (d'après Leydig).

A. Fibres cellules du *bulbus arteriosus* de la Salamandre : les cellules musculaires striées, bien qu'elles soient étroitement serrées les unes contre les autres, ont conservé une certaine autonomie. — *B* et *C.* Ce qu'on appelle des faisceaux musculaires primitifs avec fusion des cylindres primitifs. — *a.* Le système d'interstices situé dans l'intérieur de la substance contractile. — *b.* Le sarcolemme. (Fort grossissement.)

commencent par l'état de cellule et s'allongent ensuite de plus en plus. Après ce développement le noyau de la cellule persisterait, et c'est lui que nous retrouverions dans la fibre musculaire. D'autres histologistes admettent au contraire que la fibre musculaire se forme par la juxtaposition d'un certain nombre de cellules, et alors ce n'est plus un noyau mais plusieurs qu'on devrait rencontrer, si telle était bien l'origine de ce corpuscule. Nous ne pouvons du reste entrer ici dans toutes les discussions qu'a soulevées la formation du tissu musculaire.

Généralement le faisceau des fibres musculaires se continue par des tendons qui s'attachent aux os. Mais quelquefois les fibres musculaires s'insèrent directement sur le périoste, et chez les insectes on en trouve souvent qui sont en rapport direct avec les parties dures ou squelette externe.

L'enveloppe élastique des cellules ou des fibres s'appelle *sarcolemme* et l'enveloppe intérieure *myolemme*; plusieurs fibres se réunissent pour former un petit faisceau qui a également son enveloppe élastique nommée *perimysium*; enfin la réunion d'un nombre plus ou moins considérable de ces faisceaux constitue le muscle, qui a aussi sa membrane élastique, l'*aponévrose* (fig. 39 et 40). Il y a donc une combinaison et pour ainsi dire une pénétration perpétuelle du tissu élastique et de la substance contractile.

Mais ce n'est pas tout encore : on trouve aussi dans le muscle des vaisseaux, de la graisse et des nerfs dont le rôle très-important mérite une étude à part. Les vaisseaux se glissent entre les fibres musculaires, et, comme ils ont à leur terminaison capillaire des parois extrêmement fines, la nutrition du muscle se fait par endosmose à travers ces parois.

Il nous reste enfin une dernière substance à signaler. On prend un muscle dont on enlève autant que

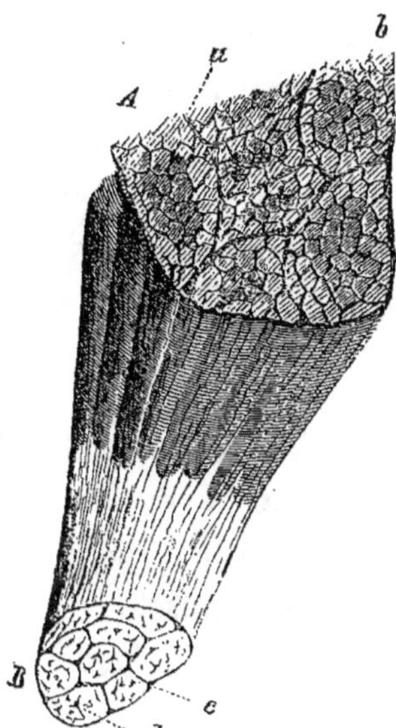

Fig. 39. — Muscle et tendon.
(Grossissement faible.)

A. Coupe transversale du muscle.
— *a.* *Perimysium.* — *b.* Ce qu'on appelle un faisceau primitif. — *B.* Coupe transversale du tendon. — *c.* Tissu conjonctif lâche. — *d.* Substance conjonctive rigide avec son système d'interstices dont on voit les sections transversales.

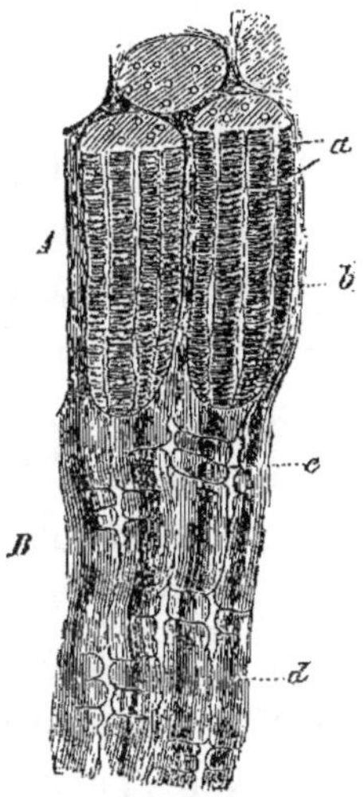

Fig. 40. — Coupe longitudinale à travers le tendon et la substance musculaire, à leur point de réunion (d'après Leydig). (Fort grossissement.)

A. Faisceau musculaire primitif. — *a.* Lignes limites des cylindres primitifs qui composent la masse striée. — *b.* Le sarcolemme. — *B.* Tendon. — *c.* Les corpuscules du tissu conjonctif. — *d.* La masse fondamentale linéaire qui se continue dans le sarcolemme.

possible tout le sang qu'il contenait; puis on exprime la substance musculaire et l'on obtient ainsi une matière qui a des propriétés particulières, et qu'on a nommée *suc musculaire*. Le suc musculaire a une réaction alcaline, et nous signalons cette circonstance avec d'autant plus de soin que nous avons vu les mouvements vibratiles se produire aussi dans un milieu alcalin et s'arrêter dans un milieu acide. Les mêmes phénomènes se reproduisent exactement ici, et les mouvements musculaires s'arrêtent de même dans un milieu acide. Aussi la coupe d'un muscle vivant est-elle toujours alcaline, tandis que la coupe d'un muscle mort, mais non encore pourri, est acide.

Le suc musculaire contient des substances albumineuses et beaucoup d'autres substances fort diverses, de la créatine, de la créatinine, de l'acide carbonique, de l'oxygène, etc., en assez grande quantité. Il disparaît par la contraction du muscle, ou plutôt il s'use dans l'accomplissement de cette fonction, car on n'en trouve presque plus ou même plus du tout dans un muscle fatigué.

On pourrait croire que toutes les substances que nous venons de signaler existant dans le sang, elles sont apportées par lui dans le muscle : car malgré toutes les précautions qu'on peut prendre, on n'est jamais sûr d'avoir enlevé complétement le sang. Sans doute, il n'est pas possible d'éviter complétement cette cause possible d'erreur, mais ce n'est pas à dire qu'on ne puisse répondre à l'objection. En effet, la créatine et la créatinine existent bien dans le sang, mais en si petite quantité, qu'il serait impossible de les en retirer; au contraire, le suc musculaire nous en fournit des proportions considérables. Il faut donc bien admettre que ces deux substances se produisent dans le muscle, et c'est alors le sang qui vient les y prendre, bien loin de les apporter. On trouve aussi des sels de potasse et de soude dans le suc musculaire comme dans le sang; mais la potasse domine beaucoup dans le suc musculaire.

Quand on sépare un muscle du corps, la vie cesse dans cet organe parce que ses éléments n'ont bientôt plus de milieu nécessaire à leur action; ce milieu, constitué par divers liquides, s'altère rapidement. Mais on peut renouveler les contractions éteintes en faisant passer dans le muscle un courant de sang qui lui rend le milieu qu'il avait perdu. Cela montre bien que les conditions de manifestation de la contraction musculaire résident dans le milieu organique qui entoure le muscle.

NEUVIÈME LEÇON.

DISTINCTION DES PROPRIÉTÉS MUSCULAIRES ET DES PROPRIÉTÉS NERVEUSES.

23 avril 1864.

SOMMAIRE. — Démonstration expérimentale des propriétés musculaires. — Il faut opérer sur des animaux supérieurs parce que les fonctions sont mieux séparées chez eux, et sur des animaux à sang froid parce que les phénomènes vitaux y sont plus lents. — Les muscles doivent-ils aux nerfs leurs propriétés contractiles? — Importance et difficulté de la question. — Haller et ses contradicteurs. — Du curare comme moyen de résoudre cette question. — Effets physiologiques de ce poison. — Expériences. — La curare détruit les propriétés nerveuses sans toucher à celles des muscles. — Conclusion : la propriété contractile réside dans le muscle.

Nous avons successivement décrit dans la précédente leçon les propriétés principales et les différentes formes que prend la substance contractile, état amorphe, cellule et fibre lisse ou striée. Puis nous avons étudié la combinaison de ces différentes fibres pour constituer le système musculaire.

Il s'agit maintenant de montrer expérimentalement les propriétés du système musculaire qui domine tous les organes de la vie de relation, puisque c'est par son intermédiaire que tous les mouvements peuvent s'exécuter.

Nous avons dit que la substance musculaire pouvait se rencontrer, soit à l'état libre et amorphe comme chez les amibes, soit unie à une enveloppe élastique de manière à constituer un système doué à la fois de contractilité et d'élasticité, soit enfin dominée par des nerfs qui lui servent d'irritant et mettent en jeu ses propriétés spéciales. Il n'est pas possible d'opérer sur tous les animaux et il faut nécessairement faire un choix ; or ce choix ne peut être douteux, car nous avons déjà dit que les êtres inférieurs possédaient les mêmes propriétés que les êtres supérieurs, mais à un état d'enchevêtrement et de confusion qui rendait leur étude fort difficile, et qu'à mesure qu'on s'élevait dans l'échelle animale, les fonctions se spécialisaient davantage et se distinguaient mieux les unes des autres. Nous devons donc prendre chaque fonction à son plus haut degré de développement, parce qu'elle est alors tout à la fois plus énergique et mieux isolée : nous nous trouverons ainsi dans les conditions d'une bonne expérience. C'est dire que nous opérerons sur les vertébrés ; et parmi les vertébrés il faut préférer les animaux à sang froid chez lesquels ces phénomènes étant plus lents se continuent plus longtemps après la mort de l'animal et se laissent par cela même bien mieux observer et analyser.

Mais en expérimentant ainsi sur des muscles de vertébrés, on agit en même temps sur les nerfs qui y pénètrent et s'y mêlent intimement, de telle sorte qu'on ne peut jamais avoir de muscles sans nerfs, et qu'il devient possible d'attribuer au système nerveux les propriétés qu'on met en évidence dans les muscles. Il y a bien sans doute des animaux chez lesquels la substance musculaire n'est point dominée et pénétrée en tous sens par des nerfs, les méduses et les polypes par exemple. Mais ces êtres inférieurs, doués de moyens de manifestation fort imparfaits et de mouvements très-vagues, ne se prêtent aucunement aux expériences, et il faut renoncer à ce moyen d'éclaircir notre question qui reste dès lors tout entière et s'impose à nous avec une autorité que nous ne pouvons méconnaître. Les propriétés contractiles que nous observons dans le muscle appartiennent-elles au muscle lui-même ou faut-il les rapporter aux nerfs qui le pénètrent partout? C'est la grande question de Haller, si débattue de son temps; et nous devons chercher à la résoudre sans plus tarder, car cette solution est le préliminaire indispensable de toute étude sur le mouvement musculaire. Il est évident que nous ne pouvons indiquer les conditions, les circonstances, et les phénomènes qui accompagnent, précèdent ou suivent ce mouvement, si nous ne savons d'abord à quelle cause il est dû et dans quelle espèce d'élément il se produit.

Haller avait déjà distingué deux substances tout à fait différentes, deux fibres : d'un côté, la fibre irritable, comme il l'appelait, c'est-à-dire la fibre contractile, le muscle ; et de l'autre, la fibre sensible, c'est-à-dire le nerf. Il avait déjà dit que lorsqu'on irritait le nerf et que celui-ci faisait contracter le muscle, il ne communiquait pas à ce muscle une propriété spéciale à l'élément nerveux, mais se bornait à mettre en jeu les propriétés contractiles du muscle lui-même. C'est là ce que ses adversaires ne voulaient point admettre.

Prenons, en effet, une grenouille préparée à la manière de Galvani : il ne reste plus que les deux membres inférieurs soutenus par les nerfs lombaires; mais, comme l'animal vient d'être écorché sous vos yeux, ses tissus conservent encore toutes leurs propriétés vitales. D'ailleurs, nous avons eu soin de nous adresser à un vertébré à sang froid, chez qui, nous venons de le dire, les fonctions vitales persistent plus longtemps après la mort. Voici maintenant un petit appareil inducteur dont les fils aboutissent aux deux branches d'une pince que nous tenons dans la main et qui est très-commode pour produire de légères excitations électriques. Il suffit pour cela d'appliquer les deux pointes de la pince sur l'organe qu'on veut irriter, et celui-ci est immédiatement traversé par le courant électrique. Touchons ainsi les nerfs lombaires, et nous verrons aussitôt les muscles des membres inférieurs se contracter. Mais si nous touchons les muscles eux-mêmes, la contraction se produit encore. Eh bien, disaient les adversaires de Haller, quand vous irritez le nerf, le muscle se contracte, parce que le nerf lui communique sa propriété contractile, et c'est en vain que vous essayez de nous démentir en produisant la contraction par une irritation directe du muscle, car, alors encore, ce n'est pas le muscle seulement que vous irritez, ce sont encore aussi les dernières ramifications nerveuses qui aboutissent aux fibres musculaires.

Quelque détour que l'on prît, l'objection se représentait toujours, et elle était trop sérieuse pour qu'on pût la négliger. Il fallait donc isoler complétement les muscles des nerfs, et ce n'était pas chose facile. Par exemple, on coupait les nerfs qui arrivaient aux muscles le plus avant possible; mais cela n'y faisait rien, car on constatait toujours que le nerf, mort au niveau de la coupure, conservait encore ses propriétés en entrant dans le muscle.

Il fallait donc chercher un autre moyen pour résoudre l'objection, et ce moyen, les contemporains de Haller ne le trouvèrent pas. Aujourd'hui nous avons un moyen toxicologique.

Nous avons répété bien souvent que la science des

êtres vivants, à l'état normal ou à l'état pathologique, reposait toujours sur l'étude des éléments histologiques : l'être est un ensemble d'individus divers réunis pour former un tout organique. Chaque poison peut agir sur un des éléments de cet ensemble en laissant les autres intacts. Mais que ce soit la fibre musculaire, le nerf de sentiment ou de mouvement, le globule du sang ou tout autre élément histologique que nous détruisions ainsi, l'être qui résulte de l'harmonie de tous ces individus n'en est pas moins détruit. Or, si nous trouvons un poison qui tue le nerf sans toucher au muscle, il faudra bien admettre que ce sont là deux substances différentes, car on distingue les substances entre elles par les propriétés qu'elles manifestent, par les réactions qu'elles produisent, et de la différence des phénomènes on est autorisé à induire légitimement la différence des natures. D'un autre côté, les deux substances étant maintenant bien isolées, on pourra distinguer facilement ce qui appartient à l'une et ce qui doit être attribué à l'autre.

Eh bien, ce poison qui distingue le nerf du muscle, ainsi que nous l'avons fait connaître, il y a déjà longtemps, c'est le *wourara* ou *curare*, poison inconnu dans sa composition et rentrant dans ce qu'on appelle les *poisons de flèches*. Les Indiens sauvages d'Amérique s'en servent pour empoisonner leurs armes et rendre ainsi mortelles les moindres blessures. Le curare est pour nous comme un bistouri, mais un bistouri très-délicat qui atteint les derniers linéaments des nerfs en épargnant les muscles qui les entourent, et nous allons vous montrer sur une grenouille que l'animal empoisonné ainsi, — ce qui exige de cinq à sept minutes tout au plus, — a conservé intactes toutes les propriétés de son système musculaire, tandis qu'il a perdu toutes celles du système nerveux, au moins du système nerveux moteur, car le système nerveux sensitif est également épargné, et l'action du curare peut servir encore, ainsi que nous le verrons plus tard, à distinguer le nerf de sentiment du nerf de mouvement.

Comme point de comparaison, nous préparons d'abord une grenouille de la même manière que nous venons de le faire tout à l'heure, c'est-à-dire en conservant seulement les membres postérieurs et les nerfs lombaires. Puis nous empoisonnons avec le curare une grenouille exactement semblable, et comme elle sera écorchée plus tard, on ne pourra pas dire que si ses nerfs ne produisent plus de contraction quand on les irrite, c'est parce que la mort est déjà trop ancienne et que les propriétés vitales commencent à disparaître. Du reste, la mort par le curare paraît être sans douleur, comme on peut le voir sur cette grenouille; il n'y a pas de convulsions, et l'animal ne semble rien ressentir d'extraordinaire; seulement ses membres s'immobilisent de plus en plus. Des accidents de chasse ont permis de faire sur l'homme des observations analogues. On raconte en effet qu'un Indien qui s'était piqué, avec une flèche empoisonnée par le curare en voulant tirer sur un singe, appela ses amis, leur fit ses adieux sans le moindre trouble, sans la moindre marque de douleur, la nature seule de sa blessure semblant l'avertir de l'imminence et de la certitude de sa mort.

Voici maintenant notre grenouille qui a subi l'effet du curare. Elle paraît morte et pourtant elle ne l'est pas, car il n'y a d'empoisonné que le système nerveux moteur : tout le reste est conservé. Elle entend, elle voit, elle sent, mais elle ne peut plus manifester sa sensibilité à l'extérieur, puisque le nerf moteur est détruit; aussi pouvons-nous la pincer partout sans qu'elle paraisse s'en apercevoir ni éprouver aucune souffrance. Cependant cette sensibilité existe parfaitement, et pour la mettre en évidence, nous n'avons qu'à conserver une partie des muscles en préservant de l'action du curare les nerfs qui y arrivent. La chose n'est point difficile. En effet, c'est le sang qui porte dans tout le corps l'action du curare; le nerf du mouvement est atteint d'abord par son extrémité périphérique, c'est-à-dire celle qui plonge dans le muscle, et l'empoisonnement paraît remonter progressivement de là jusqu'à la moelle épinière, mais il ne peut se propager en sens inverse. Nous prenons donc une grenouille et, avant de l'empoisonner, nous lui lions fortement l'aorte et les parties molles, moins les nerfs, dans la région lombaire, de telle sorte que le sang parti du cœur ne puisse plus arriver dans les membres inférieurs;

le train postérieur et le tronc ne sont donc plus en communication que par les nerfs lombaires (fig. 41), et ces organes, nous le savons déjà, ne recevant

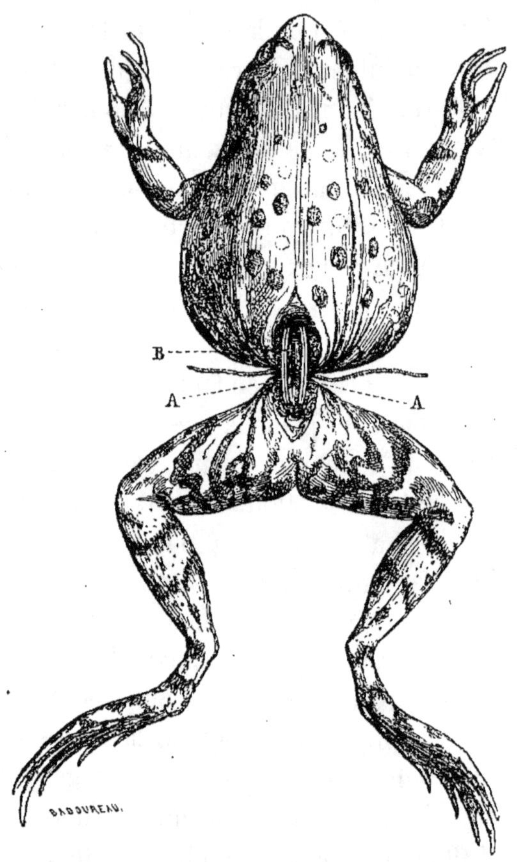

Fig. 41. — Grenouille préparée pour montrer que le curare détruit les propriétés des nerfs moteurs sans atteindre celles des nerfs sensitifs.

AA. Nerfs lombaires. — B. Aorte.

pas par leurs extrémités le sang empoisonné, ne peuvent servir à propager l'empoisonnement par le curare, qui marche toujours de la périphérie vers le centre. Au lieu de conserver tout le train postérieur, nous pourrions conserver un seul muscle, le muscle soléaire, par exemple, en liant l'artère qui lui amène le sang. La grenouille préparée de cette façon, manifeste alors sa sensibilité par ce muscle comme par les membres dont on lui avait conservé l'usage.

Nous pouvons maintenant comparer les phénomènes qui se produisent sur nos trois grenouilles préparées chacune d'une manière différente. D'abord voici la grenouille normale, c'est-à-dire non empoisonnée, préparée tout à l'heure à la manière de Galvani; puis la première grenouille empoisonnée par le curare et que nous disposons de même en ne conservant également que les deux membres inférieurs et les nerfs lombaires; enfin la grenouille dont nous avons lié l'aorte avant de l'empoisonner pour empêcher l'accès du sang dans le train postérieur. La grenouille normale donne des contractions quand on irrite le nerf avec la petite pince électrique dont nous avons parlé tout à l'heure, et elle en donne également quand on excite le muscle lui-même. Au contraire, la grenouille empoisonnée par le curare contracte bien encore les membres inférieurs quand on électrise directement le muscle, mais elle ne manifeste plus aucun phénomène si l'on agit sur le nerf (fig. 42).

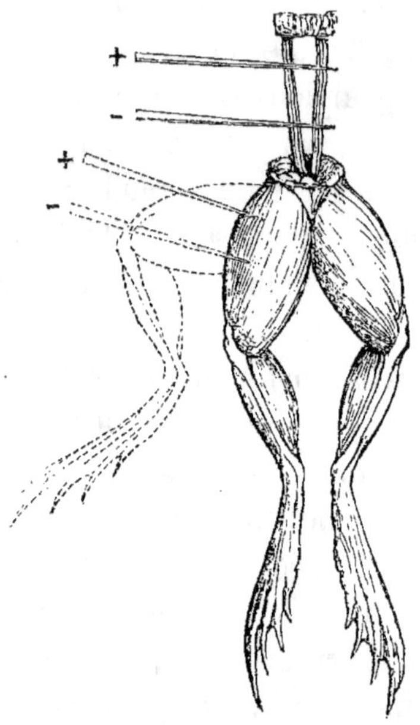

Fig. 42. — Grenouille préparée à la manière de Galvani pour montrer les effets du curare.

Cette double expérience prouve clairement les deux points que nous voulions démontrer :

1° Le muscle et le nerf constituent deux substances distinctes, puisque les agents qui empoisonnent l'un n'atteignent pas l'autre.

2° C'est dans le muscle que réside la propriété contractile, puisqu'on peut encore mettre en jeu cette propriété en irritant directement le muscle, lorsque le nerf a été complétement détruit par un agent toxique.

Prenons maintenant la troisième grenouille, empoisonnée également par le curare, mais chez laquelle le sang, véhicule de l'intoxication, n'a pu arriver dans les membres inférieurs. Si nous la pinçons aux membres postérieurs, elle retire ces membres; si nous piquons ensuite les pattes de devant, elle ne pourra pas les remuer, puisque l'action du curare lui a rendu là tout mouvement impossible, mais elle remuera encore celles de derrière. Cela montre bien que l'animal a conservé intacts ses nerfs de sentiment même dans la région du corps empoisonné par le curare, puisqu'elle ressent encore dans cette région les impressions de douleur qu'on y produit. L'élément nerveux moteur a seul péri partout où le sang a porté l'action du poison et la mort arrive consécutivement par l'asphyxie résultant elle-même de l'absence de cet élément moteur. Chaque élément histologique a ses propriétés spéciales et ses poisons distincts; mais la mort de l'animal suit inévitablement la destruction d'une des parties du mécanisme, car il n'y a pas d'éléments inactifs dans l'être vivant, et la paralysie d'un seul des éléments suffit pour arrêter l'action de tous les autres.

Ainsi, pour nous résumer, on ne peut considérer le système musculaire comme recevant ses propriétés du système nerveux; il y a influence de l'un sur l'autre, mais voilà tout. Le système musculaire a ses propriétés spéciales, le système nerveux a également les siennes : la contraction résulte de leur rencontre.

Nous avons donc démontré le principe que nous devions examiner avant d'entrer dans l'étude expérimentale du tissu musculaire. Il est maintenant établi que ce tissu constitue un élément histologique séparé, agent essentiel de la contraction musculaire, et nous allons parcourir successivement les propriétés qui le distinguent et les fonctions diverses qu'il accomplit.

DIXIÈME LEÇON.

DE LA CONTRACTION MUSCULAIRE ET DES IRRITANTS QUI LA DÉTERMINENT.

26 avril 1864.

SOMMAIRE. — Deux propriétés dans le muscle : irritabilité ; contractilité. — État de repos ; état d'activité ou de contraction. — La fibre musculaire passe du premier au second sous l'influence des irritants. — Irritants chimiques. — Irritants physiques. — Chaleur ; muscles *thermosystaltiques* et *athermosystaltiques* ; digestions artificielles après la mort. — Lumière ; son action sur les muscles de l'iris. — Électricité. — Irritants physiologiques ; système nerveux.

DE LA CONTRACTION MUSCULAIRE. — Vitesse de cette contraction. — Expériences de Helmholtz sur les différents temps de la contraction. — Travaux de Volkman et de Boeck : inscription directe des contractions musculaires. — La fibre musculaire ne peut se contracter que dans un milieu convenable. — Elle revient à son état primitif par l'élasticité de son enveloppe. — La contraction consiste dans un raccourcissement de la fibre qui gagne exactement en largeur ce qu'elle perd en longueur.

Maintenant que nous avons isolé les propriétés du muscle en montrant nettement dans l'acte complexe du mouvement physiologique ce qui lui appartient et ce qui doit être rapporté aux nerfs, nous pouvons étudier séparément ces propriétés en prenant pour point de départ l'élément histologique dans lequel elles ont leur siége.

Considéré en lui-même, le muscle vivant possède deux propriétés vitales : 1° l'*irritabilité*, qui appartient à tous les tissus vivants; 2° la *contractilité*, propriété qui lui est tout à fait spéciale, et en vertu de laquelle se produit le phénomène du mouvement musculaire. L'irritabilité commande nécessairement à la contractilité, puisqu'elle est la propriété vitale par excellence et qu'elle gouverne toutes les manifestations de la vie.

On peut donc considérer dans le muscle, comme dans tous les autres éléments organiques, deux états qui se succèdent alternativement l'un à l'autre : l'état de repos et l'état de fonction ou d'activité. Il y a cependant une exception à faire à cette proposition générale, que tous les éléments histologiques ont des fonctions intermittentes, et cette exception nous la connaissons déjà : il s'agit des cils vibratiles qui se trouvent notamment dans la trachée et dans les muqueuses en général. Mais avons-nous besoin de rappeler ici ce que nous avons déjà dit précédemment? Ces cellules se détruisent assez rapidement et sont remplacées par d'autres, de sorte que si le mouvement est perpétuel dans la membrane, il n'a qu'une durée limitée dans chaque élément en particulier, et se transmet ainsi sans interruption de l'élément qui périt à l'élément qui lui succède. Or, nous verrons que la nutrition s'opère toujours pendant le repos de l'organe, et c'est ce qui fait qu'un élément où le mouvement est constant, comme une cellule ciliaire, doit nécessairement s'atrophier, et tomber quand toute la force qui s'y trouvait accumulée a été dépensée, puisqu'il ne lui est pas permis de renouveler cette provision de force.

A l'état de repos peut succéder dans la fibre musculaire l'état de contraction. Mais nous avons vu qu'aucun élément histologique n'est capable de se donner le mouvement à lui-même : le muscle ne saurait échapper à cette loi, et il faut lui aussi qu'il reçoive du dehors des irritations qui le déterminent à entrer en action. C'est par l'étude de ces diverses irritations que nous devons commencer.

Nous diviserons les irritants du muscle en trois classes : les irritants chimiques, les irritants physiques et les irritants physiologiques ou vitaux.

Les irritants chimiques sont les moins importants, les moins nombreux et en même temps les moins connus. C'est, par exemple, l'acide chlorhydrique extrêmement dilué, l'acide lactique et d'autres acides encore; mais il ne faut pas oublier que nous parlons toujours d'acides faibles, dilués dans une quantité d'eau souvent considérable, et non point d'acides énergiques qui puissent agir comme caustiques. Citons aussi la glycérine.

Mais, parmi les divers acides qui produisent l'irritation du muscle, il y en a un auquel on a fait jouer un grand rôle dans la physiologie des muscles, c'est l'acide de la bile ou acide cholique. Quand on touche un muscle avec de la bile, il se contracte aussitôt. On a montré que cette action était due à l'acide que contenait la bile, soit à l'état libre, soit à l'état de combinaison, sous la forme de choléate de soude, par exemple, et on a donné une grande influence à ces phénomènes dans la production de l'action musculaire. On a supposé en effet que les acides de la bile étant absorbés, venaient irriter les muscles qui sont presque toujours en action, comme ceux du cœur, par exemple. On a invoqué en faveur de cette hypothèse d'abord l'action de la bile mise directement en contact avec les fibres musculaires, et ensuite ce fait, que les animaux privés de bile maigrissent considérablement, surtout dans leur système musculaire. Cela résulte en effet d'une expérience de Schwann, aujourd'hui bien connue en physiologie. Ce savant pratiquait sur un animal une fistule biliaire pour faire écouler toute la bile au dehors, et il le conservait ensuite en le nourrissant abondamment. Un jeune animal ainsi traité périssait plus vite ; mais l'adulte finissait également par succomber sous l'influence de cette privation absolue de bile. Du reste cette théorie n'est encore qu'une simple hypothèse.

Les irritants physiques sont plus importants que les irritants chimiques. Ce sont surtout la chaleur et le froid, la lumière et l'électricité.

Tous les muscles ne sont pas également influençables par la chaleur et le froid, et l'on a distingué à cet égard les muscles *thermosystaltiques* et les muscles *athermosystaltiques*. Prenez, par exemple, un animal qui vient de mourir, et dont tous les muscles sont naturellement en repos : en le soumettant à la chaleur d'une manière progressive, ce qui se fait commodément avec de la vapeur d'eau, vous verrez qu'à une température déterminée, certains muscles reprendront leurs fonctions comme pendant la vie. Ainsi, vers 20 degrés, dans le milieu humide dont nous venons de parler, l'estomac et les intestins retrouvent de nouveau leurs propriétés vitales; l'estomac manifeste d'une manière très-marquée des mouvements *péristaltiques*, c'est-à-dire dirigés du cardia vers le pylore, et l'on peut assister ainsi à une digestion véritable obtenue artificiellement après la mort. Cela dure pendant un temps variable, une demi-heure ou une heure, et l'action est même si rapide, qu'elle se manifeste dès que l'eau chaude a touché l'estomac, avant même que le mercure du thermomètre ait eu le temps de se dilater et de monter dans la tige graduée. On peut répéter exactement les mêmes expériences sur les intestins, mais il faut dans tous les cas que l'on change la température. Ainsi, si le muscle était originairement à 10 degrés, il faut l'élever un peu au delà de cette température initiale, et les phénomènes que nous venons de décrire se manifesteront aussitôt.

L'élévation brusque de la température produit aussi des mouvements musculaires dans les fibres du cœur et de l'utérus, dans le dartos, les cordons qui suspendent les testicules, etc.

Chez le fœtus, cette propriété thermosystaltique existe pour tous les muscles. On a bien observé tous ces phénomènes sur le gésier des gallinacés ; ils s'y manifestent à peu près jusqu'au cinquième jour après l'éclosion : à partir de ce moment, le gésier n'est plus thermosystaltique comme le reste du canal intestinal.

Dans les muscles thermosystaltiques, le froid diminue progressivement les contractions, comme il est facile de le voir dans le cœur, jusqu'à ce qu'elles disparaissent tout à fait. Mais les muscles des membres, et en général les muscles de la vie animale, n'entrent jamais en action sous la seule influence de la chaleur ou du froid, au moins après la période de développement complet ; l'irritabilité est seulement augmentée par la chaleur et diminuée par le froid.

La lumière constitue aussi un irritant physique; mais son influence est naturellement très-restreinte, car un très-petit nombre de muscles sont exposés à son action. Cependant les muscles de l'iris paraissent soumis à cette influence qui, du reste, n'exclut pas les autres. En effet, si l'on prend l'œil d'un animal à sang froid peu de temps après la mort, on voit que l'iris exposé à la lumière se contracte visiblement. On prend d'ordinaire l'œil d'une anguille, parce qu'il conserve ses propriétés après la mort pendant un temps fort considérable, qui, en hiver, peut aller jusqu'à deux ou trois jours. L'expérience est du reste fort facile à faire. On place l'œil qu'on veut observer dans une petite boîte fermée par un verre en le posant sur une éponge imbibée d'eau pour le maintenir dans un état d'humidité convenable et empêcher sa destruction par évaporation des liquides et dessiccation des membranes. Puis on prend un second œil aussi semblable que possible au premier, et on le dispose avec les mêmes précautions dans une autre boîte fermée par un couvercle opaque, de telle sorte que la lumière ne puisse pas y pénétrer. On laisse les choses en cet état pendant plusieurs heures, car le phénomène est assez long à se produire, et on constate alors que l'œil placé dans l'obscurité a maintenant l'ouverture de la pupille beaucoup plus large que l'œil exposé à l'action de la lumière : ce dernier s'est contracté, tandis que l'autre s'est dilaté. Pour rendre la conviction plus complète, on renverse alors l'expérience et l'on change les yeux de boîte : on observe alors sur chacun d'eux un résultat inverse de celui qu'il avait donné précédemment, ce qui prouve bien que la modification produite est due à l'action de la lumière. On peut aussi prendre l'iris seul et le disposer sur un verre de montre ; seulement l'expérience doit alors être fort rapide, car la sensibilité de l'iris est bientôt détruite par la dessiccation. Du reste, une lumière très-faible suffit pour obtenir ce résultat, et l'on peut même se contenter de la lumière de la lune.

Le plus important de tous les excitants physiques, c'est l'électricité. Nous ne pouvons évidemment pas entrer ici dans les diverses conditions de construction et de jeu des appareils électriques. Bornons-nous à dire que la physiologie emploie cet agent en courants continus et en courants interrompus, les premiers se distinguent du reste en courants constants et en courants variables. Mais on peut faire passer un courant, même très-fort, dans un muscle, sans y produire la moindre contraction. En effet, ce qui influe, ce n'est pas le courant lui-même, mais le changement d'état qu'il occasionne dans le muscle. Ainsi, quand on prend un courant constant, il y a contraction au moment où s'établit le courant et au moment où il est interrompu, parce qu'à ces deux moments l'état électrique du muscle est changé. Mais dans ce changement ce n'est pas l'intensité du courant qui produit l'intensité de l'action, c'est sa plus ou moins grande rapidité. Aussi, quand on change brusquement le sens du courant, obtient-on une contraction très-vive.

Enfin, la classe des irritants physiologiques comprend le système nerveux, qui est l'excitant normal du système musculaire ; mais nous aurons à en parler trop longuement dans la suite, pour qu'il ne soit pas au moins inutile d'aborder en ce moment cette question.

Nous avons donc à étudier dès maintenant la contraction musculaire qui est déterminée par ces divers excitants, pour indiquer la manière dont le phénomène se produit, ses différentes périodes, son caractère et ses conséquences.

La contraction musculaire consiste essentiellement dans un raccourcissement de la fibre du muscle. Il est facile de se rendre compte du phénomène en observant directement au microscope un muscle en train de se contracter chez un animal vivant. Mais nous sommes obligés d'opérer ici sur des animaux morts et sans microscope. Aussi a-t-on inventé un appareil spécial et fort simple qui permet de suivre la contraction musculaire. Le voici : c'est un muscle de grenouille fraîchement préparé, fixé à une de ses extrémités, et portant à l'autre une plume dont les mouvements se produisent comme dans un levier coudé. Ces mouvements, visibles de loin, accusent nettement la contraction musculaire quand on irrite le muscle. D'ordinaire, on prend pour cet usage le muscle gastro-cnémien de la grenouille.

Dans l'animal vivant, la contraction est extrêmement rapide : il suffit d'une simple réflexion pour s'en faire une idée. Prenons, par exemple, le cœur, qui peut donner facilement cent vingt pulsations par minute, car il y a des animaux dont le cœur bat bien plus encore : chez les oiseaux, les pulsations sont tellement rapides, qu'on ne peut plus les compter. Cent vingt pulsations par minute, cela fait une pulsation par demi-seconde ; mais entre deux pulsations il y a un repos ; supposons qu'il prenne la moitié de ce temps, et il ne nous restera plus qu'un quart de seconde par chaque pulsation, au maximum. C'est qu'en effet le phénomène dure bien moins longtemps.

M. Helmholtz, qui s'est beaucoup occupé de toutes ces questions de physique physiologique, a inventé, pour déterminer la vitesse de l'acte musculaire, un appareil qui lui a servi également, avec quelques modifications pour déterminer la vitesse de l'influence nerveuse ou de l'innervation. Le mécanisme de cet appareil, fondé sur un principe donné par M. Pouillet, consiste essentiellement à comparer la rapidité de l'action musculaire à celle de l'électricité.

L'appareil de M. Helmholtz (fig. 43) se compose de deux piles, l'une A qui fournit le courant électrique destiné à irriter le muscle, et l'autre B, servant en quelque sorte de chronomètre. Le muscle sur lequel on opère est fixé par une pince à son extrémité supérieure *e*, extrémité qui reçoit également le fil A*e* qui porte l'excitation venant de la pile A qui doit agir sur le muscle ; l'extrémité inférieure pend librement et porte une aiguille métallique *d*, qui est placée au-dessus d'un petit vase *a* rempli de mercure. Dans ce vase aboutissent deux autres fils, l'un *a*A, établissant la communication avec la pile A, l'autre *a*B éta-

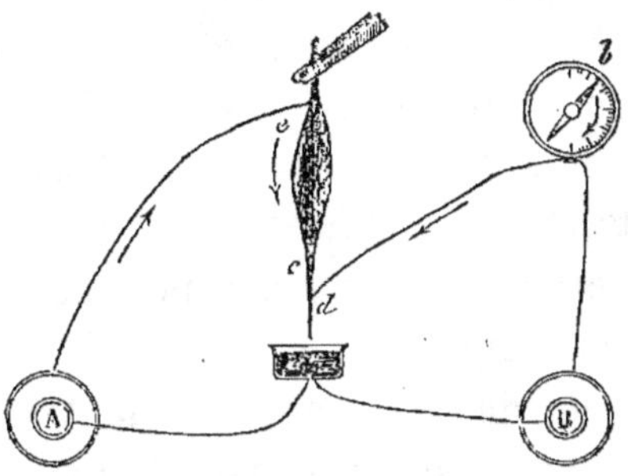

Fig. 43. — Appareil de M. Helmholtz pour déterminer la vitesse de l'acte musculaire.

blissant la communication avec la pile B. Enfin l'aiguille *d* porte un dernier fil *d b* qui s'enroule autour du galvanomètre *b* et revient ensuite se terminer à la pile B. Pour mettre l'appareil en expérience, on soulève le vase *a* jusqu'à ce que l'aiguille *d* pénètre dans le mercure qu'il contient; les deux circuits électriques, sont alors fermés, et les deux courants passent librement en même temps, l'un A *e d a* A irrite le muscle; l'autre B *a d b* B dévie l'aiguille du galvanomètre *b* et indique par là même l'instant précis auquel s'est produite l'irritation du muscle, le temps que met l'électricité à parcourir ce circuit étant parfaitement négligeable. Mais bientôt le muscle se contracte et se raccourcit, l'aiguille *d* qui le suit dans ce mouvement de retrait sort alors du mercure et les deux courants se trouvent interrompus : un nouveau mouvement se produit dans l'aiguille du galvanomètre *b*. En notant l'intervalle des deux mouvements on a le temps qui sépare les deux phénomènes.

Voici les résultats auxquels M. Helmholtz est arrivé. Il distingue trois périodes, la pose, la contraction et le relâchement. Le muscle n'entre pas en contraction au moment même où il est irrité; il s'écoule avant le commencement de la contraction un certain temps que l'on nomme la *pose*. Il en résulte que lorsque l'action de l'irritant est instantanée, comme celle d'une étincelle électrique, par exemple, l'irritation a cessé lorsque la contraction se produit. Dans la seconde période, celle de la contraction, l'accélération n'est pas constante, elle diminue un peu vers le milieu de la période pour se relever ensuite jusqu'au maximum du mouvement de contraction. Dans la troisième période, celle du relâchement, l'allongement de la fibre musculaire présente une accélération régulière. A l'état normal, la contraction dure plus longtemps que le relâchement.

Voici, du reste, comme exemple, une des observations de M. Helmholtz, dont les différentes périodes sont représentées sur une courbe (fig. 44) :

Pose...............	0″,020
Contraction.........	0″,180
Relâchement........	0″,105
	0″,305

Pour fixer la limite des erreurs possibles, M. Helmholtz démontra que la durée de l'étincelle électrique ne dépassait pas 0″,0008, c'est-à-dire n'atteignait même pas le vingtième de la durée de la pose.

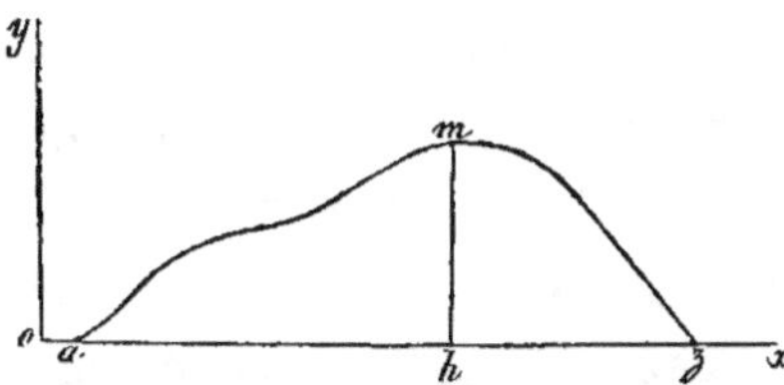

Fig. 44. — Courbe représentant les différentes périodes d'une contraction musculaire (d'après Helmholtz).

o a. Pose. — *a m.* Contraction. — *m z.* Relâchement.

D'autres physiologistes ont essayé de représenter graphiquement, d'une manière directe, les différentes périodes de la contraction musculaire. L'appareil qui permet d'atteindre ce résultat (fig. 45), inventé d'abord par Volkmann, a été plusieurs fois modifié depuis; mais malgré ces variations de détail, il est

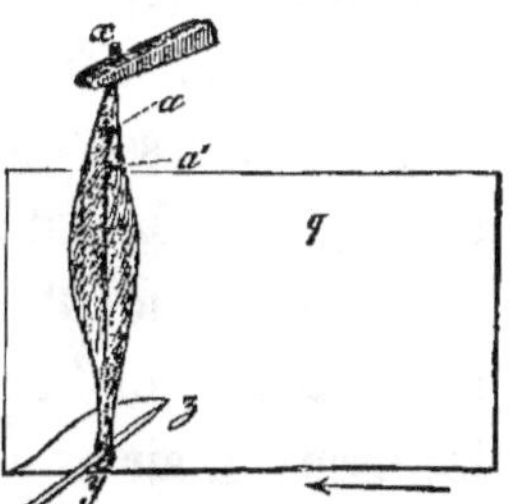

Fig. 45. — Appareil pour l'inscription diverse des contractions musculaires.

x. Pince destinée à maintenir le muscle en expérience. — *a a′.* Place où s'applique le courant électrique qui fait contracter le muscle. — *y.* Extrémité libre du muscle portant un stylet *z* qui inscrit le mouvement du muscle sur la surface noire *q* qui est mobile.

toujours resté le même au fond. On prend toujours un muscle de grenouille, généralement le gastro-cnémien, en conservant un bout d'os pour le fixer à l'une de ses extrémités. De l'autre côté, le tendon est mobile, et sur ce tendon on dispose une pointe qui puisse inscrire la marche du muscle sur une surface noire disposée à cet effet. Volkmann prenait tout simplement un morceau de verre noirci qui passait rapidement devant la pointe. On constate ainsi facilement que la pose est de beaucoup la plus courte des trois périodes, et que le relâchement se fait plus rapidement que la contraction, au moins dans l'état normal; car M. Bœck, de Christiania, a observé qu'à mesure que le muscle se fatiguait, la durée du relâchement augmentait d'une manière sensible, tandis que le temps de la contraction diminuait.

Dans les conditions physiologiques ordinaires, l'action du muscle dure d'autant moins longtemps que le muscle dépense davantage pendant un temps donné. Cette action musculaire ne se produit, du reste, que dans un milieu convenable : humidité, température et réactions convenables. Si l'on supprime ce milieu ou même une de ses conditions, le muscle ne peut plus se contracter. Les contractions se produisent en général dans un milieu alcalin, et on les arrête en rendant ce milieu acide, même avec un acide assez étendu pour ne pas altérer chimiquement les tissus. L'air est également indispensable à l'action musculaire, et, dit-on, un cœur de grenouille placé sous le récipient de la machine pneumatique cesse de battre rapidement.

Il faut donc toujours un milieu convenable pour l'action de la fibre musculaire, et si les muscles se contractent quelque temps encore après la mort, c'est parce que le suc musculaire, qui constitue le milieu nécessaire, persiste avec ses propriétés les plus importantes pendant un temps plus ou moins long après la mort de l'individu.

L'oxygène est également favorable à l'action musculaire. Déjà au siècle dernier, de Humboldt avait remarqué que les battements du cœur ont une activité différente dans les différents gaz. L'oxygène pur les active beaucoup, tandis qu'ils cessent plus rapidement dans l'azote; et il y a même certains gaz, comme l'acide sulfhydrique, qui asphyxient très-vite le muscle.

Chaque fibre se raccourcit et gagne en largeur ce qu'elle perd en longueur, comme le muscle total lui-même : c'est un fait facile à constater en observant la contraction d'un muscle entier à l'œil nu, ou celle d'une fibre sous le microscope. On avait cru pouvoir expliquer le mécanisme du raccourcissement du muscle en supposant que les fibres se disposaient en zigzag au moment de la contraction, ce qui rendrait compte à la fois de la diminution de longueur et de l'augmentation de grosseur du muscle. Quelques auteurs croient même encore aujourd'hui que la contraction musculaire peut se produire à la fois par cette disposition en zigzag et par ce simple élargissement des fibres. Mais on n'a jamais pu constater cette disposition en zigzag chez l'animal vivant : le cadavre seul la présente quelquefois.

D'autres physiologistes ont supposé que l'enveloppe de la fibre se plissait pendant le repos ou le relâchement pour se déplisser pendant la contraction, et ils expliquent même par ce plissement l'apparence striée que présentent les muscles. Mais d'autres micrographes ne voient dans les stries que de simples amas de granulations. En un mot, dans le muscle qui se contracte, il ne se produit rien d'autre qu'un simple élargissement des fibres et une distension de sa tunique élastique.

Dans la contraction, avons-nous dit, le muscle gagne en largeur exactement autant qu'il perd en longueur. On le prouve d'une manière bien simple en plaçant dans une éprouvette un muscle fraîchement préparé ; on remplit cette éprouvette avec du *sérum*, parce que ce liquide organique conserve parfaitement le muscle qui se trouve ainsi complétement immergé ; puis on excite ce muscle au moyen de l'électricité ou par tout autre irritant, et l'on constate qu'au moment de la contraction le niveau du liquide reste rigoureusement le même : c'est donc que le volume total du muscle n'a ni augmenté ni diminué, et que l'élargissement a compensé exactement le raccourcissement. On peut donc se représenter la fibre musculaire comme un tube de caoutchouc revenant naturellement à ses dimensions et à sa forme primitives, quand il n'est plus sous l'influence de la cause contractile de sa substance intérieure, cause qui avait changé sa forme et ses dimensions. D'ailleurs, le muscle, à l'état normal, est toujours dans un état de demi-contraction appelé *ton musculaire*, et dont nous parlerons plus tard en traitant de l'influence nerveuse à laquelle il est dû.

ONZIÈME LEÇON.

ÉLECTRICITÉ MUSCULAIRE.

30 avril 1864.

SOMMAIRE. — L'intensité des fonctions musculaires est liée à des phénomènes physico-chimiques qui se passent dans le muscle. — Phénomènes électriques. — Animaux qui produisent de l'électricité ; torpille. — Courants électriques qui se produisent dans les muscles. — Les muscles des animaux à sang chaud en possèdent comme ceux des animaux à sang froid. — Électricité du muscle à l'état de repos : la surface est électrisée positivement et le centre négativement. — Appareil pour étudier l'électricité musculaire. — Modifications qui se produisent au moment de la contraction. — Théories diverses à ce sujet. — Contraction métallique. — Les courants électriques du muscle se modifient au moment de la rigidité cadavérique. — Il y a seulement coïncidence entre les phénomènes électriques des muscles et leur contractilité. — Les poisons qui détruisent la contractilité musculaire n'ont pas nécessairement de l'influence sur les courants électriques des muscles.

L'action musculaire s'exalte ou se ralentit parallèlement aux phénomènes physico-chimiques qui se passent dans l'organisme, et surtout dans le muscle lui-même. Ce sont ces phénomènes qu'il nous faut maintenant étudier : d'abord les courants électriques qui parcourent incessamment le muscle ; puis les phénomènes de chaleur qui s'y produisent, notamment par suite de la respiration musculaire, qui est une sorte de combustion accomplie dans les tissus intimes des muscles ; et enfin les phénomènes de nutrition, et le phénomène ultime de la vie du muscle, la rigidité cadavérique.

Nous commencerons par l'étude des phénomènes électriques qui sera l'objet de cette leçon.

Il y a d'abord des animaux qui produisent de l'électricité lorsqu'ils sont vivement excités ou menacés de quelque danger, notamment les poissons électriques et surtout la torpille. Mais ce n'est point de cette nature particulière de phénomènes propres à certains animaux que la physiologie générale doit s'occuper. Il s'agit ici d'électricité produite par tous les muscles, chez tous les animaux, et non par certains animaux et par certains muscles spéciaux. En un mot, nous parlons des phénomènes électriques qui font partie des manifestations essentielles du système musculaire, et qui paraissent être produits partout par le jeu de ce système.

On a surtout observé la production d'électricité dans les muscles de la grenouille, mais il ne faudrait pas croire que cela soit une particularité propre à cette espèce. Si l'on a toujours choisi la grenouille pour ces études, c'est qu'il est plus difficile d'opérer sur les animaux à sang chaud, parce que leurs muscles perdent plus vite leurs propriétés vitales après la mort de l'individu. Les phénomènes dont nous allons parler existent parfaitement chez ces animaux, mais l'excitabilité des tissus persistant très-peu de temps, ils s'évanouissent fort rapidement. C'est là la seule cause qui empêche de les constater, et en effet, si l'on transforme un lapin en animal à sang froid, ce qui peut se faire facilement au moyen de certaines lésions au système nerveux, comme nous le verrons plus tard, on obtient alors tous les phénomènes électriques constatés d'ordinaire sur la grenouille. La marmotte réalise naturellement cette singulière transformation pendant son long sommeil de l'hiver, et l'on peut en dire autant des autres animaux hibernants. Tous les phénomènes vitaux acquièrent alors chez eux une remarquable lenteur, et, par suite de cette diminution d'activité, ils se perpétuent bien plus longtemps après la mort, parce que la provision de force qui existe à ce moment s'épuise beaucoup moins vite. L'animal se trouve alors placé dans les mêmes conditions qu'une grenouille ou qu'un animal à sang froid ordinaire, et l'on peut facilement observer sur ses muscles les mêmes phénomènes.

Il nous est donc permis de poser ce principe, à

savoir, que l'électricité se produit chez tous les animaux et dans tous les muscles, sans distinguer sous ce rapport ceux de la vie animale et ceux de la vie organique.

Ainsi le cœur est électrisé positivement à sa pointe, négativement à sa base, et par suite il est traversé par les courants qu'engendre nécessairement cette différence d'état électrique de ses parties.

Voyons maintenant en quoi consistent les phénomènes électriques du muscle à l'état de repos et à l'état de mouvement.

Chaque fibre musculaire possède un courant électrique dirigé de la surface au centre. Un muscle représenterait une sorte d'aimant : car au milieu se trouve une ligne neutre où la tension électrique est nulle, tandis qu'aux deux extrémités on trouve des courants qui vont en décroissant d'intensité jusqu'au milieu. La surface du muscle est électrisée positivement, son centre négativement. Si nous prenons le muscle entier avec ses deux tendons qui lui servent d'attaches et le prolongent, ces tendons continuent l'électricité négative du centre. Pratiquons maintenant une coupe du muscle transversalement à la direction des fibres, et il est évident que cette coupe sera électrisée négativement.

L'appareil dont on se sert pour ces expériences se compose essentiellement de deux vases remplis d'une dissolution de sulfate de zinc bien neutre; dans chaque vase plonge une lame de zinc amalgamé portant à sa partie supérieure un fil qui communique avec le galvanomètre (fig. 46). Puis sur le bord de chaque vase on dépose un petit coussinet, qui par

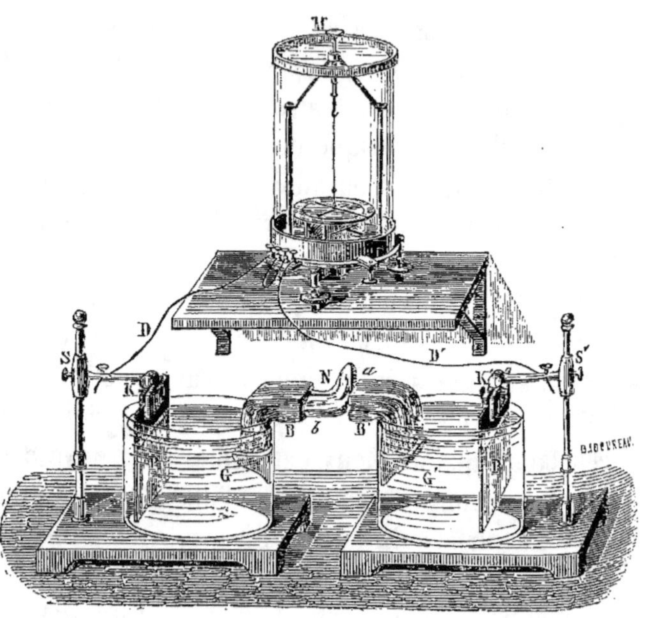

Fig. 46. — Appareil de M. du Bois-Reymond pour l'étude des propriétés électriques des muscles.

N. Muscle placé entre deux coussinets : *a*, surface longitudinale du muscle ; *b*, coupe transversale du muscle. — G G'. Vases contenant une dissolution de sulfate de zinc. — P P'. Lames de zinc amalgamé communiquant en K avec les fils D D' du galvanomètre. — S S'. Supports isolants. — M. Galvanomètre.

une de ses extrémités plonge dans le liquide pour établir la communication et reçoit le muscle sur sa face supérieure. On rapproche alors les deux vases de manière que les coussinets soient vis-à-vis l'un de l'autre, et l'on dispose alors entre les deux coussinets le muscle qu'on veut soumettre à l'expérience, de telle sorte que la coupe de ce muscle porte sur un des coussinets et la surface extérieure sur l'autre. Un galvanomètre modérément sensible suffit du reste, car les phénomènes d'électricité musculaire sont très-marqués. On peut facilement, au moyen de cet appareil, vérifier tout ce que nous avons dit plus haut.

C'est là l'état normal ou de repos. Mais quand on fait contracter un muscle, il se manifeste des phénomènes différents. Au moment même où se produit la contraction, l'aiguille du galvanomètre revient en sens inverse de son premier mouvement. On a donné de ce fait deux explications différentes. M. Matteucci dit qu'il se produit, au moment de la contraction, un courant inverse de celui qui existe à l'état de repos, et pour établir l'exactitude de cette théorie, il a montré qu'un muscle qui se contracte peut produire par influence la contraction d'un autre muscle dont le nerf repose sur le muscle en contraction : c'est ce qu'il appelle la *contraction induite*. M. du Bois-Reymond admet au contraire que l'*oscillation négative* (c'est ainsi qu'il appelle le brusque revirement de l'aiguille du galvanomètre au moment de la contraction), que cette oscillation est tout simplement due à ce que, au moment de la contraction, le courant électrique est instantanément supprimé dans le muscle, et l'on comprend bien, en effet, qu'il se produira alors un phénomène qui ressemble à celui que produirait un courant de direction contraire. La force qui écartait l'aiguille du zéro disparaissant tout à coup, cette aiguille tend immédiatement à regagner sa position d'équilibre qui est au zéro ; mais quand elle y est arrivée, elle le dépasse et continue sa marche en vertu de la force acquise, jusqu'à complet épuisement de cette force ; puis elle revient sur elle-même et exécute ainsi un certain nombre d'oscillations autour du zéro, suivant le mécanisme si simple des mouvements pendulaires.

M. du Bois-Reymond a établi la validité de son explication, car il a montré qu'en maintenant un muscle en tétanos, c'est-à-dire en état de contraction permanente pendant un temps assez long, l'aiguille du galvanomètre finissait tout de même par s'arrêter au zéro, au lieu de prendre une position d'équilibre située de l'autre côté du zéro, par rapport à celle qu'elle occupait d'abord ; ce qui ne manquerait pas d'arriver, si nous avions alors un courant de sens inverse au courant normal. Quant à la contraction du second muscle, obtenue sous l'influence de la contraction du premier par M. Matteucci, elle peut très-bien s'expliquer par la suppression de tout courant aussi bien que par l'établissement d'un courant nouveau de sens inverse au premier. En effet, pour faire contracter un muscle en dehors de toute influence du nerf, il suffit de changer ou de supprimer l'état électrique de ce muscle, résultat qu'on obtient aussi bien en détruisant le courant dans le muscle qu'en y faisant naître un courant contraire au courant primitif. On pourrait aussi invoquer en faveur de cette théorie une expérience que nous ferons plus tard, en parlant de l'électricité des nerfs. Elle montre qu'en disposant un nerf au-dessus d'une surface mercurielle, de manière à lui faire faire une petite anse fermée par le mercure, qui offre ainsi à l'électricité nerveuse un trajet meilleur conducteur que celle-ci s'empresse de prendre, cette seule suppression ou même cette diminution du courant électrique nerveux dans la partie qui forme l'anse suffit pour amener immédiatement, au moment où elle se produit, une contraction du muscle influencé par le nerf sur lequel on opère.

Du reste, la contraction induite de M. Matteucci est parfaitement certaine comme fait, et vous pouvez voir ici que les contractions d'un cœur de grenouille provoquent immédiatement des contractions dans une patte; parce que son nerf est en contact avec le cœur en contraction.

Cet état électrique que nous venons de décrire paraît nécessaire à l'action musculaire. M. du Bois-Reymond a observé qu'au moment où le muscle entre en rigidité cadavérique, le courant se renverse, c'est-à-dire que la surface est alors électrisée négativement et l'intérieur positivement. Enfin, tout courant électrique disparaît quand le muscle entre en décomposition. On n'a pas encore expliqué ce fait du renversement du courant au moment de la rigidité cadavérique; mais il tient peut-être à une cause chimique, car la coupe du muscle, ordinairement alcaline à l'état normal, devient généralement acide au moment de la rigidité cadavérique.

Jusqu'à quel point l'électricité musculaire, telle que nous venons d'en indiquer les effets, est-elle liée au phénomène de la contraction? C'est ce qui nous resterait à indiquer maintenant. Ces deux faits sont-ils intimement et nécessairement unis ensemble? Oui et non. — Quand un muscle est capable de se contracter, il possède certainement son courant électrique : et à ce point de vue la liaison paraît être essentielle. Mais, inversement, un muscle peut très-bien posséder encore son courant électrique normal et cependant n'avoir plus ses propriétés contractiles, car les actions chimiques et électriques subsistent souvent longtemps encore après que les phénomènes physiologiques ne s'accomplissent plus dans un muscle empoisonné.

Mais quelle est la nature de ces rapports incontestables entre les phénomènes électriques du muscle et la contraction qui est sa fonction principale? Faut-il y voir un rapport de cause à effet ou une simple coïncidence? A notre avis, il n'y a là qu'une simple coïncidence, et rien autre chose; car les poisons spéciaux des muscles, l'upas antiar, la digitaline, etc., détruisent rapidement dans le muscle toute propriété contractile, tandis qu'ils n'ont pas d'influence sur leurs courants électriques. Il paraît donc y avoir là deux ordres de faits procédant de causes distinctes, et qui ont chacun leurs conditions propres d'existence, puisque les influences qui détruisent les uns n'altèrent point toujours les autres.

Mais l'activité des phénomènes électriques du muscle est intimement unie à l'activité plus ou moins grande des autres phénomènes physico-chimiques qui s'y passent, et notamment aux phénomènes de respiration musculaire, qui sont considérés comme la principale source de la chaleur animale; ce sera le sujet de la prochaine leçon.

DOUZIÈME LEÇON.

RESPIRATION MUSCULAIRE.

3 mai 1864.

———

SOMMAIRE. — La respiration est comparable à une combustion lente. — Il ne s'accomplit dans le poumon qu'un échange de gaz. — Le sang veineux total est plus chaud que le sang artériel. — Expériences de M. Claude Bernard sur des moutons, et discussion des expériences antérieures en conformité avec la théorie de Lavoisier. — Le siége principal de la combustion respiratoire est dans les muscles. — Expériences. — Couleur du sang. — Influence de l'état de contraction ou de repos du muscle sur l'activité de la combustion respiratoire qui s'y accomplit. — Expériences de M. Claude Bernard.

Après avoir étudié la contraction musculaire dans ses diverses périodes, nous avons décrit un des phénomènes physiques qui se passent dans le muscle, les courants électriques. Nous avons maintenant à traiter des phénomènes chimiques, notamment de la respiration musculaire et de ses conséquences, c'est-à-dire de la production calorifique qui maintient la température des animaux à sang chaud à un degré presque rigoureusement invariable.

Depuis longtemps on a comparé la respiration à une combustion. En effet, l'oxygène de l'air pénètre dans le sang, où se brûlent des matières hydrocarbonées, et l'on voit expulsée, comme résultat final de l'opération, une quantité notable d'acide carbonique. C'est donc là un phénomène tout à fait analogue dans ses diverses phases à celui qui se passe quand une bougie brûle. Mais la chimie nous fournit l'exemple de deux genres de combustion, la combustion vive et la combustion lente : laquelle des deux sera le type auquel nous pourrons comparer l'acte respiratoire ? On avait d'abord supposé que cet acte consistait en quelque sorte dans une combustion vive se produisant dans les poumons, mais aujourd'hui on sait que c'est une combustion lente qui s'opère surtout dans les capillaires.

Lavoisier, qui a le premier défini d'une manière exacte le phénomène respiratoire, Lavoisier le localisa dans les poumons. C'était le même oxygène qui, pénétrant dans le sang à travers les vésicules pulmonaires, serait ressorti aussitôt sous la forme d'acide carbonique ; c'était cette combustion qui entretenait la chaleur du sang : et la conséquence nécessaire qu'on devait en tirer, c'est que le sang artériel sortant des poumons, avait une température plus élevée que le ang veineux, refroidi par son long trajet à travers le corps, loin du centre de la chaleur animale. On fit de nombreuses expériences pour vérifier ce fait, et l'on constata effectivement une différence de température en faveur du sang artériel. Nous aurons à discuter ces expériences, et à voir si les résultats qu'elles fournissent ne sont pas dus aux procédés employés ou aux imperfections de méthodes, et s'ils peuvent s'accorder avec les théories aujourd'hui démontrées.

L'acte de la respiration comprend d'abord des phénomènes physiques, et notamment un échange de gaz entre le sang, milieu intérieur, et l'air, milieu extérieur; le sang fournit de l'acide carbonique; l'air, de l'oxygène. Ces phénomènes se passent dans le poumon, qui agit alors comme appareil physique d'échange. Le sang absorbe en moyenne à très-peu près autant d'oxygène qu'il dégage d'acide carbonique. Cependant il n'y a pas toujours entre ces deux volumes gazeux un rapport exact, comme le prouvent les expériences de M. Regnault. Ainsi un animal à jeun prend plus d'oxygène à l'air qu'il ne lui rend d'acide carbonique; il en est de même d'un carnivore; au contraire, l'animal en digestion rend plus d'acide carbonique qu'il n'absorbe d'oxygène, particulièrement quand c'est un animal herbivore ou granivore.

Nous avons maintenant à expliquer un autre fait

d'une importance capitale. La preuve, disait-on, que le poumon est bien le siége de la combustion respiratoire, c'est qu'il est le centre de production de la chaleur animale, qu'il réchauffe le sang. Des expériences établissaient, en effet, que le sang artériel est plus chaud que le sang veineux. Ce raisonnement serait en effet irréfutable si sa base était solide, c'est-à-dire si le fait qui lui sert de point de départ était aussi bien démontré qu'on le prétend : car il est incontestable que la combustion respiratoire est la source principale, sinon unique, de la chaleur animale. Malheureusement, le fait sur lequel on s'appuie n'est pas démontré, bien au contraire ; les expériences qui prétendent le prouver sont entachées d'erreur : il faut renverser les termes de la proposition, et dire que le sang veineux est plus chaud que le sang artériel. Aristote avait déjà dit que le poumon rafraîchissait le sang. Les expériences qui semblaient prouver le contraire étaient vraies comme fait brut, mais mal interprétées et prises dans de mauvaises conditions. Ce n'était pas erreur de raisonnement, car les hommes ne se trompent pas *logiquement :* la logique leur est naturelle à tous ; et ils l'appliquent comme par instinct, mais, s'ils ne se trompent point en route, en revanche ils partent souvent de faits mal observés, ce qui fait qu'ils n'arrivent pas moins à l'erreur tout en raisonnant juste.

C'est qu'en effet, il n'est point facile de prendre la température du sang. On avait opéré sur un animal mort. Pour cela, on le sacrifiait instantanément, soit en lui coupant le bulbe rachidien, soit en lui ouvrant la poitrine, et l'on plongeait le plus vite possible des thermomètres dans les deux ventricules du cœur; on trouvait alors que le thermomètre du ventricule gauche indiquait une température plus élevée que celui du ventricule droit, et l'on en avait conclu que le sang artériel est plus chaud que le sang veineux. Mais ce résultat est obtenu dans de mauvaises conditions. En effet, les parois du ventricule gauche sont beaucoup plus épaisses que celles du ventricule droit, et par suite, elles protégent beaucoup mieux contre la réfrigération extérieure le sang qui s'y trouve en stagnation au moment où l'ouverture de la poitrine donne libre accès à l'air bien moins chaud que le sang. Cela est si vrai, que si l'on remplit les deux parties du cœur avec de l'eau chaude, et qu'on laisse ensuite refroidir le cœur à l'air, le côté gauche conserve toujours une température un peu plus élevée, preuve irréfutable que ce résultat est uniquement dû aux conditions dans lesquelles on opère. Nous avons fait dans les abattoirs de Paris un grand nombre d'expériences sur des moutons; nous introduisions des thermomètres dans les vaisseaux du cou, et nous les poussions jusque dans le cœur : nous trouvions toujours un demi, un tiers de degré, quelquefois même un degré entier de plus dans le ventricule droit que dans le ventricule gauche.

Restent les expériences faites en enfonçant des ai-
guilles thermo-électriques dans les veines : toutes les
veines sur lesquelles on a opéré ainsi, qu'elles rame-
nassent le sang de la tête, des membres ou de toute
autre partie, ont fourni des résultats qui montraient
le sang veineux plus froid que le sang artériel.
Cependant les expériences que nous avons faites sur
des moutons et dont nous venons de parler prouvent
que c'est le contraire qui est vrai, lorsqu'on prend
la température du sang, soit dans le cœur, soit plutôt
à l'entrée de cet organe.

Comment peut-il donc se faire qu'on trouve le
sang veineux plus froid dans les veines que le sang
artériel, tandis qu'il est certainement plus chaud dans
le ventricule droit ? La raison de cette apparente contradiction est bien simple : c'est qu'on a toujours pris
la température du sang veineux dans les veines superficielles du corps, comme les veines du bras, la veine
jugulaire externe, etc., bien plus commodes sans
doute pour l'expérimentation, mais qui sont refroi-
dies par un contact incessant avec l'air extérieur.
Mais si nous opérons sur des veines situées plus profondément dans le corps et mieux protégées contre
les influences extérieures, nous trouvons des résultats
tout opposés : le sang veineux est alors plus chaud,
et sa température dépasse celle du sang artériel,
mesurée dans les mêmes circonstances. Dans certaines veines, la différence est considérable. Ainsi,
le sang veineux ramené par les veines hépatiques, et

qui revient des intestins et du foie, est le plus chaud de tous : il a quelquefois 2 degrés de plus que le sang artériel ; en se mélangeant avec le sang veineux provenant des membres et des vaisseaux superficiels, il produit un sang veineux total d'une température moyenne, mais encore plus chaud que le sang artériel. C'est dans cet état qu'il arrive au ventricule droit du cœur où nous avons pris sa température.

De tout ce que nous venons de dire il résulte clairement que le siége de la combustion respiratoire n'est pas dans les poumons, puisque le sang s'y rafraîchit, suivant l'opinion ancienne d'Aristote. Ces considérations nous mènent également à chercher le siége de cette combustion vers l'extrémité commune des veines et des artères dans les tissus, puisque nous avons constaté un notable excès de température en faveur du sang veineux sur le sang artériel. On a fait des expériences pour démontrer que la combustion respiratoire se fait surtout dans les muscles, ce qui peut être mis en évidence d'une manière bien simple. Voici une éprouvette où ont été placés des muscles de grenouille ; cette éprouvette contenait tout à l'heure de l'air à l'état naturel, tel que nous le trouvons dans l'atmosphère qui nous entoure, c'est-à-dire avec une proportion d'acide carbonique inappréciable. Maintenant, au contraire, l'air renfermé dans cette éprouvette contient une quantité notable d'acide carbonique, ce qui est accusé par le dépôt abondant qu'il provoque dans l'eau de chaux; mais, par contre, la proportion d'oxygène a diminué, et, en laissant l'expérience se continuer pendant un temps suffisant, l'oxygène disparaîtrait encore et l'éprouvette finirait presque par ne plus contenir que de l'acide carbonique et de l'azote. Le muscle a donc respiré, car cette double altération de l'air est justement ce qui caractérise le phénomène respiratoire au point de vue chimique. Mais tous les tissus respirent de la même manière, ainsi que l'avait déjà montré Spallanzani; le sang lui-même est dans le même cas, c'est-à-dire qu'il devient veineux spontanément après qu'il a été retiré des vaisseaux artériels.

Sans doute, l'expérience faite sur les muscles est très-nette et ses résultats sont incontestables; mais ce n'est qu'une expérience *post mortem*. Il faut toujours opérer sur l'animal vivant; les expériences faites après la mort sur le cadavre entier ou divisé sont utiles sans doute, mais seulement pour contrôler les résultats obtenus en même temps dans les vivisections. Du reste, le phénomène qui nous occupe présente des variations dont il faut tenir compte.

La respiration musculaire, comme toutes les autres respirations organiques, introduit de l'acide carbonique dans le sang; sous cette influence, le sang veineux sort du muscle plus ou moins noir, tandis qu'il y était entré tout rouge à l'état de sang artériel. Mais cette couleur peut varier notablement suivant

les circonstances, et ces variations indiquent celles
que subit lui-même le phénomène physique. Ainsi,
le sang veineux des muscles est plus rouge chez un
malade affaibli que chez un homme sain et vigoureux; et chez les personnes qui tombent en syncope
il reste subitement aussi rouge que le sang artériel.
Il est beaucoup plus noir, au contraire, lorsqu'il sort
d'un muscle en mouvement. Du reste, à l'état normal, le muscle n'est jamais dans un état de repos
absolu, il est dans un état d'activité ou de demi-
contraction tout particulier qu'on appelle ton musculaire, et qui est dû à une action modérée qu'exerce
sur lui d'une manière continue le système nerveux
moteur.

Il est nécessaire de distinguer les différents états
du muscle; car, pour que les analyses répondent à
un phénomène vital bien déterminé, il faut, même
dans un seul organe, distinguer plusieurs espèces de
sang, suivant qu'on le prend à l'état de repos, à l'état
normal, ou à l'état de fonction de l'organe. Le muscle
en mouvement consomme beaucoup plus d'oxygène
et rend bien plus d'acide carbonique, ce qui change
notablement la composition du sang qui en sort.
Outre ces deux états, celui de contraction ou d'activité, et celui de repos ou plutôt de ton musculaire,
il faut en distinguer un troisième, celui de paralysie
ou d'immobilité complète du muscle, qu'on obtient
en coupant le nerf qui s'y distribue. Quant au sang
artériel, dans les conditions ordinaires de rapidité

de la circulation, sa composition, au point de vue des gaz qu'il tient en dissolution, doit être indépendante de ces diverses circonstances, puisqu'il est envoyé du cœur dans un état constant et unique, et qu'il ne rencontre le long de son trajet que le ralentissement de la circulation qui serait susceptible de le modifier sur certains points plutôt que sur d'autres. Mais le sang veineux qui sort du muscle change avec l'état de ce muscle.

Nous avons fait un certain nombre d'expériences sur les muscles droit, antérieur, ou couturier, du chien. Voici le résultat d'une de ces expériences :

Sur 100 centimètres cubes, nous avons trouvé :

I° Sang artériel.

	cc
Oxygène................	7,31
Acide carbonique.........	0,84

II° Sang veineux.

A. — A l'état normal ou de ton musculaire, c'est-à-dire le muscle étant en repos, mais soumis à l'influence statique de son nerf :

	cc
Oxygène................	5,00
Acide carbonique.........	2,50

B. — A l'état de contraction complète, c'est-à-dire aussitôt après la contraction obtenue, et toujours sous l'influence du muscle :

	cc
Oxygène................	4,28
Acide carbonique..........	4,20

C. — Enfin à l'état de paralysie du muscle obtenue par la section du nerf qui s'y distribue :

$$\begin{array}{ll}
\text{Oxygène} & 7,20 \\
\text{Acide carbonique} & 0,50
\end{array}$$

Voici les résultats d'une autre expérience, toujours faite sur le muscle de la cuisse d'un chien :

I° Sang artériel.

$$\begin{array}{ll}
\text{Oxygène} & 9,31 \\
\text{Acide carbonique} & 0,00
\end{array}$$

II° Sang veineux.

A. — A l'état de repos ou de ton musculaire :

$$\begin{array}{ll}
\text{Oxygène} & 8,21 \\
\text{Acide carbonique} & 2,01
\end{array}$$

B. — A l'état de contraction complète, c'est-à-dire aussitôt après la contraction obtenue :

$$\begin{array}{ll}
\text{Oxygène} & 3,31 \\
\text{Acide carbonique} & 3,21
\end{array}$$

Ces calculs sont toujours faits sur 100 centimètres cubes de sang. Dans cette expérience, on n'a pas analysé le sang dans le troisième état du muscle, celui de paralysie complète.

Quand le nerf du muscle est coupé, le sang veineux sort de ce muscle en plus grande quantité et plus rapidement; il est presque rouge comme dans la syncope, et se rapproche beaucoup par sa couleur du sang artériel, parce que la combustion est alors très-peu active et que le sang circulant plus vite, séjourne moins longtemps dans le tissu musculaire. Les chiffres que nous venons de donner prouvent qu'il s'en rapproche aussi par les quantités des divers gaz qu'il tient en dissolution; les différences sont, en effet, peu importantes ($7^{cc},20$ d'oxygène au lieu de $7^{cc},31$, et $0^{cc},50$ d'acide carbonique au lieu de $0^{cc},81$). Le sang sort donc alors du muscle à peu près comme il y est entré. Une observation qui vient confirmer ces résultats, c'est que, chez les paralytiques, le sang veineux est bien plus rouge qu'à l'état normal, pourvu que la paralysie porte à la fois sur les nerfs moteurs et sur les nerfs vaso-moteurs, mais non sur les centres nerveux proprement dits, car alors la moelle épinière, jouant le rôle de centre des nerfs sympathiques, peut, si elle est préservée, maintenir le ton musculaire et entretenir par suite le ralentissement circulatoire nécessaire à la combustion respiratoire.

Au contraire, après la contraction, le sang veineux est tout à fait noir, parce que la combustion est très-active et qu'il contient beaucoup d'acide carbonique ($4^{cc},20$ au lieu de $2^{cc},50$ dans un cas, et $3^{cc},21$ au lieu de $2^{cc},01$ dans l'autre) et peu d'oxygène ($4^{cc},28$ au lieu de $5^{cc},00$ dans le premier cas, et $3^{cc},31$ au lieu de $8^{cc},21$ dans le second). Ces expériences nous montrent également les modifications qu'éprouve le sang en traversant le muscle et en y subissant la respiration musculaire. Dans la première expérience, la proportion d'oxygène s'est abaissée de $7^{cc},31$ (sur 100 centimètres cubes) à $5^{c},00$, lorsqu'il sort à l'état de ton musculaire, et à $4^{cc},28$ s'il sort après la contraction ; tandis que la proportion d'acide carbonique s'élevait de $0^{cc},84$ à $2^{cc},50$ dans le premier cas, et $4^{cc},20$ dans le second. L'autre expérience donne des résultats encore plus différents : la quantité d'oxygène baisse de $9^{cc},31$ à $3^{cc},31$ pour l'état de contraction, tandis que l'acide carbonique, qu'on n'avait pu trouver en aucune quantité dans le sang artériel, se trouve dans le sang veineux avec la proportion de $3^{cc},21$ sur 100 centimètres cubes. Les phénomènes de calorification sont théoriquement en rapport avec les phénomènes chimiques; et c'est ce qui fait admettre que l'exercice musculaire est essentiellement favorable au développement de la chaleur animale.

TREIZIÈME LEÇON.

SUC MUSCULAIRE. — RIGIDITÉ CADAVÉRIQUE.

7 mai 1864.

—————

SOMMAIRE. — Suc musculaire. — Ses variations. — Alcalin à l'état normal, il devient acide dans un muscle fatigué. — Les influences morales se ramènent à des influences physiques. — Quantité de chaleur détruite dans la contraction musculaire. — Rigidité cadavérique. — Marche et variation de ce phénomène. — Sa cause. — Coagulation de la syntonine et production d'acide lactique. — Production instantanée de la rigidité cadavérique dans certaines circonstances. — Mécanisme de la mort des animaux placés dans un milieu très-échauffé.

Les phénomènes de respiration que nous venons d'analyser ne sont pas les seuls phénomènes chimiques qui se passent dans les muscles : par exemple, il y a des substances qui disparaissent dans la contraction, et l'on trouve dans le muscle des matières spéciales qui ne se rencontrent que là et paraissent nécessaires à son action. Ainsi, le suc musculaire qu'on trouve dans tous les muscles est une substance alcaline contenant de l'oxygène libre, de la créatine et de la créatinine, matières analogues à l'urée et provenant de la décomposition de substances azotées; puis de l'acide lactique, de la potasse, du sucre et même une matière glycogène. Le suc musculaire est donc une substance fort complexe; il y a, du reste, de grandes différences dans sa composition, suivant qu'on le prend à l'état de repos ou à l'état de contraction du muscle. Mais on ne peut constater ces différences pendant la circulation, qui emporte et renouvelle incessamment cette matière. C'est pour la même raison que le foie ne contient presque pas de sucre tant que continue la circulation du sang; pour faire ces études d'une manière convenable, il faut donc arrêter la circulation.

Dans un muscle frais, on rencontre alors tout ce que nous venons de dire, et de plus une matière grasse. Mais, si l'on prend un muscle fatigué, le suc musculaire est de moins en moins alcalin et finit même par devenir acide; enfin la partie soluble du muscle augmente en quantité notable. Ainsi, M. Helmholtz a trouvé, sur 100 parties, 0,73 parties solubles dans l'eau en opérant sur un muscle fatigué, tandis qu'un muscle à l'état normal ne lui donnait que 0,65 parties solubles. Il y a donc dans la partie solide du muscle des matières insolubles qui se transforment en matières solubles par suite de la contraction : c'est-à-dire que le muscle s'use sous l'influence du nerf en se contractant, et il faut qu'il se répare pendant le repos. Or, les muscles forment les dix-neuf vingtièmes du volume total du corps humain. Cette seule observation montre toute l'importance de la gymnastique, qui change la composition du sang, lequel réagit ensuite sur le reste de l'organisme. On peut même dire jusqu'à un certain point, que les influences morales ne sont au fond que des influences physiques ; car la joie, la tristesse, et les autres modifications ou impressions qu'on fait rentrer d'ordinaire dans les influences morales, altèrent dans des sens divers la composition du sang, et c'est exclusivement par cet intermédiaire qu'elles peuvent agir sur l'organisme.

Nous avons déjà parlé de la chaleur animale, et montré qu'elle était produite par une combustion qui s'opère partout, mais en plus grande partie dans les muscles, et non dans les poumons, comme le croyait Lavoisier. Mais il y a eu récemment des travaux qui entrent plus avant dans l'intelligence et l'analyse des phénomènes physiques dont le système musculaire est le siége. On tend aujourd'hui à tout simplifier dans les sciences, à ramener les agents les uns aux autres, et à saisir l'unité réelle, quoique cachée, des phénomènes les plus divers en apparence. C'est ainsi qu'on cherche à assimiler la chaleur et le mouvement, ces deux choses se transformant l'une dans l'autre, le mouvement produisant de la chaleur, et la chaleur du mouvement. On est arrivé dans cette voie jusqu'à chercher l'équivalent mécanique de la chaleur, et à déterminer la quantité de chaleur utilisée ou perdue dans les différentes machines. Il faut nécessairement qu'il en soit de même dans le muscle ; une certaine quantité de la chaleur produite par la combustion respiratoire doit disparaître pour se transformer en mouvement. Des expériences sur ce sujet se poursuivent actuellement à Breslau, par M. Heidenhaim: mais le résultat n'en est pas encore connu. A Paris. M. Béclard a fait aussi quelques expériences relatives à cette question, et il a distingué l'état de *contraction statique*, c'est-à-dire sans résistance à entraîner, et l'état de *contraction dynamique*, c'est-à-dire avec résistance à entraîner. Le muscle placé dans ce dernier état produirait moins de chaleur, parce qu'il a plus de résistance à vaincre, et par suite plus de force à déployer.

Séparés du corps vivant, les muscles conservent toutes leurs propriétés pendant un certain temps, jusqu'à ce qu'ils aient consommé le milieu qu'ils ont emporté avec eux et qui leur permet de manifester encore des phénomènes vitaux. Ils vivent donc plus longtemps par un temps froid que par un temps chaud, parce que les phénomènes physico-chimiques se ralentissant sous l'influence d'une température basse, leur provision de milieu s'épuise moins vite. Pour la même raison, les muscles d'un animal à sang froid résistent bien plus longtemps que ceux d'un animal à sang chaud.

Quand la contractilité du muscle a cessé, la rigidité cadavérique apparaît bientôt ; tous les membres, jusqu'alors flasques et mous, deviennent roides et durs ; on ne peut plus comme auparavant leur donner la position qu'on veut, et les articulations résistent aux efforts qu'on fait pour les mettre en mouvement. La rigidité cadavérique est un phénomène tout à fait général, et Nysten, en l'étudiant sur des cadavres de suppliciés, a vu que, chez l'homme, elle commençait d'abord par la tête, pour se propager ensuite progressivement jusqu'aux extrémités des membres inférieurs. La rigidité cadavérique, n'étant après tout que la mort du muscle, doit se produire plus ou moins vite, suivant l'état dans lequel se trouve le système musculaire au moment de la mort. En effet, les muscles plus ou moins vigoureux, suivant diverses circonstances, conserveront une provision fort variable de suc musculaire qui leur permettra de résister plus ou moins longtemps à l'invasion de la rigidité cadavérique.

J. Müller avait supposé que cette rigidité était due à la coagulation de la fibrine du sang ; mais il n'avait fait aucune expérience à l'appui de cette hypothèse. Il est parfaitement certain aujourd'hui que c'est à des causes toutes différentes que nous devons demander l'explication de ce phénomène. Un certain temps après la mort, il se produit dans le muscle de l'acide lactique qui détruit l'alcalinité du suc musculaire, et amène, par suite, la coagulation de la syntonine, la matière contractile renfermée dans les tubes musculaires. M. du Bois-Reymond a constaté, en effet, que les muscles en état de rigidité cadavérique avaient une réaction acide. D'un autre côté, pour arrêter cette rigidité dans le muscle où elle commence à se faire sentir, il suffit de rendre à ce muscle son milieu normal, le sang, qui, ayant une réaction alcaline, détruit l'acidité de l'acide lactique produit depuis la mort, et rend au muscle ses éléments nutritifs. Inversement, on peut déterminer la rigidité cadavérique par l'action de certaines substances toxiques, et instantanément par la chaleur; il suffit pour cela de plonger le muscle dans un liquide à une certaine température, — 45 degrés environ, — qui est d'ailleurs insuffisante pour coaguler l'albumine. Afin d'être plus sûr d'écarter toute influence étrangère, on prend un liquide incapable d'altérer le muscle en aucune façon, du sérum, par exemple. La température nécessaire est, nous l'avons dit, de 45 degrés environ pour les mammifères; pour les grenouilles, ce serait 32 degrés seulement, et pour les oiseaux, 50 degrés.

Ce dernier résultat est fort intéressant, parce qu'il permet d'expliquer la mort des animaux placés dans certaines circonstances et la manière dont cette mort se produit. Quand on met des animaux à sang chaud dans un milieu plus chaud qu'eux, ils finissent par s'échauffer, quoique d'une manière beaucoup plus lente que les animaux à sang froid. Ainsi plongez un mammifère, comme un lapin ou un chien, dans une étuve à air sec, à 80 ou 100 degrés par exemple : bientôt l'animal est haletant; son pouls bat rapidement, sa respiration se précipite, etc.; cependant tous ces phénomènes ne seraient pas nécessairement suivis de la mort. Mais, tout à coup, il tombe mort presque instantanément, sans présenter les phénomènes ordinaires de l'agonie, sans qu'aucune circonstance remarquable indique l'approche de cette catastrophe. Alors, si l'on ouvre tout de suite le corps de cet animal qui vient de succomber, on constate que tous ses muscles sont dans un état complet de rigidité cadavérique, et en plongeant un thermomètre dans le cœur, on trouve toujours le sang à 45 degrés, à 1 degré près tout au plus, c'est-à-dire à la température que nous avons vue produire instantanément la rigidité cadavérique sur le muscle mort. Il en serait de même si nous opérions sur un oiseau ou une grenouille, sauf que la température du cœur changerait nécessairement, d'après ce que nous avons dit plus haut : ce serait 50 degrés environ pour un oiseau, et 32 degrés pour une grenouille. On constate, du reste, que le suc musculaire se coagule à ces diverses températures chez ces animaux,

Quand cesse la rigidité cadavérique, c'est que la décomposition commence. Il se produit alors de l'ammoniaque, qui sature l'acidité du suc lactique sous l'influence duquel s'était produite la rigidité cadavérique ; mais le muscle n'a plus alors les conditions nécessaires à son existence, et il ne recouvre plus la contractilité qu'il avait perdue. Quand la rigidité cadavérique s'est produite instantanément sous l'influence de la chaleur ou d'une matière toxique, elle dure beaucoup moins longtemps ; mais elle ne disparaît encore que pour faire place à la décomposition du muscle, qui doit restituer tous ses éléments au monde inorganique. La rigidité cadavérique est donc bien, dans tous les cas, le dernier phénomène de la vie du muscle, et c'est avec lui que doit se terminer l'étude que nous avons faite de cet élément histologique si important.

L'ÉLÉMENT NERVEUX.

QUATORZIÈME LEÇON.

DISTINCTION DES NERFS MOTEURS ET DES NERFS SENSITIFS.

7 mai 1864.

SOMMAIRE. — Distinction de deux systèmes nerveux. — Distinction de deux éléments nerveux, l'élément sensitif et l'élément moteur. — Galien. — Walker. — Charles Bell et Magendie. — Les racines antérieures de la moelle épinière correspondent aux nerfs moteurs, et les racines postérieures aux nerfs sensitifs. — Charles Bell : deux espèces de nerfs moteurs. — Il croit que les racines antérieures n'ont aucune sensibilité, et les racines postérieures aucune faculté motrice. — Magendie démontre que les racines antérieures sont sensibles; comment s'explique cette sensibilité. — Constitution de la fibre motrice. — Sa terminaison dans la fibre musculaire.

Les différents organes nerveux qu'on trouve chez les animaux supérieurs ont été répartis en deux systèmes distincts : le système cérébro-spinal, et le système du grand sympathique. On considère le premier comme présidant spécialement aux fonctions de la vie animale, tandis que le second se distribuerait dans les organes de la vie végétative, les intestins, le cœur, etc., dont les mouvements sont en général inconscients et involontaires. Mais nous verrons plus tard que cette distinction est bien loin, au point de vue physiologique, d'être aussi nette qu'on l'a prétendu. D'ailleurs ces divisions en plusieurs systèmes doivent disparaître devant l'étude générale des organes nerveux, de leurs propriétés physiologiques et de leur rôle dans l'accomplissement des fonctions vitales, car le but de la physiologie générale est d'indiquer les conditions indispensables à la production de chaque phénomène élémentaire, en négligeant les circonstances particulières qui peuvent le modifier par suite d'arrangements ou de mécanismes spéciaux.

Cependant n'oublions pas non plus que tous les éléments sont distincts dans l'économie animale; s'il y a fusion, cela provient uniquement de réactions réciproques qu'ils exercent les uns sur les autres. Le système nerveux n'échappe point à cette loi générale. Aussi, tout en rejetant certaines distinctions anatomiques qu'aucune différence importante ne vient accuser dans les phénomènes fonctionnels, la physiologie doit distinguer des parties que l'anatomie ne distinguerait pas, parce que malgré leur constitution organique semblable en apparence, leur fonction est différente.

Les propriétés physiologiques générales du système nerveux conduisent à distinguer deux éléments nerveux, bien séparés par leurs fonctions, et correspondant à deux séries de phénomènes très-divers, l'élément moteur d'un côté, l'élément sensitif de l'autre ; et nous verrons tout à l'heure que c'est là surtout une distinction physiologique.

Commençons par l'élément moteur.

Le nerf moteur fait partie d'une chaîne continue d'organes réagissant les uns sur les autres et qui ne peuvent s'expliquer l'un sans l'autre. Cependant, dans cet ensemble, chaque partie a ses propriétés particulières qui concourent à l'acte total, et le nerf moteur peut être réellement isolé, bien qu'il soit tenu dans l'organisme entre deux éléments étrangers, l'un qui lui commande, le nerf sensitif, l'autre qui lui obéit, le système musculaire.

Nous avons montré déjà que les nerfs et les muscles sont tout à fait isolés. En effet, on peut détruire un muscle, le nerf existant toujours et conservant toutes ses propriétés, sauf à trouver un moyen de les mettre en évidence. Inversement, chez les animaux empoisonnés par le curare, le nerf est complétement mort, tandis que le muscle possède encore toutes ses fonctions qu'il est bien facile de mettre en jeu, par exemple en l'irritant au moyen de l'électricité — L'action des divers poisons est un puissant moyen d'analyse qui nous est offert pour l'intelligence des fonctions vitales et leur séparation mutuelle ;

nous en ferons souvent usage dans l'étude du système nerveux, et dès maintenant nous pouvons dire que le curare, qui nous a déjà permis de distinguer nettement le muscle du nerf moteur, nous permettra également de séparer celui-ci du nerf sensitif, puisque le nerf moteur seul est empoisonné par le curare, le nerf sensitif jouissant, contre l'action de cet agent toxique, d'une immunité aussi complète que celle du muscle lui-même.

Depuis longtemps on avait soupçonné que le système nerveux sensitif et le système nerveux moteur devaient être séparés l'un de l'autre, puisque, en définitive, ils transmettaient des actions se traduisant en sens inverse. Déjà Galien avait observé sur un homme la paralysie des mouvements, avec la conservation de la sensibilité. La démonstration expérimentale de cette théorie ne fut pourtant donnée que dans ce siècle. C'est par des vivisections bien conduites qu'on parvint à établir définitivement la distinction des éléments nerveux sensitif et moteur; et ce résultat est dû surtout aux travaux de Charles Bell et aux expériences de Magendie.

Avant les travaux de ces deux illustres savants, un médecin anglais, Walker, avait déjà dit que tous les nerfs émanés d'une même rangée verticale de la moelle épinière étaient de la même nature; il supposait que les racines antérieures correspondaient aux nerfs de sentiment, et les racines postérieures aux nerfs de mouvement. Charles Bell renversa les termes de cette hypothèse : il admit que les racines postérieures correspondaient aux nerfs de sentiment, et les racines antérieures aux nerfs de mouvement. Enfin, c'est Magendie qui établit définitivement cette théorie par ses nombreuses expériences.

Voici comment Charles Bell procéda. En faisant des observations sur les mouvements de la face, il remarqua que ces mouvements peuvent être arrêtés par suite de la perte des nerfs de la septième paire. Il fit alors des expériences sur des chevaux, et il vit que si l'on détruisait les rameaux de la cinquième paire, la sensibilité était perdue, tandis que les nerfs de la septième paire, restés intacts, pouvaient conserver la faculté motrice. Ce fait bien établi, Charles Bell en conclut que la sensibilité et le mouvement étaient toujours conduits par des nerfs distincts, et que, dans les nerfs spinaux, chaque espèce de fibre nerveuse correspondait régulièrement à la même rangée de racines. Magendie démontra les fonctions des nerfs en opérant sur des chiens. Müller fit aussi des expériences sur les grenouilles, parce qu'elles résistent très-bien aux vivisections, et que leurs tissus conservent fort longtemps leurs propriétés vitales. Dans toutes ces expériences, on vit très-clairement qu'en coupant les racines postérieures, on détruisait toute sensibilité, tandis que le mouvement était parfaitement conservé ; au contraire, si l'on coupait les racines antérieures, le mouvement était perdu et la sensibilité restait intacte.

Des altérations pathologiques produisent d'ailleurs les mêmes effets.

Il y a maintenant un autres moyen d'établir cette distinction des nerfs de sensibilité et des nerfs de mouvement : C'est l'empoisonnement par le curare, qui, n'atteignant que le nerf moteur, détruit la faculté motrice et laisse intacte la faculté sensitive, comme nous le verrons dans la prochaine leçon. Ces expériences démontrent clairement que le nerf moteur peut être empoisonné sans que le muscle ni le nerf sensitif soient atteints; et c'est pour cela que nous considérons le nerf moteur comme un élément parfaitement distinct, au point de vue physiologique.

Le nerf moteur va aux muscles vers la périphérie; il part de la moelle, par laquelle il tient aux centres nerveux. En effet, tous les nerfs qui aboutissent aux muscles ne sont que des conducteurs destinés à transmettre à ces muscles l'action des centres nerveux.

Charles Bell, à la suite de ses études sur les propriétés des nerfs sensitifs et moteurs, avait conçu un système de classification qui a disparu. Il admettait dans la moelle épinière deux espèces de nerfs moteurs : les nerfs des mouvements volontaires, et les nerfs des mouvements involontaires, ou nerfs des mouvements respiratoires. — Maintenant, on les confond tous sous le nom de nerfs moteurs, parce qu'ils ne présentent entre eux aucune différence physiologique essentielle.

Les nerfs moteurs, provenant des racines antérieures, et les nerfs de sensibilité, partis des racines
postérieures, se distinguent du reste très-facilement
par une particularité anatomique (fig. 47). Les ra-

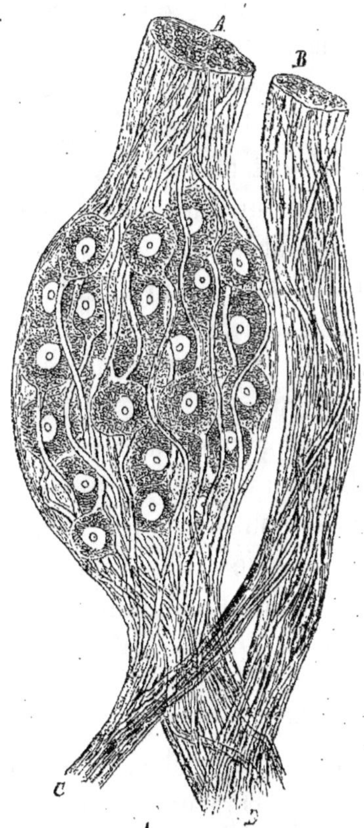

Fig. 47. — Les deux racines près de leur origine dans la moelle
(d'après Leydig).

A. Racine sensible, et sur elle le ganglion avec les globules ganglionnaires bipolaires. — B. La racine motrice. — C. Rameau postérieur
du nerf de la moelle. — D. Rameau antérieur. (Fort grossissement.)

cines postérieures possèdent, en effet, des ganglions ou renflements nerveux, placés à une petite distance de leur sortie de la moelle ; la jonction du nerf sensitif avec le nerf moteur correspondant a lieu un peu après ce ganglion. Quant aux propriétés de ces deux séries de racines, Charles Bell croyait qu'elles étaient tout à fait distinctes et séparées, de telle sorte que les racines postérieures étaient complétement dépourvues de faculté motrice, tandis que les racines antérieures n'avaient suivant lui aucune sensibilité. Du reste, Charles Bell n'était pas expérimentateur. La seule expérience qu'on cite de lui aurait été faite sur un lapin récemment sacrifié, et il aurait constaté qu'en pinçant les racines antérieures, il obtenait un mouvement dans les muscles ; puis, il arriva à conclure par exclusion les fonctions des racines postérieures.

Magendie fit toutes ses expériences sur des animaux vivants. Il montra que les racines antérieures étaient sensibles et que l'animal éprouvait de la douleur quand on les pinçait, contrairement aux opinions de Charles Bell. Ce qui n'empêche pas que si l'on coupe la racine antérieure, on détruit tout mouvement dans la partie où se distribuait la racine coupée, sans altérer en aucune façon la sensibilité, et inversement, si l'on coupe la racine postérieure, le mouvement est conservé et la sensibilité disparaît dans les parties desservies par cette racine. Mais ce double résultat, parfaitement établi, ne démontre pas la vérité de la théorie de Charles Bell, car il n'est pas moins certain que les deux racines sont toutes les deux sensibles : ce qui est tout à fait opposé à ses idées.

Le nerf moteur, quoique conduisant l'action motrice, est certainement sensible. Mais la sensibilité y suit une marche toute différente de celle que nous constatons dans le nerf de sentiment. En effet, si l'on coupe la racine postérieure, on a deux bouts : l'un, qui tient à la moelle, c'est le bout central ; l'autre, qui tient au ganglion, c'est le bout périphérique. Pinçons maintenant les deux bouts : celui qui tient à la moelle a conservé toute sa sensibilité, l'autre l'a complétement perdue ; la sensibilité vient donc ici du centre. Coupons maintenant la racine antérieure en laissant la racine postérieure correspondante intacte, nous aurons toujours deux bouts ; l'un central, l'autre périphérique, et nous verrons ici que le bout central est insensible, tandis que le bout qui tient à la périphérie est resté doué de sensibilité. La sensibilité ne vient donc plus du centre comme dans la racine postérieure, elle vient de la périphérie. Cette sensibilité de la racine antérieure est une sensibilité d'emprunt qu'elle prend par ses connexions avec la racine postérieure. Et, en effet, quand on coupe la racine antérieure, le bout périphérique ne conserve sa sensibilité qu'à la condition que la racine postérieure soit intacte ; si cette dernière est également coupée, la sensibilité, ne pouvant plus parvenir au bout périphérique du nerf de sentiment, ne saurait évidemment passer de là au bout périphérique du nerf moteur. Aussi, des quatre bouts qu'on a dans ce cas, il n'y en a plus qu'un de sensible, c'est le bout central de la racine postérieure, parce que la sensibilité y vient du centre.

Charles Bell avait considéré la moelle épinière comme un gros nerf, et il pensait que les nerfs ne faisaient que se continuer dans la moelle. Mais cette idée est tout à fait inadmissible aujourd'hui. Les nerfs sont formés par de petits tubes ayant une composition et une structure particulières : ils se décomposent donc histologiquement en tubes. Or il y a d'autres éléments dans la moelle épinière.

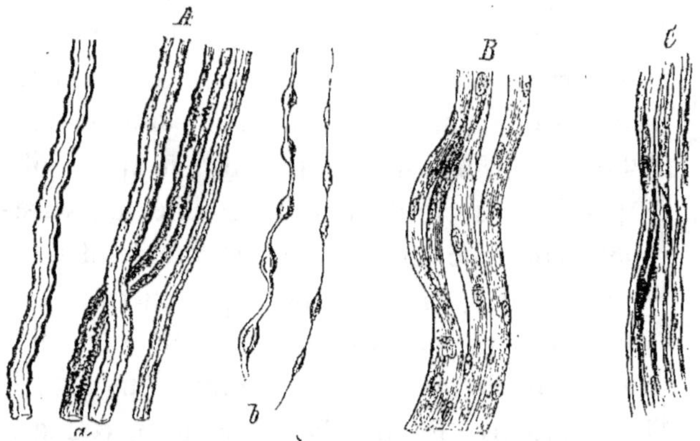

Fig. 48. — Fibres nerveuses (d'après Leydig).

A. Fibres à bords foncés. — a. Fibres larges. — b. Fibres fines devenues variqueuses. — B. Fibres à bords pâles (fibres de Remak). C. Degrés intermédiaires entre ces deux genres de fibres. (Fort grossissement.)

L'élément histologique du nerf moteur (fig. 48 et 49), c'est un petit tube rempli d'une substance

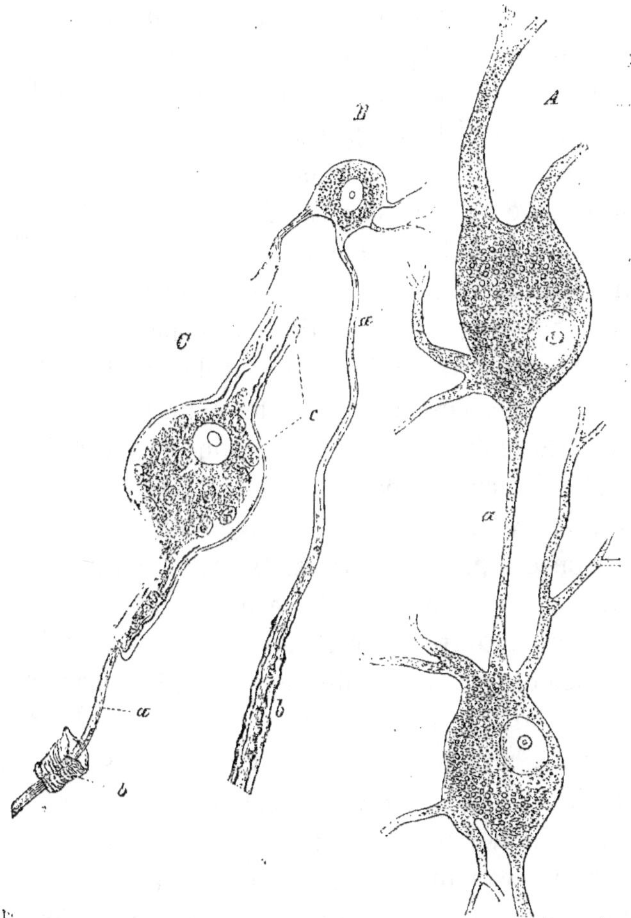

Fig. 49. — Cellules et fibres nerveuses réunies (d'après Leydig).
A. Deux cellules ganglionnaires multipolaires du *locus cerulcus* de l'homme avec une commissure en *a*. — B. Globule ganglionnaire du cervelet du *Requin à marteau*. — *a*. L'une de ses ramifications pâles : elle s'épaissit et s'enveloppe d'une gaîne graisseuse, *b*. — C. Fibrille nerveuse du ganglion trijumeau du *Scymnus lichia* après avoir été traitée par l'acide chromique. — *a*. Cylindre axe qui se perd directement dans la substance granuleuse du globule ganglionnaire. — En *b*, elle n'est plus entourée que par la gaîne nerveuse homogène. — *c*. Noyaux de la gaîne nerveuse.

spéciale, et au milieu duquel se continue un cordon central, nommé cylindre de l'axe (*cylinder axis*). La matière qui remplit ce tube est une substance albuminoïde, demi-fluide et transparente pendant la vie, qui se coagule après la mort. Quand on coupe le nerf, cette moelle nerveuse forme une exubérance qui sort du tube. Au milieu se trouve, comme on vient de le dire, le filament ou le cylindre-axe du nerf, qui en forme la partie essentielle et vraiment fonctionnelle. Le tube et la moelle qu'il contient ne sont que des organes protecteurs, tandis que le cylindre de l'axe est la partie conductrice. Quand un nerf doit pénétrer dans les tissus d'un muscle, c'est le cylindre de l'axe qui s'y engage seul, abandonnant ses enveloppes protectrices. Du reste, chez certains animaux, le cylindre de l'axe paraît être nu.

Nous retrouverons cette structure à très-peu près la même, en parlant du nerf sensitif. Quant aux particularités qui distinguent plus ou moins le nerf moteur, bornons-nous à dire que les tubes nerveux qui le composent sont, en général, un peu plus gros que ceux des nerfs sensitifs, la composition de ces derniers restant d'ailleurs la même. Enfin, les cellules nerveuses motrices sont un peu plus grosses que les cellules sensitives.

En pénétrant dans la moelle épinière, le nerf moteur est pourvu de ses trois parties, telles que nous venons de les décrire ; là, la moelle disparaît, et les parois du tube se rapprochent du cylindre de l'axe, de manière à s'y accoller parfaitement. Le cylindre de l'axe vient ensuite se terminer à la moelle dans une cellule pourvue d'un noyau central. Cette cellule est toujours *multipolaire*, c'est-à-dire qu'elle a des connexions multiples avec les cellules circonvoisines; cette cellule reçoit d'un côté une fibre nerveuse motrice et se réunit à d'autres cellules plus ou moins analogues par des fibres distinctes.

Le nerf moteur commence à la cellule motrice : c'est là sa véritable origine. C'est la cellule qui nourrit le nerf, et si elle est détruite, le nerf dépérit rapidement; c'est par elle qu'il se met en rapport avec tout l'appareil nerveux, et, en tant que nerf moteur, on peut dire avec assurance qu'il ne commence que là.

A l'autre extrémité, le nerf moteur se termine dans le muscle. Quels sont ses rapports avec les fibres musculaires pour leur communiquer son influence motrice? Pendant longtemps on avait admis qu'il n'y a pas de contact immédiat; mais on sait aujourd'hui que la fibre nerveuse se termine dans la fibre musculaire : ce résultat est surtout dû aux travaux encore assez récents de MM. Kühne, Krause, Kölliker, Rouget (de Montpellier), Doyère, de Quatrefages, Meissner, etc.

Il est démontré maintenant, surtout par les recherches de M. Kühne, que les fibres nerveuses motrices peuvent se diviser et se subdiviser, — généralement suivant un mode de division dichotomique, — pour aller influencer un nombre plus ou moins considérable de fibres musculaires. Lorsqu'un filament nerveux va pénétrer dans une fibre musculaire, sa gaîne ou enveloppe celluleuse s'étale sur le sarco-

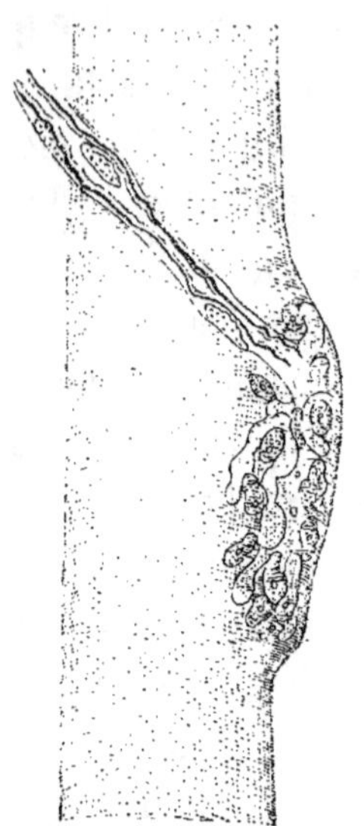

Fig. 50. — Terminaison des nerfs moteurs (d'après Kühne).

Colline nerveuse du lapin avec une plaque terminale, vue de profil, après l'addition d'une dissolution faible d'acide acétique.

lemme de la fibre musculaire et se perd en se confondant avec lui ; la moelle nerveuse disparaît également, et le cylindre de l'axe pénètre seul dans l'intérieur de la fibre musculaire où il s'étale à la surface de la substance musculaire, sous forme d'une masse grenue faisant d'ordinaire une légère saillie, que MM. Doyère et Kühne ont nommée la colline nerveuse, et que M. Rouget appelle plaque terminale des nerfs moteurs (fig. 50 et 51).

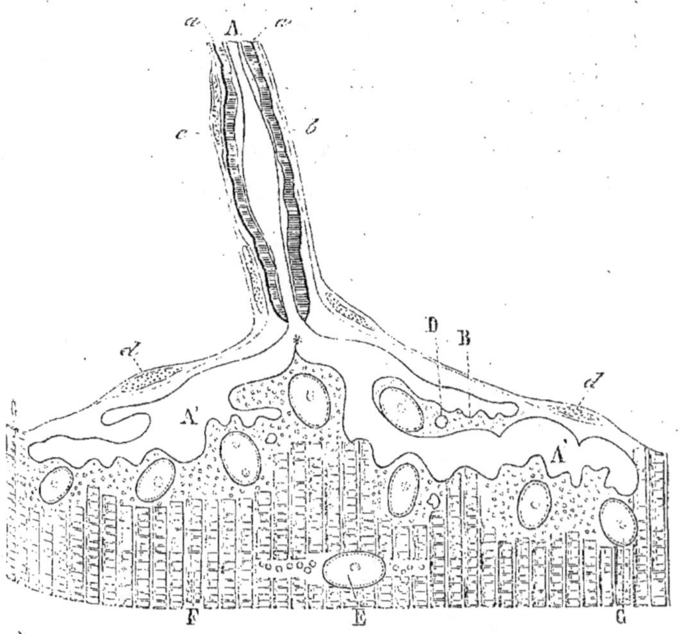

Fig. 51. — Représentation schématique (d'après Kühne) de la terminaison d'un nerf moteur dans la colline nerveuse d'une fibre musculaire (coupe suivant l'axe du muscle).

A. Cylindre de l'axe. — A′ A′. Épanouissement du cylindre de l'axe en plaque terminale. — aa Moelle nerveuse. — b. Enveloppe de Schwan. — c. Noyaux opaques et aplatis de la membrane de Schwan. — d. Un noyau semblable dans la membrane de la colline nerveuse. — B. Contenu de la colline nerveuse; substance granuleuse (protoplasma?). — C. Noyaux clairs vésiculeux de la colline nerveuse, pourvus d'une membrane, et avec leurs corpuscules nucléaires. — D. Quelques-unes des plus fortes granulations dans la substance granulaire de la colline nerveuse. — E. Noyaux musculaires. — F. Substance contractile. — G. Sarcolemme.

Enfin, d'après les recherches de M. Trinchèse, la terminaison des nerfs moteurs qui aboutissent aux muscles de la vie organique serait un peu différente;

    L'ÉLÉMENT NERVEUX.

il n'y aurait point de plaque terminale ou de colline nerveuse, et le cylindre de l'axe arrivé au centre de la fibre musculaire présenterait un petit renflement celluleux d'où partiraient deux petits filaments nerveux terminaux, l'un dans un sens et l'autre en sens inverse, qui parcourraient la fibre musculaire suivant son axe.

QUINZIÈME LEÇON.

DES NERFS MOTEURS ET DE LEUR ACTION.

17 mai 1864.

SOMMAIRE. — Le nerf moteur a une vie propre dans l'ensemble du système nerveux. — Marche que suit dans le nerf moteur la disparition des propriétés vitales. — Le nerf moteur se nourrit par la cellule centrale. — Il s'empoisonne par l'extrémité musculaire. — Distinction des nerfs sensitifs et des nerfs moteurs par l'action du curare. — État d'un animal empoisonné par le curare. — Mécanisme de la mort sous l'influence de cet agent toxique. — Régénération des nerfs moteurs; sa marche. — Action du nerf moteur sur le muscle; influence nerveuse.

L'élément nerveux moteur fait partie du système nerveux, mais il occupe une place distincte entre le muscle et le nerf de sensibilité. Cette distinction s'établit, non-seulement anatomiquement par la diversité des origines, mais aussi physiologiquement par la différence des propriétés nerveuses et par l'action variée des poisons sur elles. Les limites de cet élément moteur sont, d'un côté, la fibre musculaire dans laquelle il se termine, de l'autre, la cellule centrale d'où il part. Cette cellule présenterait une forme et des caractères particuliers qui lui ont valu le nom de *cellule motrice*.

Le nerf moteur a une vie propre, parfaitement indépendante de celle des autres tissus, et, par une conséquence naturelle, il jouit aussi d'une nutrition particulière, de telle sorte qu'il peut se nourrir sans que les muscles ou les autres nerfs se nourrissent pour cela. Cherchons d'abord à déterminer les conditions essentielles de cette nutrition.

L'origine du nerf moteur est une cellule placée dans la moelle et contenant un noyau, un nucléole et des granulations. De cette cellule partent des tubes nerveux plus ou moins longs, composés, comme nous l'avons dit, par un cylindre-axe qui en est la partie essentielle et qui est protégé par une enveloppe tubulaire remplie d'une substance albuminoïde opaque après la mort, mais transparente pendant la vie, ce qui empêche d'apercevoir le nerf. La nutrition du nerf moteur ne se fait point par toutes ses parties, telles que nous venons de les indiquer, mais seulement par la cellule centrale. Aussi, quand on pratique une section qui interrompt toute communication avec la cellule centrale, il y a paralysie du nerf, et l'influence de la volonté ne peut plus se transmettre au muscle. Cependant, si l'on prend le bout périphérique du nerf moteur et si on l'irrite avec des irritants mécaniques ou physico-chimiques on obtient des mouvements dans le muscle, mais seulement pendant un temps limité. Ainsi, dans les premiers moments, on en obtiendra en agissant sur une partie quelconque de la longueur du nerf moteur coupé; plus tard, l'effet ne se produira plus quand on opérera sur l'extrémité du nerf, près de la section; et il faudra descendre de plus en plus vers l'extrémité périphérique, celle qui plonge dans le muscle, jusqu'à ce qu'on finisse par ne plus rien obtenir du tout, même en irritant le nerf à son entrée dans la substance musculaire. Le nerf moteur perd donc ses propriétés du centre vers la périphérie.

Ces phénomènes physiologiques sont dans une étroite corrélation avec des phénomènes anatomiques qui suivent une marche parallèle. On observe, en effet, après la section du nerf, une coagulation de la matière nerveuse entourant le cylindre-axe, coagulation qui se propage également de la périphérie vers le centre, et dont les progrès correspondent exactement à ceux de la disparition des propriétés vitales du nerf. Ainsi donc, si ces propriétés vitales persistent quelque temps encore après la section du nerf, c'est que ce nerf a conservé intact son milieu nutritif, la moelle qui remplit les tubes nerveux. Au fur et à mesure que ce milieu s'altère, ou disparaît, les propriétés physiologiques disparaissent également.

Examinons maintenant le bout du nerf coupé qui

tient à la cellule nerveuse centrale. Nous voyons qu'il s'est complétement conservé avec toutes ses propriétés. La nutrition du nerf moteur s'opère donc par la cellule centrale, puisque le bout qui reste en communication avec elle conserve toujours sa constitution normale. Nous verrons plus tard qu'il y a une cellule nutritive particulière pour le nerf sensitif correspondant.

Avant de terminer ces généralités sur le nerf moteur, il convient d'exposer les expériences que nous avons instituées, pour démontrer par l'action des poisons la séparation des nerfs sensitifs et des nerfs moteurs. Nous avons déjà dit bien des fois que le curare agit seulement sur les nerfs de mouvement et respecte le système nerveux sensitif ; c'est là le point de départ de ces expériences, qui vont être répétées sous vos yeux.

Voici d'abord une grenouille (fig. 52) dont on a mis à découvert les nerfs lombaires en soulevant et en reséquant le sacrum. Puis on a passé un fil par-dessous, et l'on a lié fortement toutes les parties placées devant les nerfs lombaires, veines, artères, etc., de telle sorte que le train antérieur ne communique plus avec le train postérieur que par les nerfs lombaires : c'est absolument comme si l'animal était coupé en deux, et que les deux parties fussent réunies au moyen des nerfs lombaires. La ligature que nous avons pratiquée a arrêté toute circulation dans les membres postérieurs ; mais si nous empoisonnons le train antérieur, le sang, qui sert de véhicule à l'action toxique, sera certainement

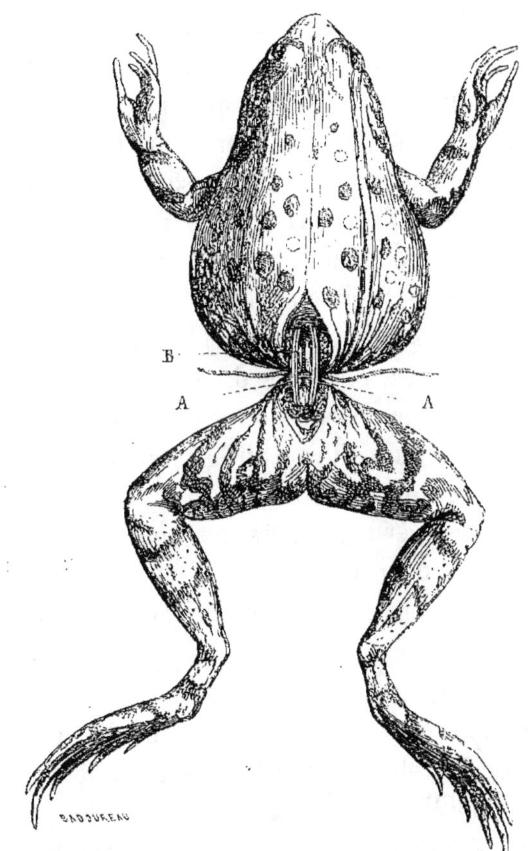

Fig. 52. — Grenouille préparée pour montrer que le curare détruit les propriétés des nerfs moteurs sans atteindre celles des nerfs sensitifs.

AA, Nerfs lombaires au-dessus de la ligature. — B, Aorte au-dessous du fil et comprise dans la ligature.

mis en contact avec tous les nerfs de la partie antérieure du corps au-dessus de la ligature : le système nerveux moteur y périra donc complétement. En sera-t-il de même dans le train postérieur? Non; et voici pourquoi. L'action du curare sur le nerf moteur ne peut s'exercer qu'à la condition de faire toucher au poison l'extrémité périphérique de ce nerf, qui plonge dans le muscle lui-même. L'empoisonnement du nerf moteur ne se propage point par la moelle épinière au delà de la cellule motrice. Or, dans le train antérieur, le sang imprégné de curare sera mis en contact dans le muscle avec l'extrémité périphérique du nerf moteur et pourra lui transmettre l'action du poison. Mais dans le train postérieur, la ligature, qui a interrompu la circulation, interdit tout accès au sang infecté par le curare; les nerfs moteurs ne pourraient donc être atteints que par leur origine dans la moelle épinière: et nous savons que l'empoisonnement ne se propage pas par cette voie.

On pourrait peut-être s'étonner que le nerf moteur s'empoisonne par son extrémité, tandis qu'il se nourrit par la cellule centrale. Les faits sont, du reste, bien établis et aussi incontestés qu'incontestables. Force est donc bien de reconnaître que la cellule centrale est l'élément trophique du nerf moteur, et les expériences qui se font ici mettent hors de doute le fait que ce même nerf s'empoisonne exclusivement par la périphérie. Il n'y a point là de contradiction, comme on serait tenté de le croire au premier abord, car l'empoisonnement et la nutrition peuvent être deux faits d'ordre tout différent. Mais quand survient la régénération du nerf, la cellule trophique n'y concourt pas; le tronçon isolé se régénère sur place, et par toutes ses parties à la fois. Le développement, comme la régénération, se fait également sur place. Aussi, quand on greffe sous la peau d'un animal un morceau du nerf sciatique, je suppose, ce nerf perd d'abord ses propriétés anatomiques, pour les recouvrer ensuite par la régénération de ses éléments qui s'accomplit très-bien en l'absence de la cellule centrale. Mais il ne peut recouvrer de même sa propriété physiologique, qui n'était au fond qu'un rapport, parce que les termes de ce rapport sont changés ou supprimés.

Après avoir expliqué le mode d'action du curare sur les nerfs moteurs, revenons maintenant à la grenouille qui vient d'être empoisonnée par cette substance. Si on lui pince les pattes de devant, aucun mouvement ne se produit dans ces pattes : elles ont l'air de ne plus sentir et d'être paralysées de la sensibilité comme du mouvement. Cependant la sensibilité n'y est pas atteinte; mais comme le système moteur est détruit, elle ne peut plus se manifester par aucun mouvement de ces parties. Cet exemple nous montre combien le physiologiste doit être réservé dans les conclusions qu'il tire de ses expériences. On ne doit jamais dépasser le fait observé;

si évidente que paraisse la déduction qu'on en tire, elle ne peut avoir la prétention de se poser en vérité démontrée, observée; elle ne sera jamais qu'une interprétation plus ou moins juste, mais toujours sujette à l'erreur, et, par conséquent, toujours susceptible d'être changée ou modifiée. Ainsi, dans l'exemple que nous avons ici, il ne faut pas se hâter de dire : *cette grenouille empoisonnée est privée du sentiment et du mouvement* : cela serait faux ; il faut se contenter d'exprimer par le langage les phénomènes observés : *cette grenouille est empoisonnée de manière à ne plus manifester aucun mouvement.* Maintenant, la suppression complète du mouvement dans une partie suppose-t-elle nécessairement la perte de la sensibilité ? C'est une question qui reste à part, et qui va se résoudre par les expériences qui suivent.

Sur la grenouille telle qu'elle a été préparée ici, nous avons un moyen bien simple de mettre en évidence la persistance de la sensibilité, malgré la destruction du nerf moteur par l'action du curare. Si nous pinçons les pattes postérieures, il est tout naturel que nous obtenions un mouvement dans ces pattes, puisque, grâce à la ligature qui a été faite au milieu du corps, tout le train postérieur a été préservé de l'action du curare. Mais pinçons maintenant les membres antérieurs en observant les membres postérieurs, et nous verrons ceux-ci remuer. Il est donc bien évident par là que la sensibilité persiste dans la partie antérieure du corps qui a subi l'action toxique. L'irritation produite par la pince se transmet à la moelle épinière, et de là au train postérieur qui lui est resté uni au moyen des nerfs lombaires; et les pattes de derrière peuvent remuer sous cette influence, parce que le système moteur n'y est pas détruit, comme dans la partie antérieure du corps. Au lieu de préserver de l'action du curare toute une moitié du corps, nous aurions pu conserver seulement un seul muscle, comme le muscle soléaire, en liant l'artère qui s'y distribue, ou même une seule fibre, si nous parvenions à l'isoler convenablement; et ce muscle ou cette fibre nous auraient seuls manifesté par leurs contractions la persistance de la sensibilité dans le reste du corps. Il y a donc une distinction très-nette et très-complète entre ces divers ordres de phénomènes, malgré la grande complication des actions vitales et leur enchevêtrement inextricable qui paraît si peu se prêter à l'analyse du physiologiste.

Comme point de comparaison, nous pouvons prendre maintenant cette grenouille qui a été empoisonnée par le curare sans qu'aucune ligature vienne préserver certains membres. Tout mouvement est perdu chez elle. Nous avons beau la pincer, elle paraît complétement insensible, bien que la sensibilité ne soit perdue nulle part, comme nous venons de le montrer.

Mais comment concevoir que la mort arrive par suite de la suppression des nerfs moteurs? C'est ce qui nous reste à expliquer; car, si tous les poisons produisent un même résultat final, la cessation de la vie, ils diffèrent beaucoup dans leur mode d'action, et ils donnent chacun, pour ainsi dire, un mécanisme particulier de la mort. Voyons donc comment les choses se passent dans le cas qui nous occupe.

Tous les nerfs moteurs n'ont pas la même sensibilité à l'action du curare. Les plus sensibles sont les nerfs moteurs cérébro-spinaux. Aussi, quand on n'administre qu'une petite dose de curare, les nerfs moteurs des membres sont atteints plus vite que les autres; or les nerfs respiratoires ne le sont pas encore à ce moment : la vie continue donc dans ce cas; et si l'empoisonnement n'augmente pas, au bout d'un certain temps, l'animal élimine le poison qu'il avait absorbé : ses nerfs moteurs se régénèrent, il recouvre l'usage de ses membres, et continue à vivre comme auparavant. Mais si la dose est plus forte, les nerfs respiratoires sont atteints comme les autres, et l'animal périt purement et simplement par asphyxie. Cela est si vrai, que, si l'on a recours à la respiration artificielle, on peut donner à l'animal le temps d'éliminer le poison, et il échappera ainsi à la mort qui n'aurait point manqué de l'atteindre rapidement.

Après cette démonstration de l'isolement physiologique du nerf moteur et du nerf sensitif, reprenons l'histoire du nerf moteur. Le nerf moteur peut se régénérer dans certaines conditions. Quand la paralysie du nerf moteur arrive à la suite d'une section, le nerf peut se reproduire. Ainsi, M. Claude Bernard a vu lui-même un jeune homme auquel on avait enlevé une partie du nerf sciatique avec une tumeur qui l'embrassait. Au bout de deux ans, les deux membres se mouvaient aussi bien l'un que l'autre. Quand la fonction reparaît ainsi, c'est évidemment que le nerf s'est reproduit. Cela se présente surtout chez les animaux jeunes, ce qui est tout naturel, puisque le mouvement de nutrition et d'assimilation possède alors bien plus d'énergie. Ces faits n'ont rien qui doivent nous étonner, car, — sans parler des animaux inférieurs, comme les polypes, chez lesquels les phénomènes de ce genre sont si fréquents, — ne savons-nous pas que le lézard peut reproduire sa queue et la salamandre ses pattes? Même parmi les mammifères, Magendie et M. Claude Bernard ont vu des animaux reproduire les lames vertébrales qu'on leur avait enlevées pour mettre à nu le canal vertébral. Or, dans tous ces cas, la régénération de la fonction ou du membre implique évidemment celle du nerf.

La régénération du nerf moteur a été suivie avec soin. Elle se produit de la périphérie au centre.

Dans les premiers temps de leur développement, tous les tissus sont à l'état cellulaire, comme on peut le constater très-facilement sur un embryon qui présente déjà la forme très-reconnaissable de l'animal, bien qu'on ne trouve encore dans son corps que des cellules douées simplement de propriétés plastiques. Ces cellules servent au développement ultérieur des tissus. Quand le nerf se reforme, les choses doivent se passer d'une manière analogue à ce qui a lieu dans l'embryon. On avait cru d'abord que la régénération se faisait par le centre, comme la nutrition; et l'on supposait même que la partie centrale poussait un prolongement qui remplaçait le morceau de nerf enlevé. Mais il est bien démontré aujourd'hui que cette régénération commence par la périphérie ou se fait partout à la fois, car partout le nerf se trouve en contact avec les matériaux nutritifs de l'organisme.

Reste une dernière question. Ce nerf-moteur, qui met en rapport les centres nerveux avec le muscle, doit conduire quelque chose de la cellule centrale à ce muscle qui se contracte sous son influence. Ce quelque chose, pouvons-nous en déterminer la nature et dire ce que c'est?

On s'est bien des fois posé cette question sans pouvoir la résoudre. Pour se tirer d'embarras, on appelle d'ordinaire l'action du nerf l'*influence nerveuse*, ce qui ne nous apprend pas grand'chose sur la nature de cette action. Mais les physiciens ont voulu réduire cette influence à un autre agent, à un agent physique; et c'est l'électricité qui se présentait tout naturellement, car, lorsqu'on a soustrait un muscle à l'influence de la volonté qui se transmet par le nerf moteur, on peut très-bien remplacer cette action par l'électricité. Cependant cette théorie n'est pas démontrable dans l'état actuel de la science. Si l'on interrompt le filet nerveux par une section, le courant électrique sera encore transmis par les parties conductrices voisines, tandis que la moindre lésion physiologique ou anatomique empêche l'influence nerveuse de se transmettre au muscle.

L'influence nerveuse est donc pour nous jusqu'à présent une action spéciale, un agent physiologique distinct. Mais ce n'est pas à dire qu'il ne se passe pas dans le nerf des phénomènes électriques d'une importance réelle au point de vue de leur action physiologique, ni que ces phénomènes ne soient liés par certains rapports plus ou moins étroits à l'influence nerveuse et à la contraction du muscle. Nous étudierons ces phénomènes dans les prochaines leçons.

SEIZIÈME LEÇON.

IRRITANTS DES NERFS MOTEURS.

21 mai 1864.

SOMMAIRE. — Le nerf moteur est l'excitant du muscle. — L'action nerveuse se propage par le cylindre de l'axe. — Irritants des nerfs moteurs. — Irritants mécaniques. — Dessiccation. — Électricité. — Les irritants du nerf moteur agissent sur lui en modifiant son état physique. — Le nerf moteur agit également sur le muscle en changeant son état physiologique. — Les nerfs excitants et les nerfs paralysants produisent au fond la même action. — Expériences sur les tissus d'un lapin à sang froid.

Le nerf moteur est caractérisé anatomiquement par sa terminaison dans la fibre musculaire, terminaison qui a lieu par contiguïté et non par continuité. Son caractère physiologique, c'est d'agir sur le muscle pour déterminer le mouvement. Du reste, il ne fait qu'exciter le muscle : là se borne le rôle qu'il joue dans l'acte moteur; mais ce rôle est nécessaire, car le muscle, comme toute matière vivante, ne peut se contracter que sous une influence qui lui soit extérieure, c'est-à-dire sous l'influence d'un irritant, et le nerf moteur est l'irritant normal du muscle. Mais le nerf moteur lui-même a besoin d'influences extérieures qui mettent en jeu ses propriétés vitales. Voyons donc comment le nerf moteur entre en fonction et quels sont les irritants qui l'y déterminent.

Haller avait déjà dit que la fonction du muscle est de se contracter, tandis que celle du nerf est de l'exciter pour provoquer cette contraction. Mais pour suivre cette chaîne d'influences successives subordonnées les unes aux autres, il faut dire maintenant quel est l'excitant du nerf moteur et quelles sont les conditions dans lesquelles ce nerf peut exercer son action sur le muscle.

Il faut d'abord que le nerf moteur soit intact dans toute son étendue, pour que l'influence de la volonté puisse se transmettre. Si l'on pratique une section et qu'on excite le bout central, on n'obtient rien; mais si l'on excite le bout périphérique, on a une contraction. C'est même le moyen ordinaire pour reconnaître le nerf moteur dans une vivisection; c'est son caractère pratique. Du reste, le fait n'a rien que de très-naturel : puisque l'élément sur lequel agit le nerf moteur est placé à son extrémité périphérique, son influence ne peut se manifester que dans ce sens. L'influence nerveuse, ainsi que nous allons le voir, se transmet avec une vitesse qui ne dépasse pas 50 ou 60 mètres par seconde, vitesse fort modérée si on la compare à celle de certains agents physiques, électricité et lumière. Elle se propage le long du cylindre de l'axe qui est ainsi le véritable nerf, comme nous l'avons déjà dit, car, tant qu'il n'est pas attaqué, la fonction du nerf s'accomplit régulièrement.

M. Helmholtz a mesuré la vitesse de la propagation de l'influence nerveuse avec un appareil (fig. 53)

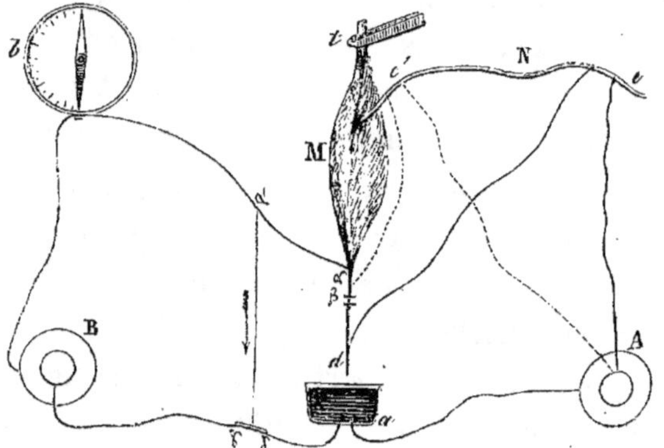

Fig. 53. — Appareil de M. Helmholtz pour mesurer la vitesse
de la transmission nerveuse.

A. Pile fournissant le courant qui sert à irriter le nerf. — *B.* Pile fournissant le courant chronométrique. — *M.* Muscle. — *N.* Nerf. — *b.* Galvanomètre. — *t.* Pince servant à maintenir le muscle. — *a.* Cuve remplie de mercure pour établir la communication des courants électriques. — *d.* Aiguille attachée au muscle et qui plonge dans le mercure de la cuve *a* lorsque le muscle est en relâchement. — $\alpha\,\varepsilon\,\gamma\,\delta$. Disposition servant de commutateur pour obtenir une irritation instantanée.

analogue à celui qui lui a servi pour étudier la rapidité du courant irritatif dans les muscles (voyez fig. 43, page 195), et qui est fondé sur les mêmes principes. On irrite le nerf d'abord à son extrémité au point e, puis vers son entrée dans le muscle, au point e'; le courant met un temps plus long à s'établir dans le second cas que dans le premier; et il est facile de voir que cet excès correspond précisément au temps qu'a mis le courant à parcourir le nerf du point e au point e' : on peut donc en déduire la vitesse de la transmission nerveuse. Cette vitesse dépend de l'activité des phénomènes physico-chimiques, et elle n'est pas la même chez tous les animaux. M. Helmholtz l'a trouvée égale à 50 ou 60 mètres chez l'homme, tandis qu'elle ne serait que de 15 à 20 mètres chez la grenouille.

Les irritants du nerf moteur se divisent en trois classes : irritants chimiques, irritants physiques, irritants physiologiques ou vitaux.

Nous laisserons de côté, pour le moment, les irritants physiologiques, qui nous occuperont longuement plus tard, quand nous parlerons du nerf de sentiment et de la moelle épinière. Ce sont eux, du reste, qui sont les excitants normaux pendant la vie.

Les irritants chimiques comprennent à la fois des acides et des alcalis. Tous les acides irritent plus ou moins le nerf moteur; mais il en est qui produisent plus particulièrement cet effet, et qui le produisent avec une énergie bien plus considérable.

Les irritants physiques comprennent notamment les excitations mécaniques, par exemple celle qu'on produit en pinçant le nerf. Seulement, quand le nerf a été ainsi broyé, il est bien irrité au moment où se produit l'action, mais il ne peut plus transmettre ensuite l'influence nerveuse par l'endroit comprimé. En effet, si l'on pince le nerf au-dessus de cet endroit, c'est-à-dire plus près de la cellule centrale, on n'obtient plus rien; au contraire, en le pinçant au-dessous, on a une contraction. On peut donc aller successivement depuis le centre jusqu'à la périphérie, mais non pas inversement : c'est, du reste, l'inconvénient ordinaire des excitants mécaniques qu'on ne peut presque toujours employer qu'une seule fois. La potasse caustique et les autres agents chimiques énergiques qui détruisent le nerf sont dans le même cas. C'est avec cette méthode imparfaite que Charles Bell a fait ses expériences sur les racines des nerfs dans la moelle épinière.

A côté des irritants mécaniques, il faut placer certains irritants physiques et chimiques. Les agents physico-chimiques produisent dans le nerf moteur un changement physique permament ou momentané. C'est toujours ainsi que l'action s'opère, car s'il n'y avait pas de changement dans l'état du nerf moteur et dans celui du muscle, on ne comprendrait pas la contraction : ce serait un effet sans cause. Par exemple, quand on broie le nerf moteur, on opère évidemment un changement physique permanent. Tous les agents qui enlèvent de l'eau produisent aussi une irritation du nerf moteur, pourvu que la dessiccation marche assez rapidement. Ainsi, mettons dans du sel marin, corps très-avide d'humidité, l'extrémité d'un nerf moteur de grenouille resté en communication avec son muscle : le muscle entre bientôt en tétanos ; et cet effet est dû à une dessiccation active, outre la soustraction de l'eau que subit le nerf moteur, car si l'on plonge ce nerf dans l'eau, le muscle cesse bientôt d'être en tétanos. On peut opérer de même sur un animal vivant. Ainsi, on peut placer une grenouille dans un courant d'air actif qui lui enlève son humidité : au bout d'un temps plus ou moins long, variable avec la rapidité de la dessiccation et qui va souvent jusqu'à vingt-quatre heures, la grenouille entre dans une espèce d'excitation tétanique comme le muscle isolé sur lequel nous opérions tout à l'heure. Quand on fait des expériences de vivisection sur des grenouilles, on est souvent embarrassé par des contractions dues à cette cause de dessiccation des nerfs, à laquelle on ne songe pas toujours dans ce cas.

Cette excitation par la dessiccation est déjà bien moins altérante que l'excitation mécanique. Mais l'irritant le plus employé et le meilleur à tous les points de vue, pour le nerf moteur comme pour le muscle, c'est l'électricité. Il faut nécessairement que cette électricité produise un changement physique dans le nerf moteur, sans quoi l'action ne s'expliquerait point : elle produit en effet un changement électrique particulier que nous examinerons plus tard. En elles-mêmes toutes les sources électriques sont bonnes pour cet usage; cependant il ne faut pas employer des appareils produisant des actions trop énergiques, qui pourraient agir directement et *mécaniquement* sur les nerfs, au lieu d'agir *physiologiquement*. Le plus souvent on se sert de courants d'induction.

Dès le commencement des expériences, on avait cherché à appliquer l'électricité aux nerfs; mais on s'y prenait fort mal. Ainsi, on mettait le bout du fil d'un des pôles de la pile sur l'origine du nerf, et le bout de l'autre sur son extrémité périphérique, c'est-à-dire sur le muscle. On avait cherché dans ces expériences à distinguer les racines antérieures des racines postérieures : mais on n'obtint rien et l'on ne pouvait rien obtenir, puisque l'électricité passait également dans les deux cas, et non pas seulement par le nerf mais aussi par les tissus voisins : d'ailleurs, le muscle était irrité directement, et dès lors les contractions qu'on obtenait ne signifiaient plus rien, puisqu'on pouvait toujours les supposer déterminées par cette irritation directe du muscle.

Müller montra qu'il fallait tout d'abord isoler le nerf, en le plaçant sur un morceau de verre, et faire ensuite passer le courant à travers une longueur restreinte, de manière à être bien sûr d'électriser le nerf tout seul. En opérant de cette manière, on distingua facilement les racines postérieures des racines antérieures; irritées dans leur bout périphérique, les premières ne donnent rien, tandis que les racines antérieures produisent une contraction à une grande distance. Pour obtenir ce résultat, il faut placer les deux pôles dans une certaine position. Si l'on place les deux pôles l'un en face de l'autre, de manière que le courant passe tout à fait transversalement, on n'observe pas d'excitation sur le nerf. Il faut donc que les deux pôles soient à des hauteurs inégales, que le pôle positif soit d'ailleurs en haut ou en bas : le sens du courant n'exerce qu'une influence secondaire sur la production du phénomène.

Le changement physique résultant de l'action de l'électricité n'est nullement en rapport avec l'intensité du courant, mais bien avec la rapidité du changement de force et de direction de l'électricité. Aussi les courants d'induction sont-ils les plus convenables pour ces sortes d'expériences. Ce n'est donc pas l'addition d'électricité dans le nerf moteur qui met en jeu ses propriétés physiologiques et amène la contraction du muscle, c'est exclusivement le changement brusque de l'état électrique qui se produit dans ce nerf. Il en résulte que si nous faisons cesser l'action électrique en interrompant le courant, il y aura changement dans l'état électrique du nerf moteur, et par suite irritation, absolument comme si nous l'avions soumis à une nouvelle influence électrique. Vous voyez en effet que nous obtenons des contractions sur ces cuisses de grenouille chaque fois que le courant est supprimé ou rétabli dans le nerf moteur, c'est-à-dire à l'ouverture et à la fermeture du circuit voltaïque.

Quand le courant passe constamment et régulièrement, il ne doit évidemment rien se produire, puisque nous avons un état physique constant. Si l'on veut obtenir une irritation constante, il faut donc prendre un courant inconstant, ou, ce qui est bien meilleur encore, un courant incessamment interrompu : il est facile alors de faire entrer le muscle en tétanos.

Mais ce que nous avons dit à propos de l'action de l'électricité sur le nerf moteur, nous pourrions le répéter aussi pour l'action du nerf moteur sur le muscle. En effet le nerf moteur agit sur le muscle pour changer son état physiologique actuel : autrement il n'y produirait rien. Si le muscle est en repos, l'action du nerf moteur le fait entrer en mouvement, et s'il est à l'état de contraction, l'action du nerf moteur peut le faire entrer en relâchement. Voici une patte de grenouille dont on a isolé le nerf : on met l'extrémité de ce nerf dans du sel marin qui l'irrite en lui enlevant son humidité ; et la patte, jusque-là flasque et pliée en deux, se redresse aussitôt pour entrer en tétanos. Mais faisons maintenant agir sur ce même nerf, toujours soumis à l'action desséchante du sel marin, un courant électrique : nous l'irritons encore, et il irrite à son tour le muscle ; seulement, trouvant celui-ci dans un état de contraction constante, il fait cesser cette contraction, et le tétanos disparaît pour être remplacé par un complet relâchement. Dans un cas comme dans l'autre, l'état physiologique du muscle a donc été changé sous l'influence du nerf moteur, et, suivant les circonstances, l'électricité peut produire le tétanos, ou le faire cesser s'il existait déjà.

Ces considérations semblent nous montrer que les nerfs irritants et les nerfs paralysants ne présentent pas de différence essentielle : au fond, c'est la même chose. D'un côté comme de l'autre, l'action du nerf moteur c'est de changer l'état physiologique du muscle. Seulement les nerfs irritants excitent des muscles en repos, et leur influence a pour résultat de les faire entrer en contraction; au contraire, les nerfs paralysants excitent des muscles en activité, et quand ils sont irrités, leur action sur ces muscles se traduit encore par un changement de leur état physiologique, c'est-à-dire par un arrêt de leur état de contraction. Ainsi, ce qui varie, ce n'est pas l'action du nerf moteur, c'est l'état initial dans lequel cette action trouve le muscle.

Il est facile de vous donner des exemples de cette action paralysante des nerfs moteurs, et nous allons montrer que l'influence de l'électricité sur les nerfs moteurs détermine notamment un arrêt manifeste dans les mouvements du cœur.

Voici un lapin qui a été préparé de manière à rendre visible de loin les mouvements du cœur. Sur un animal mammifère on ne peut, dans l'état ordinaire, les montrer directement en ouvrant le thorax, parce que la mort suit immédiatement cette opération. Mais on peut appliquer un manomètre sur une artère, ce qui permet de constater chaque impulsion du sang dans cette artère ; et l'on voit alors que le pouls cesse de battre au moment où agit l'irritant électrique. On peut aussi, comme nous l'avons fait, enfoncer une aiguille, non pas dans le cœur, ce qui occasionnerait des désordres qu'il faut éviter, mais dans les parties qui avoisinent cet organe, de telle sorte que chacune de ses pulsations se traduise par un mouvement de va-et-vient de l'aiguille, qu'on rend, du reste, plus visible en fixant un petit morceau de papier à son extrémité.

Pour observer plus facilement les mouvements du cœur, nous avons préparé un *lapin à sang froid*, c'est-à-dire que nous avons fait subir à un lapin des mutilations qui ont modifié considérablement chez lui l'activité des fonctions vitales, et l'ont placé dans une situation analogue à celle d'un animal à sang froid. Ce résultat a été obtenu sur ce lapin en coupant la moelle épinière dans la région inférieure du cou, de manière à ne plus lui laisser qu'un seul des nerfs respiratoires. La respiration s'est ainsi considérablement ralentie, les mouvements sont devenus de plus en plus lents, de plus en plus rares, et la combustion respiratoire, qui a son siége principal dans les muscles, a diminué au point de ne pouvoir plus entretenir la chaleur animale à son niveau ordinaire. La température intérieure de ce lapin a donc diminué progressivement, et elle est actuellement de 23 degrés seulement au lieu de 38 ou 40 degrés, comme à l'état normal. La température la plus basse à laquelle on puisse descendre ainsi, est 20 degrés ; au delà de cette limite, l'animal meurt par suite d'une réfrigération trop énergique qui lui rend impossible l'exercice des fonctions vitales.

Nous avons donc un véritable animal à sang froid, qui nous permettra de répéter les expériences que nous avons dû faire jusqu'ici sur des grenouilles. — Nous préparons un muscle de la cuisse, avec lequel nous pouvons reproduire ainsi tous les résultats obtenus précédemment sur les muscles de grenouille. En ouvrant le thorax, on voit le cœur qui continue à battre (*il battait encore à la fin de la leçon*), tandis que chez un lapin tué à l'état ordinaire, le cœur cesse de battre quelques minutes après la mort. En électrisant le nerf pneumogastrique, on suspend aussitôt ces mouvements du cœur. Voici une grenouille dont le cœur est également mis à découvert, et l'on voit que l'électrisation du nerf pneumogastrique y arrête aussi les contractions du cœur. Enfin, voici un lapin à l'état ordinaire chez lequel on a lié un des nerfs pneumogastriques — un seul suffit presque toujours — de manière à pouvoir l'électriser ; puis on a placé l'aiguille qui indique par ses oscillations les mouvements du cœur, et l'on constate facilement qu'ils s'arrêtent pendant que le nerf pneumogas-

trique est excité par l'électricité. Ainsi donc — et
c'est là surtout ce que nous voulions prouver — on
peut répéter sur un lapin à sang froid toutes les expériences que nous avons faites sur les grenouilles,
et les résultats que nous avons obtenus sont véritablement d'une application générale, puisque nous
pouvons les constater sur les animaux supérieurs
toutes les fois que nous nous mettons dans des conditions convenables pour pouvoir observer le jeu des
fonctions vitales dans des conditions identiques chez
ces animaux.

DIX-SEPTIÈME LEÇON.

IRRITATION ÉLECTRIQUE DES NERFS.
ÉLECTRICITÉ NERVEUSE.

24 mai 1864.

SOMMAIRE. — L'irritation électrique du nerf moteur exige un changement rapide dans son état électrique. — Effets des divers courants sur les nerfs ; — courant ascendant, courant descendant. — Lois de Ritter : six périodes. — Lois de Nobili : quatre périodes. — Valeur et signification de ces lois. — Classification des effets de l'électricité d'après les différences d'intensité des courants. — Sensibilité des nerfs à l'irritant électrique. — Expérience de la patte galvanoscopique. — Courants électriques propres des nerfs. — Électrotonisme. — Contraction paradoxale.

Les expériences que nous avons faites sur divers animaux dans la dernière leçon ont mis complétement hors de doute que les propriétés physiologiques du nerf moteur se manifestent dans le muscle, soit en le faisant contracter, comme cela a lieu d'ordinaire, soit en suspendant la contraction, comme on peut l'observer aussi fort souvent; et nous avons montré que les deux cas ne présentaient point de différence essentielle.

La première condition pour que le nerf moteur soit irrité, c'est que le changement d'état électrique soit rapide. On pourrait, sans rien produire, y faire passer un courant, d'abord extrêmement faible, qui monterait graduellement jusqu'à devenir très-intense. Il faut un effet brusque amenant un changement brusque. Le nerf moteur est donc un excellent galvanomètre, et un galvanomètre très-sensible, pour indiquer les changements brusques de direction ou d'intensité, quoique les courants soient très-faibles. Nous pouvons donner facilement des exemples de cette extrême sensibilité.

Prenons d'abord un nerf de grenouille en conservant le muscle M auquel il aboutit (fig. 54); puis replions ce nerf sur lui-même, de manière à former une anse complétement fermée en A par le contact des deux parties du nerf. Nous appliquons maintenant à l'extrémité libre B de ce nerf un courant électrique faible qui produit une contraction au moment où il commence à passer; mais ensuite il ne se manifeste plus aucun phénomène, parce que, tant que le courant passe d'une manière régulière, c'est un état physique constant qui est incompatible avec toute irritation du nerf. Seulement, si nous écartons les deux branches de l'anse de façon qu'elles ne se touchent plus, il se produit une contraction dans le muscle au

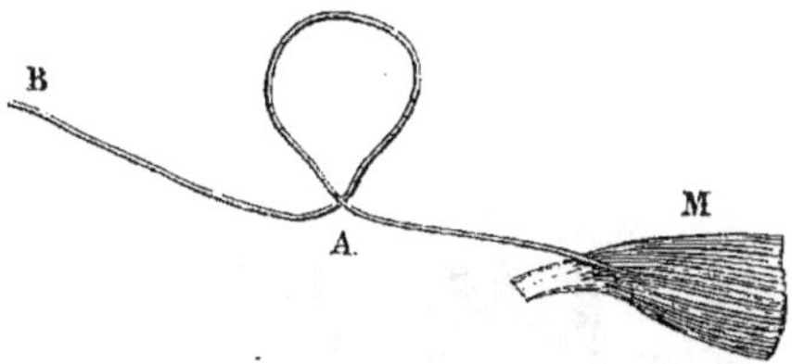

Fig. 54. — Expérience pour montrer la sensibilité du nerf moteur aux changements d'état électrique.

moment précis où s'opère cet écartement. C'est qu'en effet le courant jusque-là ne passait pas dans l'anse; et maintenant, comme les deux branches sont écartées, il est obligé d'y passer, ce qui fait que le circuit est un peu plus étendu, et, par suite, la résistance brusquement augmentée, bien que dans des proportions souvent très-minimes. Quand on rétablit l'anse en rapprochant les deux branches, il y a encore une contraction; c'est absolument la même chose que tout à l'heure : la résistance est diminuée avec l'étendue du circuit à parcourir, et dans un cas comme dans l'autre, il y a changement électrique. Ce changement, bien qu'opéré sur des courants très-faibles, suffit néanmoins à produire une contraction.

Il en est de même d'une autre expérience dont

nous avons déjà parlé plus haut (1), celle de la *contraction métallique* (fig. 55). Voici comment elle

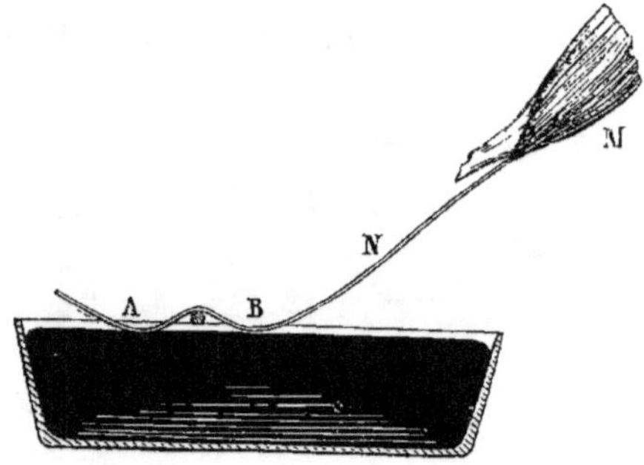

Fig. 55. — Contraction métallique.

M. Muscle. — N. Nerf. — A et B. Les deux points de contact du nerf avec la surface mercurielle ; et entre eux deux le corps isolant qui empêche le contact.

fait : on dispose un long nerf encore pourvu de son muscle au-dessus d'une surface mercurielle; on fait toucher cette surface mercurielle par l'extrémité libre A du nerf; puis on lui fait former une anse au-dessus d'un petit corps isolant, tel qu'un morceau de bois ou de verre, de manière que le nerf vienne toucher le mercure en un autre point B de son trajet. Au moment de ce second contact il se produit une contraction énergique dans le muscle; ce qui provient de ce que le courant électrique propre au nerf se transmet plus facilement par le mercure qui est meilleur conducteur et change par

(1) Voyez la onzième leçon, page 209.

conséquent d'une manière brusque l'état électrique du nerf.

Les effets électriques variés qu'on obtient sur les nerfs ont été rattachés à des lois déjà découvertes au siècle dernier et connues sous le nom de *lois de Ritter*, du nom de celui qui les démontra. — Le sens du courant dans le nerf est déterminé, suivant les conventions ordinaires, en le considérant comme allant du pôle positif au pôle négatif, c'est-à-dire du pôle cuivre au pôle zinc. On appelle *courant descendant* ou *direct*, celui qui se dirige vers le muscle, et *courant ascendant* ou *inverse*, celui qui s'en éloigne ; on admet qu'ils produisent chacun des effets différents soit au moment où ils s'établissent par la fermeture du circuit, soit à celui où ils cessent par l'ouverture de ce même circuit. Enfin, on distingue six périodes dans les phénomènes qui se produisent entre la séparation du muscle du reste de l'organisme et sa mort définitive. Avouons, du reste, tout de suite que ces lois n'ont pas, à beaucoup près, l'importance qu'on a voulu leur donner autrefois. Voici le tableau dans lequel elles peuvent se résumer :

LOIS DE RITTER.

PREMIÈRE PÉRIODE.

Courant ascendant.

Fermeture du circuit........... Contraction.
Ouverture................... §Rien.

Courant descendant.

Fermeture du circuit, ... Rien.
Ouverture. . . . . Contraction.

DEUXIÈME PÉRIODE.

Courant ascendant.

Fermeture du circuit . . . . Contraction.
Ouverture. . . . . Contraction faible.

Courant descendant.

Fermeture du circuit . . . . Contraction faible.
Ouverture. . . . . Contraction.

TROISIÈME PÉRIODE.

Courant ascendant.

Fermeture du circuit . . . . Contraction.
Ouverture. . . . . Contraction.

Courant descendant.

Fermeture du circuit . . . . Contraction.
Ouverture. . . . . Contraction.

QUATRIÈME PÉRIODE.

Courant ascendant.

Fermeture du circuit . . . . Contraction faible.
Ouverture. . . . . Contraction.

Courant descendant.

Fermeture du circuit . . . . Contraction.
Ouverture. . . . . Contraction faible.

CINQUIÈME PÉRIODE.

Courant ascendant.

Fermeture du circuit . . . . Rien.
Ouverture. . . . . Contraction.

Courant descendant.

Fermeture du circuit . . . .   Contraction.
Ouverture. . . . .   Rien.

SIXIÈME PÉRIODE.

Courant ascendant.

Fermeture du circuit . . . .   Rien.
Ouverture. . . . .   Rien.

Courant descendant.

Fermeture du circuit . . . .   Contraction faible.
Ouverture. . . . .   Rien.

Nobili est venu donner une classification des mêmes phénomènes qui correspond exactement à celle que nous venons de reproduire. Il n'admet cependant que quatre périodes, parce qu'il supprime les deux premières périodes de Ritter ; mais ces quatre périodes sont purement et simplement les quatre dernières de Ritter sans aucune modification.

Mais il ne suffit pas d'indiquer des périodes dans l'excitabilité électrique, il faut encore les rattacher à quelque chose. Ces périodes tiennent à des propriétés particulières que prend le nerf au moment de perdre toute fonction vitale. En mourant, le nerf moteur devient plus irritable qu'il ne l'était pendant la vie, et cela pour toute espèce d'irritant, l'électricité, les poisons, etc. Ainsi, prenons une grenouille et séparons du centre un de ses nerfs moteurs : si, au bout de quelque temps, nous le soumettons à l'action du curare, il sera facile de voir qu'il s'empoisonne beaucoup plus vite que les nerfs encore réunis à la moelle épinière.

Ainsi que nous venons de le dire, tout cela tient à l'état d'agonie et de mort du nerf moteur. Il n'en est plus du tout de même quand on opère sur un nerf entier qui tient encore à la moelle épinière. Cependant, en électrisant un nerf moteur à l'état normal, on peut encore obtenir des phénomènes qui varient suivant les cas; mais ces variations seront dues à la force plus ou moins grande des courants. — Voici une classification de ces phénomènes électriques fondée uniquement sur les différences d'intensité des courants :

COURANT FAIBLE.

Courant ascendant.

Fermeture du circuit......... Contraction.
Ouverture................. Rien.

Courant descendant

Fermeture du circuit......... Contraction.
Ouverture................. Rien.

COURANT MOYEN.

Courant ascendant.

Fermeture du circuit......... Contraction.
Ouverture................. Contraction.

Courant descendant.

Fermeture du circuit......... Contraction.
Ouverture................. Contraction.

COURANT FORT.

Courant ascendant.

Fermeture du circuit......... Rien.
Ouverture................... Contraction.

Courant descendant.

Fermeture du circuit......... Contraction.
Ouverture................... Rien.

On obtient donc toutes ces variations sur un même nerf en modifiant la force du courant, ce qui prouve que tous les changements observés par Ritter tiennent uniquement aux variations d'intensité du courant, sinon à des variations absolues, du moins à des variations relatives à l'excitabilité du nerf moteur et à son irritabilité plus ou moins grande. En effet, que le courant soit plus fort ou que le nerf devienne plus irritable, c'est toujours la même chose quant à l'effet produit. Il faut donc distinguer l'état physiologique du nerf moteur et son état anormal qui survient quand il meurt.

Si nous prenons un courant faible, soit en lui-même, soit relativement à la résistance qu'il rencontre dans le nerf moteur, nous aurons toujours, qu'il soit ascendant ou descendant, une contraction à la fermeture du circuit, et rien à l'ouverture. En prenant des courants plus forts, on produit des phénomènes différents, mais qui tiennent à des électro-ysations particulières, à des actions physiques diverses. Il ne faut jamais employer ces courants trop

forts qui sortent des conditions physiologiques ordinaires, car les courants physiologiques sont toujours faibles à l'état normal. Ces expériences de
Ritter, dont nous avons donné les résultats, sont
cependant bonnes à conserver, comme représentant
des phénomènes très réels et qui correspondent à des
faits qu'on pourrait retrouver peut-être dans certains
états pathologiques.

L'électricité est donc un irritant commun du nerf
moteur et du muscle : mais le nerf y est bien plus
sensible ; un courant très-faible lui suffit, tandis
qu'il faut pour le muscle un courant bien plus fort.
Ainsi, prenons un courant d'une intensité suffisante,
et faisons-le passer à travers le muscle sans qu'il
atteigne le nerf : en diminuant de plus en plus l'intensité de ce courant, on finira par ne plus obtenir
de contraction ; au contraire, en le portant alors sur
le nerf, on aura tout de suite une contraction très-
marquée. Quand un courant électrique traverse la
masse du corps, il peut produire des contractions
tout à la fois en excitant directement les muscles,
et en excitant les nerfs moteurs qui excitent à leur
tour les muscles. C'est ce qui a fait dire qu'il y avait
un lieu d'élection pour l'action de l'électricité. Ce
lieu, c'est l'entrée du nerf dans le muscle, parce qu'en
portant là l'action électrique on excite à la fois le
nerf et le muscle. De même, quand on n'obtient
aucun résultat en faisant passer un certain courant
électrique à travers un muscle encore pourvu de

son nerf moteur, mais disposé de telle sorte que ce nerf soit placé sur son prolongement, on obtiendra presque toujours une contraction en repliant le nerf sur le muscle, parce qu'alors l'irritation électrique s'étendra également aux nerfs. Tous ces faits montrent clairement que le nerf moteur est bien plus excitable que le muscle par l'électricité.

Voici une autre expérience. On prend un muscle sur lequel on fait une section presque complète, et l'on écarte un peu les deux lèvres de la plaie musculaire. — Nous avons déjà dit, en parlant de l'électricité musculaire, que l'extérieur du muscle est électrisé positivement, tandis que l'intérieur est électrisé négativement. — Puis on prépare un second muscle, — ordinairement le muscle du mollet, — en lui conservant son nerf, et au moyen de ce nerf nous réunissons la surface extérieure du premier muscle avec l'intérieur de la coupe que nous y avons pratiquée. Comme l'une est électrisée positivement et l'autre négativement, il doit nécessairement se produire un courant dans le nerf, et, par suite de cette excitation, une contraction dans le muscle auquel il aboutit. L'expérience de la *patte galvanoscopique* se fait ordinairement sur des muscles de grenouille, mais on peut parfaitement la répéter sur les muscles du lapin à sang froid que nous vous avons montré précédemment.

Les nerfs moteurs ont, comme les muscles, des cou-

rants électriques propres, qui ont été étudiés d'une
manière toute particulière par M. du Bois-Reymond
à l'aide de l'appareil que nous avons déjà décrit plus
haut en parlant de l'électricité musculaire (fig. 56). Le

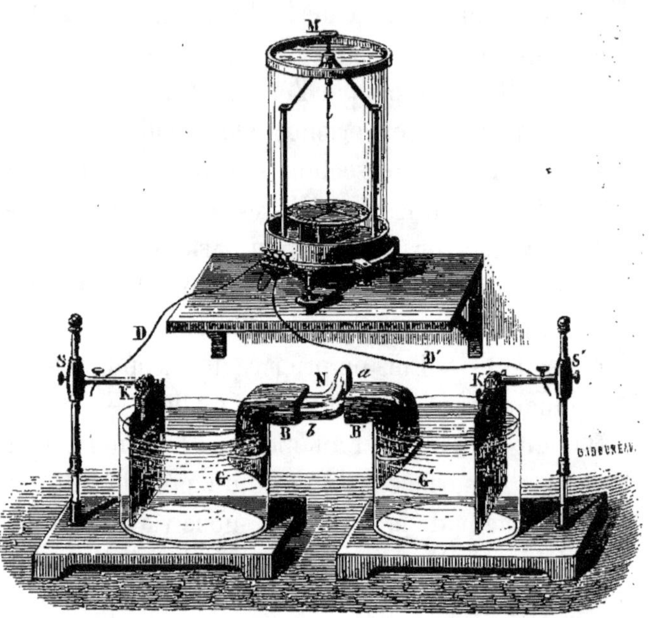

Fig. 56. — Appareil de M. du Bois-Reymond pour l'étude
des propriétés électriques des muscles et des nerfs.

N. Muscle placé entre les deux coussinets (la figure représente un muscle;
mais on peut supposer également un nerf placé dans la même position). — G G'. Vases de verre contenant une dissolution de sulfate de
zinc. — P P'. Lames de zinc amalgamé communiquant en K avec les
fils D D' du galvanomètre. — S S'. Supports isolants. — M. Galvanomètre.

nert est électrisé positivement à la surface et négativement à l'intérieur, absolument comme le muscle à

l'état normal. Mais ces phénomènes ne se conservent aussi sous cette forme dans le nerf moteur que tant qu'il reste à son état ordinaire. S'il se trouve dans des conditions anormales, son état électrique change complétement ; il prend, pendant la contraction du muscle, un état électrique qui lui est propre, et auquel M. du Bois-Reymond a donné le nom d'*électrotonisme*. La coïncidence de cet état particulier avec la contraction musculaire pourrait faire croire qu'il serait la cause de l'influence nerveuse : il se produirait alors dans le nerf un état électrique tout spécial qui modifierait par influence l'état électrique du muscle, et, par suite, produirait son irritation. Tel serait le mécanisme de l'influence nerveuse et de la contraction musculaire.

Terminons en disant quelques mots de ce qu'on a souvent appelé la *contraction paradoxale*. Je suppose qu'on prépare une patte de grenouille, en lui conservant son nerf aussi long que possible. Si l'on irrite avec l'électricité l'extrémité libre du nerf, après avoir pratiqué une section vers le milieu de sa longueur, on n'obtiendra évidemment rien dans le muscle, puisque l'influence nerveuse ne peut plus se transmettre jusqu'à lui. Mais si l'on replace les deux bouts l'un sur l'autre, on produira alors une contraction marquée. Comment cela peut-il se faire, puisque la section complète du nerf doit arrêter toute influence physiologique qui le parcourt? Voici l'explication de ce singulier phénomène. Sous l'influence de l'irritation électrique, il se produit, à l'extrémité excitée du bout du nerf détaché, un état électrotonique que nous pourrions constater à l'extrémité opposée de ce bout en y plaçant un galvanomètre. Mais la partie du nerf restée fixée au muscle, que nous avons mise précisément en cet endroit, joue absolument le même rôle et reçoit le courant électrique comme le ferait le galvanomètre le plus sensible : elle se trouve donc excitée à son tour, et il n'est pas étonnant dès lors qu'elle fasse contracter le muscle avec lequel elle est toujours en rapport.

Ainsi, l'électricité joue un grand rôle dans le nerf moteur comme dans le muscle, et il n'est pas impossible que l'influence mutuelle de ces deux éléments anatomiques l'un sur l'autre ne puisse se ramener dans une certaine mesure à des phénomènes électriques.

Le nerf moteur que nous venons d'étudier est l'irritant naturel du muscle ; mais il a lui-même un irritant normal d'une grande importance, c'est le nerf de sensibilité dont nous commencerons l'étude dans la prochaine séance.

DIX-HUITIÈME LEÇON.

DES NERFS SENSITIFS.

31 mai 1864.

SOMMAIRE. — Irritations successives aboutissant à la production d'un mouvement. — Le nerf sensitif excitant du nerf moteur. — Structure des nerfs sensitifs. — Ganglion intervertébral. — Terminaisons périphériques des nerfs sensitifs. — Rapports des nerfs sensitifs avec la moelle épinière.

Nous avons étudié jusqu'ici la fibre musculaire contractile et le nerf moteur sous l'influence duquel cette fibre musculaire entre en contraction. Le nerf de sensibilité arrive maintenant comme l'irritant naturel du nerf moteur.

En effet, la substance contractile, sous ses différentes formes, constitue l'élément moteur. Il faut seulement une cause déterminante, une condition irritative quelconque pour que ce mouvement prenne naissance, c'est-à-dire une cause d'action extérieure au tissu contractile qui mette en jeu ses propriétés. Le nerf moteur s'est présenté chez les animaux supérieurs comme un perfectionnement du système musculaire, c'est-à-dire comme un excitant physiologique qui rend plus précise, plus rapide et plus puissante l'irritation de la fibre musculaire. Le nerf moteur ne s'explique que par les muscles sur lesquels il est destiné à agir, et on ne le concevrait plus à l'état d'isolement. Mais le nerf moteur, à son tour, comme toute matière vivante, est soumis à la même condition que le muscle : il lui faut un excitant normal. On ne le comprendrait donc pas davantage en le séparant du nerf de sensibilité, qui motive son influence sur le muscle et la coordonne, en raison des circonstances ambiantes, pour protéger, défendre ou nourrir l'être vivant. Du reste, à titre d'excitant du nerf moteur, le nerf de sensibilité forme un élément distinct, comme nous l'avons démontré précédemment.

Le nerf moteur, ainsi que nous l'avons dit, est terminé d'un côté dans le muscle qu'il influence, de l'autre dans la moelle épinière, d'où lui vient son irritation. Le nerf de sensibilité est aussi terminé par l'une de ses extrémités dans la moelle épinière, et par l'autre dans des organes périphériques de sensibilité générale ou spéciale. Près de son origine dans la moelle, il porte un renflement nerveux nommé *ganglion intervertébral* (fig. 57), parce qu'il se trouve justement placé dans le trou de conjugaison.

Les cellules servant de point de départ aux racines

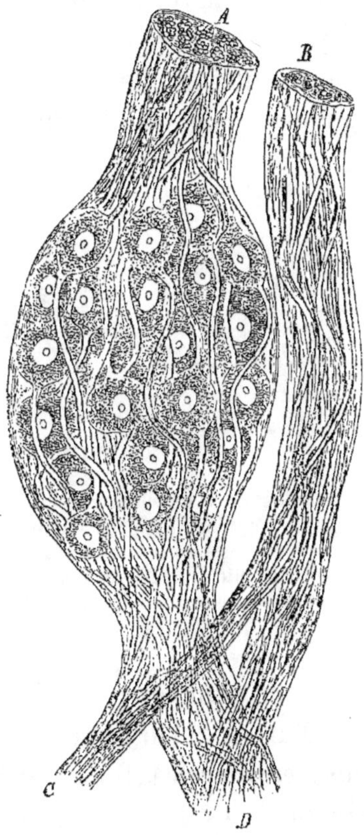

Fig. 57. — Les deux racines près de leur origine dans la moelle
avec le ganglion intervertébral (d'après Leydig).

A. Racine sensible, et sur elle le ganglion avec les globules ganglionnaires bipolaires. — *B.* La racine motrice. — *C.* Rameau postérieur
du nerf de la moelle. — *D.* Rameau antérieur. (Fort grossissement.)

antérieures et aux racines postérieures sont également situées les unes comme les autres dans la moelle. Mais les cellules motrices, placées à l'origine des racines antérieures, sont généralement plus grosses et de forme quadrangulaire, tandis que les cellules de sensibilité, qui sont à l'origine des racines postérieures, sont plus petites et affectent le plus souvent une forme triangulaire (fig. 58). Les filets nerveux de

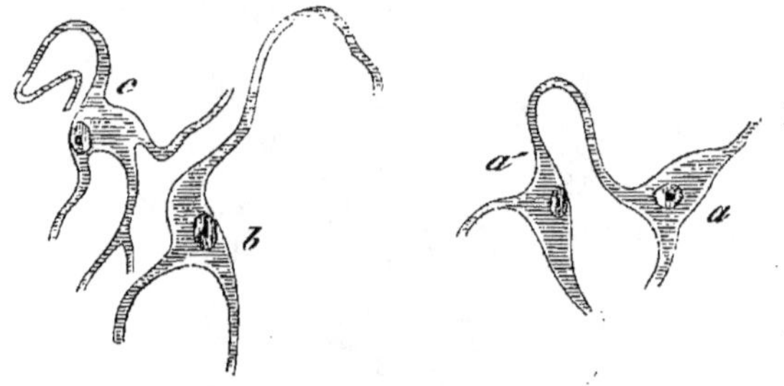

Fig. 58. — Cellules de sensibilité et cellules motrices dans la moelle épinière (d'après Jacubowitch).

a a'. Deux cellules de sensibilité du même côté de la moelle, communiquant entre elles. — *b.* Une autre cellule de sensibilité. — *c.* Cellule motrice.

la sensibilité sont aussi un peu plus minces que ceux du mouvement. Mais ce qui distingue par-dessus tout la fibre nerveuse sensitive de la fibre motrice, au point de vue anatomique, c'est le ganglion intervertébral, dont nous venons de parler, et qui joue le rôle de cellule trophique pour le nerf sensitif. En effet, si l'on coupe le nerf sensitif au delà de ce ganglion, il ne peut plus se nourrir, et son bout périphérique perd plus ou moins rapidement ses propriétés physiologiques.

La constitution anatomique du nerf de sensibilité est la même que celle du nerf de mouvement (voy. p. 244 à 247 et fig. 48 et 49). Il se compose donc de trois parties : au centre, le cylindre-axe, mince filament nerveux, qui est toujours l'élément essentiel, véritable conducteur de l'influence nerveuse ; à l'extérieur, une gaîne protectrice en forme de tube continu, et entre ces deux parties une moelle nerveuse qui remplit le tube et complète la protection du cylindre-axe plongé dans sa masse.

Examinons maintenant les terminaisons nerveuses aux deux extrémités du nerf sensitif, pour nous rendre un compte exact de ses rapports avec les autres éléments histologiques. Voyons d'abord l'extrémité périphérique.

On a cru autrefois que les nerfs de sensiblité se terminaient toujours par des anses. Mais depuis que les études microscopiques se sont développées et que l'on a su obtenir des grossissements bien plus considérables, les opinions anciennes sur ce point ont été facilement renversées, et l'on sait maintenant que les nerfs de sensibilité se terminent dans les organes périphériques par de petites cellules nerveuses, disposées un peu différemment suivant les diverses espèces de nerfs sensitifs.

Dans la peau, les papilles ou corpuscules du tact

ne sont autre chose que des contournements du nerf sur lui-même avec une cellule comme point d'arrêt (fig. 59 et 60). Les nerfs de sensibilité spé-

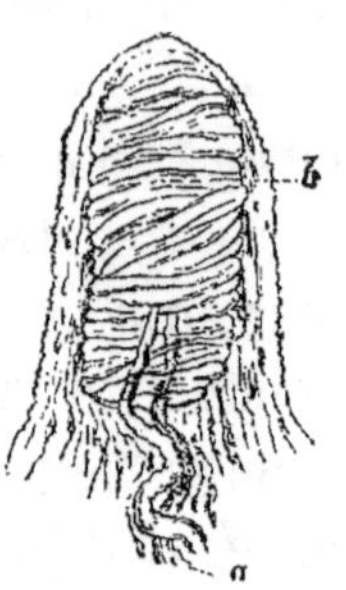

Fig. 59. — Papille nerveuse chez l'homme (d'après Leydig). (Fort grossissement.)

a. Nerf. — *b.* Corpuscule du tact.

Fig. 60. — Deux papilles de la glande du mâle de la grenouille (d'après Leydig).

a. Nerf. — *b.* Corpuscule du tact. (Fort grossissement.)

ciale se terminent aussi par des cellules. D'autres, comme les nerfs latéraux des doigts par exemple, aboutissent dans les corpuscules de Pacini (fig. 61), qui ne sont que des amas de substance cellulaire au milieu desquels se trouve encore une cellule nerveuse. Ainsi, nous voyons partout la terminaison périphérique du nerf sensitif se faire par une cellule, et l'on pourrait, jusqu'à un certain point, justifier l'idée de

Gall, qui supposait une couche cérébrale répandue sur toute la surface du corps.

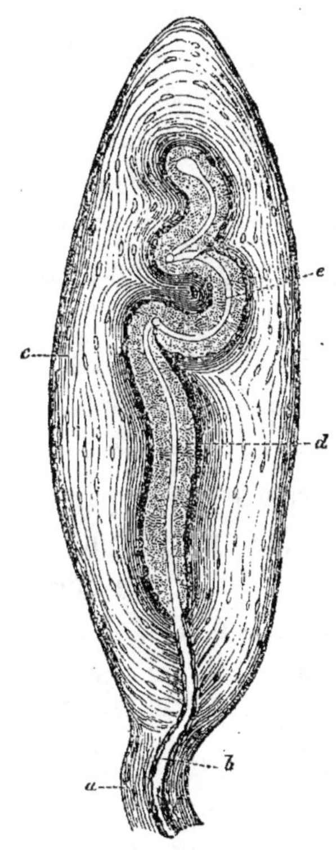

Fig. 64. — Corpuscule de Pacini chez l'homme (d'après Leydig).

a. Pédicule. — *b.* Fibre nerveuse à son entrée. — *c.* Système capsulaire. — *d.* Cordon central (renflement de la fibre). — *e.* Canal intérieur.

En arrivant dans la moelle, la fibre sensitive perd toutes ses propriétés, en ce sens qu'elle se soude à d'autres éléments nerveux.

Pendant longtemps, tous les physiologistes crurent

que la moelle épinière n'était qu'un gros faisceau nerveux formé par la réunion de tous les nerfs. Charles Bell admettait que les faisceaux antérieurs de la moelle épinière donnaient les fibres de mouvement volontaire, et les faisceaux latéraux, les fibres de mouvement involontaire; tandis que les faisceaux postérieurs continuaient les nerfs des racines postérieures.

Müller considérait également la moelle comme un faisceau de nerfs, et il admettait que les fibres nerveuses sensitives se continuaient par les fibres de la moelle épinière, lesquelles se continuaient au cerveau par les fibres motrices de la moelle qui aboutissaient aux racines antérieures d'où partaient les nerfs de mouvement. Ainsi, le système nerveux n'était plus alors qu'une sorte de longue corde, partant des organes périphériques pour y aboutir, en se repliant sur elle-même, et le cerveau que le point où s'opérait ce changement de direction. L'influence nerveuse parcourait donc le circuit d'une seule *fibre continue;* partie de l'extrémité du nerf de sensibilité, ébranlé par une cause extérieure quelconque, la même fibre arrivait en quelque sorte directement dans le muscle pour le faire contracter. Au lieu de cela, il y a une série d'organes nerveux élémentaires transmettant une suite d'irritations successives, comme nous l'exposerons plus tard.

D'après les théories anciennes, les faisceaux antérieurs de la moelle étaient simplement la continuation des racines antérieures et n'avaient aucune sensibilité, non plus que ces racines antérieures elles-mêmes; ils conduisaient exclusivement l'influence motrice, tandis que les faisceaux postérieurs, incapables de transmettre cette influence motrice, étaient en revanche doués de sensibilité au même titre et de la même façon que les racines postérieures et les nerfs sensitifs. Toutes ces idées, déduites en général de l'anatomie, étaient fausses. L'expérimentation fait voir en effet que la moelle épinière n'est pas la simple continuation des nerfs : elle a des éléments distincts jouissant de propriétés toutes spéciales que nous aurons à examiner.

DIX-NEUVIÈME LEÇON.

DE LA MOELLE ÉPINIÈRE.

4 juin 1864.

SOMMAIRE. — La moelle épinière n'est pas la simple continuation des nerfs rachidiens. — Elle n'a ni sensibilité ni faculté locomotrice. — Examen des expériences invoquées en sens contraire. — Des mouvements réflexes; leur nature. — Ils supposent une action des nerfs sensitifs sur les nerfs moteurs. — Travaux de M. Jacubowitch sur la constitution de la moelle épinière. — Cellules nerveuses. — Commissures des cellules sensitives et des cellules motrices. — Substance blanche et substance grise : c'est dans la substance grise qu'est le centre des actions réflexes; la substance blanche est simplement conductrice. — Généralisation des actions sensitives : il n'en est pas de même des actions qui portent sur le système moteur.

Il y a relativement à la physiologie de la moelle épinière un fait aujourd'hui bien établi : c'est que les racines antérieures président à l'influence motrice, et les racines postérieures à la sensibilité. Maintenant on considère surtout la moelle épinière comme un centre nerveux, quoiqu'elle serve aussi à conduire la sensibilité et le mouvement. On trouve tout à la fois dans la moelle épinière de la substance blanche et de la substance grise, et nous verrons que cette dernière, formée de cellules, est caractéristique des centres nerveux, tandis que la substance blanche, formée de fibres, est spécialement conductrice de l'influence nerveuse.

Charles Bell supposait que les faisceaux postérieurs de la moelle épinière, continuant les racines de sensibilité, étaient eux-mêmes très-sensibles, tandis que les faisceaux antérieurs, conducteurs exclusifs de l'influence motrice, ne l'étaient pas du tout. Mais des expériences récentes ont appris que la moelle épinière est insensible, c'est-à-dire indolore, dans toutes ses parties.

Le premier fait à établir, c'est que la moelle épinière n'est pas la continuation des nerfs.

Lorsqu'on met la moelle épinière à découvert sur un animal vivant, on distingue facilement les deux séries de racines, racines postérieures d'un côté, racines antérieures de l'autre. Si nous coupons quelques-unes de ces racines postérieures, nous ne trouverons plus de traces de sensibilité dans les parties où se distribuaient les nerfs ainsi coupés. Les racines postérieures jouissent donc exclusivement de la faculté de transmettre la sensibilité ; on ne peut pas interpréter autrement ces résultats de l'expérience. Mais les propriétés de ces racines se continuent-elles dans les parties correspondantes de la moelle ? voilà ce qu'il faut voir.

Si l'on pique les faisceaux postérieurs de la moelle épinière, une vive sensibilité se manifeste aussitôt par des mouvements précipités et convulsifs, indices non équivoques de la douleur. Au contraire, si nous irritons les faisceaux antérieurs, nous obtiendrons seulement des mouvements modérés, sans manifestation de souffrance chez l'animal. Cela semble donc bien, au premier abord, justifier la théorie de Charles Bell. Mais, quoique les faits soient exacts en eux-mêmes, les expériences étaient mal interprétées, et elles ne prouvent pas du tout ce qu'elles avaient la prétention d'établir. En effet, les racines postérieures pénètrent dans la moelle épinière par des filets qui s'étalent plus ou moins et se terminent chacun dans une cellule, laquelle ne jouit plus des mêmes propriétés, et constitue un élément histologique différent. Mais jusqu'à cette cellule, origine véritable du nerf sensitif, toutes ces propriétés persistent. Or, en piquant ou en irritant la moelle épinière d'une manière quelconque, on irrite en même temps ces filets nerveux des racines postérieures, et l'on attribue à l'une ce qui ne convient qu'aux autres. Cette confusion arrive toujours quand on opère sur des animaux chez lesquels les racines postérieures sont fort rapprochées les unes des autres, par exemple des lapins, et aussi des chiens. Mais si nous prenons le cheval pour sujet de nos expériences, comme les racines postérieures sont beaucoup plus espacées, nous pourrons alors, en ayant soin de nous placer exactement entre deux racines consécutives, éviter cette cause d'erreur. La piqûre ainsi faite dans la moelle épinière n'atteindra plus que la moelle seule, et les filets des racines postérieures restés à l'abri de toute blessure ne viendront plus troubler l'expérience par des phénomènes étrangers. En opérant ainsi, on ne trouve plus de sensibilité dans la moelle épinière, comme quand on pique non loin de l'origine des racines postérieures.

On pourrait arriver au même résultat en prenant des animaux qui survivent assez longtemps à la section des racines postérieures, par exemple des grenouilles. On coupe les racines postérieures à leur entrée dans la moelle, ne pouvant les couper plus avant, et l'on détache ainsi le ganglion intervertébral, qui est, nous l'avons dit, la cellule trophique du nerf sensitif. Les filets des racines postérieures restés engagés dans la moelle ne peuvent donc plus se nourrir, et dépérissent au bout de quelques jours. Quand ce dépérissement s'est propagé jusqu'à la cellule, origine des racines postérieures, on peut piquer la moelle et l'irriter d'une manière quelconque, sans obtenir le moindre indice de douleur, car on ne rencontre plus de filets nerveux sensitifs que les blessures faites à la moelle épinière puissent atteindre en même temps qu'elle. L'insensibilité de la moelle épinière est donc un fait établi par les expériences et tout à fait incontestable.

Ainsi, c'était une erreur de croire que les propriétés des racines postérieures se continuaient dans les faisceaux correspondants de la moelle épinière. Cette opinion de la continuité des racines et de la moelle aura-t-elle plus de force pour ce qui concerne les racines antérieures, et devrons-nous admettre que les propriétés motrices de ces racines persistent dans les faisceaux antérieurs de la moelle? En aucune façon. L'expérience va également la condamner.

Cependant, en irritant les faisceaux antérieurs de la moelle, on peut obtenir des mouvements très-nets. Mais ces résultats, vrais comme faits bruts, sont entachés de la même erreur d'interprétation que les expériences relatives aux faisceaux postérieurs. Ici encore on a commis une confusion dans l'interprétation des phénomènes. S'il se manifeste des mouvements, c'est qu'en piquant la moelle épinière, on a piqué en même temps les filets des racines antérieures, qui ont produit des mouvements directs, ou bien des filets sensitifs qui, sous l'influence de cette irritation, ont produit des mouvements réflexes, et l'on a pris ces mouvements réflexes pour des mouvements directs. Voilà d'où vient l'erreur. Van Deen a insisté sur les causes de tous ces phénomènes. Il a prouvé la distinction complète des nerfs et de la moelle épinière, au point de vue des propriétés physiologiques. En effet, si l'on dépouille une partie de la moelle de toutes ses racines, tant antérieures que postérieures, on peut l'irriter d'une manière quelconque, y faire passer des courants électriques, la brûler au fer rouge, la pincer, la piquer, la contondre, sans produire le moindre résultat. La moelle épinière, en elle-même, est donc insensible à toutes les influences irritantes, autres que celles qu'elle rencontre dans l'organisme et qui sont constituées par les excitations physiologiques des nerfs sensitifs et moteurs.

Nous avons maintenant à parler de phénomènes qui s'accomplissent en partie dans la moelle épinière, et qui nous donneront de nouvelles connaissances sur son rôle dans l'organisme et sa constitution anatomique. ce sont les mouvements réflexes, auxquels nous venons de faire allusion tout à l'heure, et qui ne sont en quelque sorte que la transformation de la force nerveuse sensitive en force nerveuse motrice.

Voici une grenouille réduite à l'état d'automate, car on lui a rendu impossible tout mouvement volontaire en interrompant la communication entre le

cerveau et les nerfs : la tête est complétement sépa-
rée du corps. Cependant, si l'on pince cette grenouille à une de ses pattes postérieures, elle remue
vivement la patte lésée, puis l'autre, et même le reste
du corps. Ce phénomène ne peut pas se produire par
suite de la sensation de douleur qui déterminerait
un mouvement volontaire, puisque toutes les communications avec le cerveau, organe indispensable
de la volonté, ont été coupées d'une manière définitive par la séparation de la tête. Ces mouvements,
qu'on ne peut rapporter à une cause volontaire, ont
été appelés *mouvements réflexes*, parce qu'on a comparé cette action à celle de la lumière qui se réfléchit
sur un miroir. En effet, ces mouvements peuvent
être considérés comme se réfléchissant sur la moelle
épinière. Cherchons donc par quel mécanisme ils
peuvent se produire.

Nous avons déjà dit que le nerf moteur et le nerf
sensitif constituaient deux éléments histologiques
distincts. En effet, de même que nous avons des poisons qui atteignent mortellement les muscles sans
toucher aux nerfs, de même aussi nous en avons qui
tuent les nerfs moteurs sans léser les muscles ni les
nerfs sensitifs (curare). Mais comme l'élément sensitif domine les autres, son irritation ou sa mort se
manifesteront jusque dans le système musculaire,
c'est-à-dire sur tous les éléments histologiques qui
lui sont inférieurs dans la chaîne des influences successives aboutissant à la contraction musculaire. C'est

là ce qui pourrait induire en erreur sur la cause de certains phénomènes de mouvement, car ces phénomènes peuvent également dériver de plusieurs origines fort diverses.

Les mouvements réflexes ne peuvent s'expliquer que par une action du nerf de sensibilité sur le nerf moteur sans passer par le cerveau, ce qui implique des connexions anatomiques entre les deux espèces de nerfs. Ces connexions ne peuvent évidemment exister que dans la moelle épinière où les nerfs sensitifs et les nerfs moteurs ont leur commune origine. C'est là, en effet, que nous allons les trouver.

M. Jacubowitch a fait un travail considérable sur la constitution anatomique de la moelle épinière; il s'est occupé principalement des cellules qui servent de point de départ aux différents nerfs, ainsi que des rapports que ces cellules ont entre elles, et il a donné divers tableaux qui représentent, d'après les nombreuses observations qu'il a faites, l'aspect de ces cellules, ainsi que de leurs connexions nerveuses, avec un grossissement considérable.

On a distingué d'abord dans la moelle épinière les cellules et les fibres. Puis on admit plusieurs espèces de cellules, d'après le nombre de leurs connexions : les cellules *apolaires,* qui sont complétement isolées, n'étant réunies à aucune autre par des fibres nerveuses; les cellules *unipolaires,* qui n'émettent qu'une seule fibre, et par conséquent n'ont qu'une seule connexion avec d'autres cellules (fig. 62); les

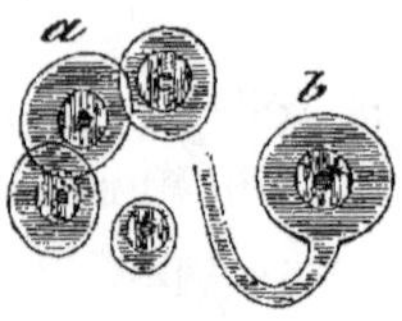

Fig. 62. — Cellules apolaires et unipolaires (d'après Jacubowitch).

a. Cellules apolaires. — *b.* Cellule unipolaire.

cellules *bipolaires*, qui ont deux fibres, et par suite deux connexions (fig. 63); enfin les cellules *multipo-*

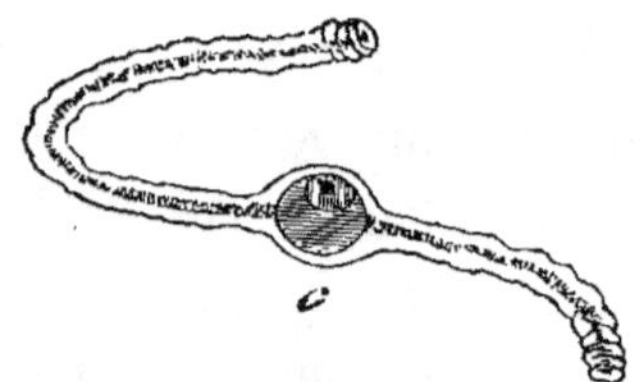

Fig. 63. — Cellules bipolaires (d'après Jacubowitch).

c. Une cellule bipolaire avec ses deux filets nerveux.

laires (fig. 64 et 65), qui ont un nombre de connexions plus considérable, et servent de point de départ à une quantité quelquefois fort grande de fibres nerveuses. Beaucoup d'anatomistes contestent aujourd'hui l'existence de cellules apolaires et unipolaires; mais ce point n'est pas encore parfaitement éclairci à cause des difficultés considérables que présentent

des dissections minutieuses dans la moelle épinière et
sur des organes aussi délicats. La composition ana-

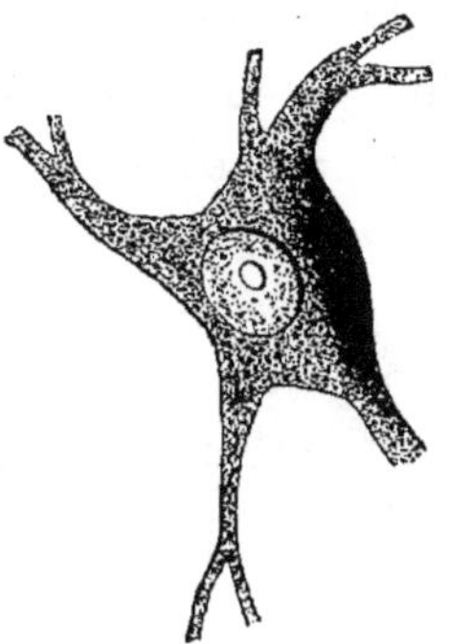

Fig. 64. — Cellule ganglionnaire multipolaire (d'après Leydig).
(Fort grossissement)

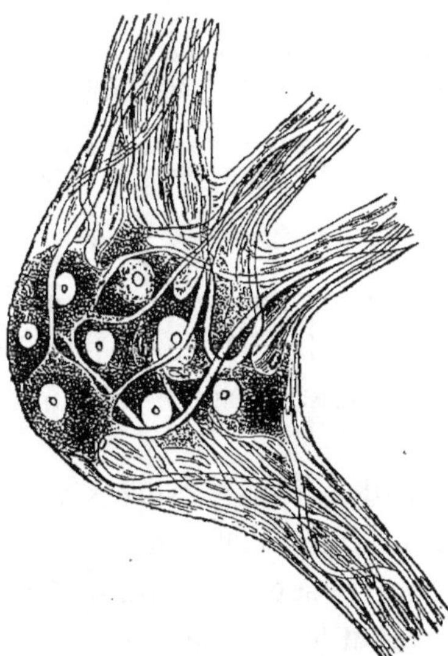

Fig. 65. — Un ganglion sympathique avec cellules multipolaires
(d'après Leydig). (Fort grossissement.

tomique des cellules de la moelle est d'ailleurs celle de toutes les autres cellules nerveuses, telle que nous l'avons indiquée déjà. Les cellules motrices sont généralement plus grandes que les cellules sensitives (fig. 66). Il y a aussi des cellules se rattachant

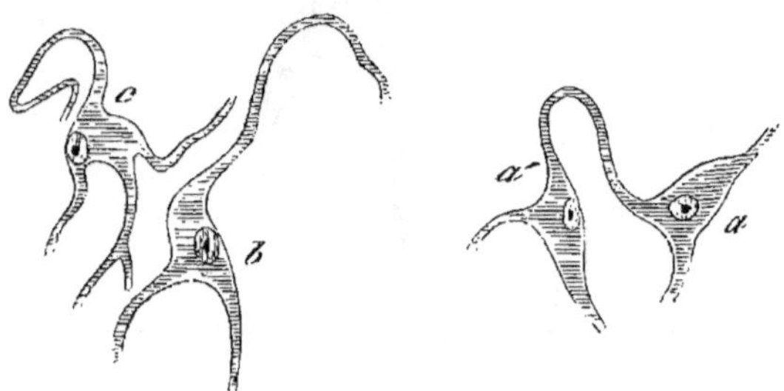

Fig. 66. — Cellules de sentiment et cellules de mouvement dans la moelle épinière (d'après Jacubowitch).

a a'. Deux cellules de sentiment du même côté de la moelle, communiquant entre elles. — *b*. Une autre cellule de sentiment. — *c*. Cellule de mouvement.

au système du grand sympathique et qu'il faut mettre à part (voy. plus loin fig. 71, p. 315). M. Jacubowitch les considère comme l'origine des différents nerfs de ce système.

La disposition des diverses espèces de cellules dans la moelle est du reste fort compliquée. Mais il faut bien admettre qu'il y a des communications entre les cellules sensitives et les cellules motrices, à moins de supposer que dans les mouvements réflexes, l'action nerveuse se communique, non par continuité, mais par contiguïté; ce qui, à part toute expérience ou observation anatomique, ne paraît guère vraisemblable. En effet, nous trouvons des commissures nombreuses réunissant les cellules sensitives avec les cellules motrices (fig. 67), et les réunissant tout d'a-

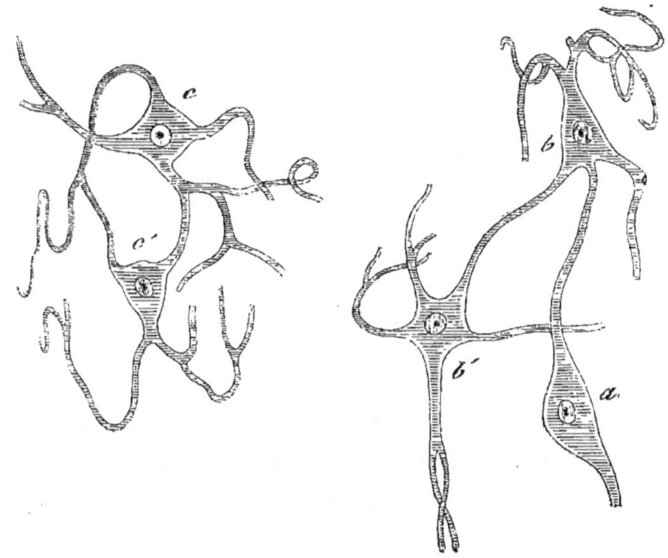

Fig. 67. — Communications des cellules de sentiment et des cellules de mouvement dans la moelle épinière (d'après Jacubowitch).

a. Cellule sympathique communiquant avec une cellule de mouvement *b.* — *b b'.* Deux cellules de mouvement du même côté de la moelle, communiquant entre elles par un seul filet. — *c c'.* Cellules de mouvement communiquant entre elles par plusieurs filets.

bord étage par étage dans une même moitié de la moelle, de telle sorte que la racine postérieure (sensitive) et la racine antérieure (motrice), qui se correspondent d'un même côté, se réunissent dans l'intérieur de la moelle par une fibre qui joint leurs cellules.

D'autres fibres mettent cette paire de racines en communication avec la paire qui lui fait face, à la même hauteur, du côté opposé de la moelle (fig. 68).

Fig. 68. — Commissures des cellules d'un côté à l'autre de la moelle épinière (d'après Jacubowitch).

Enfin, un autre système de fibres nerveuses met en communication chaque étage de racines, ou, si l'on veut, de cellules, avec l'étage inférieur et l'étage supérieur (fig. 69).

Des deux espèces de substance nerveuse qu'on distingue dans la moelle épinière, la substance blanche et la substance grise, c'est la dernière qui est le siége des mouvements réflexes. Tous les filets nerveux arrivant à la moelle se terminent dans des cellules qui, par leur réunion, composent la substance grise. La moelle peut donc être considérée comme une colonne de substance grise entourée de fibres ou de substance blanche, simplement conductrice des actions nerveuses. Tous les filets des nerfs rachidiens arrivent ainsi dans les cornes de la sub-

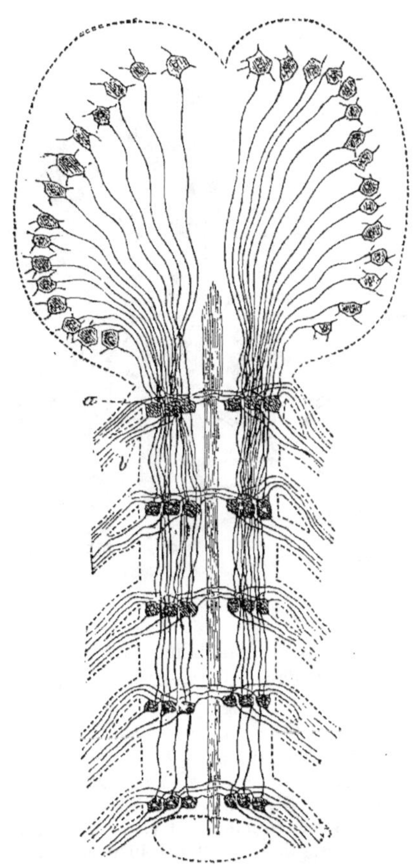

Fig. 69. — Schéma expliquant le trajet des fibres dans la moelle épinière (d'après Leydig).

a. Racine antérieure. — *b*. Racine postérieure. — On voit comment toujours une fibre sensible et une fibre motrice concourent dans une cellule ganglionnaire de laquelle partent une fibre qui monte au cerveau et une autre fibre commissurale qui va à l'autre moitié de la moelle.

stance grise, et se terminent, suivant les cas, aux cellules sensitives ou aux cellules motrices (fig. 70).

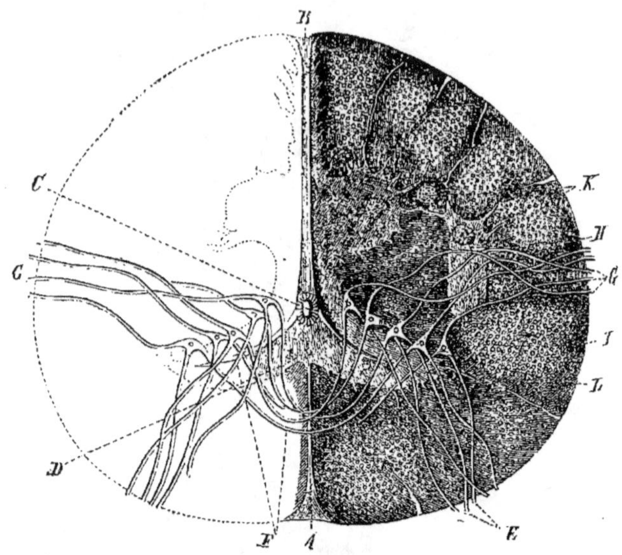

Fig. 70.—Coupe transversale de la moelle épinière du *Salmo salar*, d'après Owsjannikow.

A. Sillon médullaire antérieur. — *B*. Sillon postérieur. — *C*. Canal central revêtu d'un épithélium. — *D*. Tissu conjonctif qui entoure le canal central et envoie des prolongements dans les sillons antérieur et postérieur. — *E*. Racine antérieure. — *F*. Fibres commissurales. — *G*. Fibres de la racine postérieure. — *H*. Tissu conjonctif. — *I*. Fibres nerveuses de la substance blanche, coupées transversalement. — *K*. Vaisseaux sanguins coupés transversalement. — *L*. Cellules ganglionnaires.

Le long de ces cornes, on trouverait, suivant M. Jacubowitch, une troisième espèce de cellules où aboutissent les filets nerveux émanés du grand sympathique (fig. 71). La substance blanche qui entoure la substance grise est formée de filets qui sont, en outre, en rapport avec les cellules cérébrales.

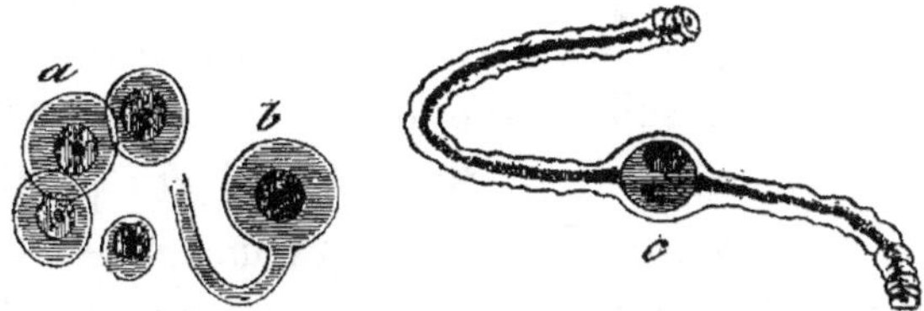

Fig. 71. — Cellules du grand sympathique dans la moelle épinière
(d'après Jacubowitch).

a, Cellules apolaires. — *b*. Cellule unipolaire. — *c*. Cellule bipolaire.

Ainsi, — pour résumer la série d'actions qui constitue un mouvement réflexe, — une irritation produite à la périphérie est transmise de là par le nerf de sensibilité à la cellule sensitive qui influence la cellule motrice correspondante, et de celle-ci part, le long du nerf moteur, une action nerveuse qui fait contracter le muscle correspondant à la partie irritée : car il ne faut pas oublier que le nerf sensitif et le nerf moteur correspondant se distribuent dans la même région du corps. Mais l'action ne se borne pas là. En effet, le caractère des actions sensitives est de se généraliser. Ainsi, on peut empoisonner un nerf moteur tout seul en préservant le reste du système nerveux moteur ; tandis que si l'on empoisonne un seul nerf sensitif, tous les autres s'empoisonneront également par communication de l'action toxique. Cela, du reste, ne doit pas nous étonner, puisque le retentissement du nerf sensitif se fait sur la moelle épinière, d'où il peut se transmettre à tout le reste du système, tandis que celui du nerf moteur est sur le muscle, où il se localise et s'amortit nécessairement. Par suite de cette solidarité générale du système sensitif, les mouvements réflexes pourront donc se propager de la paire de racines directement irritée à la paire symétrique dans l'autre moitié de la moelle, puis aux racines supérieures et inférieures, et dans le corps tout entier, grâce aux communications qui réunissent toutes les cellules entre elles. Cette communication s'étendra ainsi plus ou moins loin dans l'organisme, suivant la force de l'ébranlement primitif du nerf de sensibilité.

Nous voyons ainsi le muscle irrité par le nerf moteur entrer en contraction sous cette influence; puis le nerf moteur, influencé à travers la moelle épinière par le nerf de sensibilité, donner lieu aux actions réflexes. Quelles seront maintenant les influences qui ébranleront le nerf de sensibilité et le feront entrer en action, voilà ce qu'il nous faut examiner, en étudiant les propriétés de cet élément histologique, pour arriver ensuite aux actions de plus en plus complexes du système nerveux.

VINGTIÈME LEÇON.

IRRITANTS ET PROPRIÉTÉS DES NERFS SENSITIFS.

11 juin 1864.

SOMMAIRE. — L'irritation des divers nerfs sensitifs ne se traduit point par les mêmes phénomènes. — Nerfs des sens spéciaux. — Les nerfs sont caractérisés par la direction du courant nerveux : il est centripète dans les nerfs sensitifs, centrifuge dans les nerfs moteurs. — Cependant un même nerf peut transmettre le courant dans les deux sens.

IRRITANTS DES NERFS SENSITIFS. — Irritants mécaniques. — Irritants physiques ; électricité. — Irritants chimiques. — Moyen de mesurer le degré de sensibilité des divers animaux. — Sensibilité inconsciente : elle s'explique par les commissures des fibres dans la moelle épinière. — Augmentation de la sensibilité chez un animal auquel on a coupé une moitié de la moelle. — Fonctions de la substance grise et de la substance blanche.

La première question qui se présente naturellement à notre examen, en abordant l'histoire du nerf sensitif, ce serait celle de savoir si tous les nerfs sont également irritables. La question de l'irritabilité en elle-même ne peut pas en être une pour nous, puisque nous avons déjà indiqué l'irritabilité comme le caractère essentiel et distinctif de toute matière vivante, et l'on ne peut évidemment refuser ce titre à aucun nerf.

Cependant, pour les nerfs sensitifs, il y a des distinctions à faire, des différences à constater. Tous ces nerfs sont irritables sans doute, mais non point de la même manière ni par les mêmes substances ; les phénomènes produits à la suite de cette irritation diffèrent également suivant les cas. Ainsi, il y a des nerfs sensitifs qui ne sont sensibles qu'à certains ébranlements particuliers, ou qui produisent, quand ils sont excités, des phénomènes tout à fait spéciaux : tels sont les nerfs des sens proprement dits ; ils sont destinés à transmettre au cerveau une impression déterminée et ils ne transmettent que celle-là. Prenez, par exemple, le nerf optique ou le nerf acoustique, et vous pourrez impunément le pincer, le brûler, le contondre ou le couper d'une manière quelconque, sans que l'animal manifeste de douleur ; seulement, il se produira des phénomènes subjectifs, lumineux ou acoustiques, plus ou moins faciles à constater suivant les cas.

Au milieu de ces variations dans les propriétés des nerfs sensitifs, il y a pourtant un point commun et immuable, c'est la direction que suit l'impression sensitive, ou, comme on l'a dit, le courant nerveux.

Ce courant, dans tous les nerfs sensitifs sans exception, se traduit comme s'il allait de la périphérie au centre. Dans les nerfs moteurs, au contraire, il se traduit dans une direction précisément inverse, et il agit toujours du centre à la périphérie. Cette opposition complète dans le sens des influences nerveuses fournit même le seul moyen pratique de distinguer les nerfs sensitifs des nerfs moteurs; car les différences anatomiques sont à peu près nulles, ou, dans tous les cas, trop minimes pour être facilement constatées. C'est à peu près la même chose que si l'on distinguait les artères et les veines d'après la direction qu'y suit le courant sanguin. Mais là on a des moyens de séparation plus simples dans la constitution diverse de ces deux espèces de vaisseaux.

Voilà donc une différence bien nette entre le nerf sensitif et le nerf moteur : la direction du courant nerveux. Mais si l'on descend dans l'intimité du phénomène, on s'aperçoit bien vite que la direction de ce courant ne tient pas à l'essence même de la propriété nerveuse. En effet, le même nerf peut transmettre indifféremment des courants nerveux dans tous les sens. M. du Bois-Reymond a montré que la propriété électro-tonique se dirige dans tous les sens, aussi bien dans les nerfs de mouvement que dans les nerfs de sentiment. La direction apparente du courant à l'état normal ou physiologique dépend donc uniquement des connexions anatomiques du nerf et des rapports physiologiques qu'il entretient. Mais si l'on change sa situation, si on l'arrache à la chaîne d'influences successives dont il formait un des anneaux, pour l'intercaler au milieu d'une série différente d'actions physiologiques, le sens du courant nerveux pourra parfaitement se modifier en même temps que les rapports du nerf. C'est ce qui résulte notamment des récentes expériences de MM. Philipeaux et Vulpian. En effet dans la suture du nerf grand hypoglosse avec le nerf lingual, telle que l'ont pratiquée ces expérimentateurs, l'irritation de l'hypoglosse au-dessus de ce nerf lingual se transmet jusqu'au cerveau comme auparavant, bien que le sens du courant nerveux se trouve renversé.

Les expériences de M. Paul Bert, préparateur du cours, sur la greffe animale, sont dans le même sens. M. Paul Bert, opérant sur des cochons d'Inde, a greffé la queue de l'animal en engageant son extrémité dans une incision pratiquée sur le dos. Au bout d'un certain temps, les chairs se réunissent et se cicatrisent; les nerfs, comme les vaisseaux sanguins, se soudent en cet endroit. Évidemment tous les rapports physiologiques se trouvent alors renversés, puisque le bout de la queue qui était autrefois son extrémité périphérique en est devenu la base et sert maintenant d'une manière exclusive à la mettre en communication avec le reste de l'organisme. Cependant les courants nerveux du nerf sensitif sont encore transmis jusqu'au cerveau. Il est facile de s'en convaincre sur ce cochon d'Inde préparé par M. Paul Bert. En effet, si nous le pinçons à l'extrémité de cette nouvelle queue, implantée depuis un certain temps au milieu du dos, l'animal se met aussitôt à crier, preuve évidente que la sensation douloureuse est parvenue jusqu'aux centres nerveux.

Mais comment cette transmission a-t-elle pu s'opérer? Évidemment le long des nerfs sensitifs et en se propageant du bout qui joue maintenant le rôle d'extrémité périphérique vers celui qui est implanté dans le dos. Or, avant que l'animal ait subi cette opération, et lorsque la queue était encore à sa place naturelle, les mêmes nerfs sensitifs transmettaient bien les sensations douloureuses, mais dans un sens précisément opposé. Ces expériences prouvent donc que la direction du courant nerveux dans le nerf sensitif n'a rien d'essentiel en elle-même ; qu'elle dépend uniquement des circonstances dans lesquelles se trouvent placé le nerf sensitif ou des rapports qu'il entretient, et qu'elle peut parfaitement changer sans inconvénient lorsque ces circonstances ou ces rapports viennent à être modifiés (1). Toutefois il ne faut pas oublier qu'après leur section les

(1) Voyez l'article consacré par M. Paul Bert à ses *Expériences sur la greffe animale*, dans le *Journal de l'anatomie et de la physiologie nromales et pathologiques de l'homme et des animaux*, dirigé par M. Charles Robin, année 1864, 1re livraison.

nerfs sensitifs se détruisent toujours pour se régénérer ensuite ; de sorte que c'est seulement dans les
nerfs de nouvelle formation que le courant nerveux
a changé de direction.

Après ces considérations générales sur le mode
d'action du nerf sensitif, nous arrivons à l'étude des
principaux irritants de ce nerf. On peut les diviser,
comme ceux du nerf moteur, en irritants mécaniques, irritants physiques, irritants chimiques et irritants physiologiques. Du reste, ce que nous avons à
dire ici de ces divers irritants ne peut être, à beaucoup d'égards, qu'une reproduction presque complète de ce que nous avons déjà dit en parlant de
l'action qu'exercent sur le nerf moteur les irritants
analogues.

Les irritants mécaniques, piqûre, brûlure, coupure, écrasement, etc., excitent le nerf sensitif
comme le nerf moteur. Les excitants mécaniques
violents sont sujets à divers inconvénients, quand on
veut les employer dans les expériences, notamment
à celui de détruire le nerf, en altérant son tissu, et,
par suite, de rendre toute excitation impossible, à
moins qu'on ne l'attaque dans un autre point. Seulement, comme l'activité nerveuse présente dans le nerf
sensitif une direction inverse de celle qu'elle suit dans
le nerf moteur, il faut choisir pour la seconde excitation un point plus rapproché du centre nerveux que
celui où avait eu lieu la première, tandis que, sur

le nerf moteur, nous devions, à chaque irritation successive, nous éloigner de plus en plus du centre pour nous rapprocher de l'extrémité périphérique où est le retentissement de ce nerf et où il agit sur le muscle.

Parmi les irritants physiques, l'électricité a le grand avantage, quand elle est employée avec une intensité modérée, de ne pas détruire le nerf en l'irritant, ce qui permet de répéter son action autant de fois qu'on le veut, tant que le nerf a conservé ses propriétés vitales. On a pu aussi obtenir l'irritation du nerf sensitif par des tremblements particuliers et répétés, produits au moyen d'un instrument auquel on a donné le nom de tétano-moteur. Mais ce fait ne présente pas une très-grande importance; et, d'ailleurs, nous arrêter trop longtemps sur ces phénomènes, ce serait forcément répéter ce que nous avons dit à propos du nerf moteur. Terminons donc de suite l'étude de l'irritant électrique, en montrant que le nerf sensitif y est moins sensible que le nerf moteur.

Prenons, par exemple, le nerf sciatique. Comme ce nerf est composé de deux ordres de filets, des filets sensitifs et des filets moteurs, on peut obtenir avec lui deux phénomènes distincts : l'un qui se traduit par la contraction du muscle correspondant, l'autre par une sensation de douleur chez l'animal. Eh bien! faisons agir sur le nerf sciatique d'une grenouille un courant électrique interrompu d'abord très-faible, mais dont l'intensité ira en croissant d'une manière progressive : il n'y aura d'abord aucune action produite, ni sur le nerf sensitif, ni sur le nerf moteur, parce que le courant est trop faible ; mais bientôt le nerf moteur excité fera contracter le muscle, et c'est un peu plus tard seulement que l'irritation du nerf sensitif se manifestera par la douleur de l'animal. Il a donc fallu un courant plus fort pour ébranler le nerf sensitif et pour mettre en jeu ses propriétés physiologiques.

Les irritants chimiques du nerf sensitif sont intéressants à examiner, parce qu'ils pourraient peut-être fournir un bon moyen pour mesurer le degré de sensibilité des divers animaux : problème très-important à un grand nombre de points de vue, car beaucoup d'autres phénomènes sont liés dans leur manifestation à l'intensité plus ou moins considérable de la sensibilité. Il serait, par conséquent, fort utile de pouvoir déterminer les variations de cette sensibilité aux degrés successifs de l'échelle animale et dans chaque être en particulier, suivant les divers états qu'il peut affecter ou les influences qu'il peut subir. Magendie et moi, nous avions essayé autrefois de mesurer les degrés de sensibilité par les mouvements du cœur. Ces mouvements s'arrêtent en effet, puis se précipitent, sous l'influence de douleurs même très-faibles, puisqu'il suffit quelquefois, pour amener ce résultat, d'impressions que l'animal ne semble pas ressentir. On pouvait donc supposer qu'on aurait pu rechercher la quantité, ou, si l'on veut, l'intensité de douleur nécessaire pour agiter le cœur de chaque animal dans chacune des situations où il pouvait se trouver placé. Mais c'était là un moyen bien détourné, bien variable et bien difficile à appliquer; car la mesure qu'on proposait avait elle-même besoin d'être mesurée, et elle n'était guère susceptible de l'être d'une manière précise. On manquait donc là des conditions premières et essentielles de toute mesure, conditions qui se trouvent plus facilement appréciables dans l'action des irritants chimiques.

Les irritants chimiques du nerf sensitif sont particulièrement des acides. Les alcalis n'agissent sur lui que lorsqu'ils sont capables de corroder son tissu, comme la potasse caustique par exemple : ce qui constitue alors une action chimique, mais non plus une action physiologique. Si l'on plonge, par exemple, l'extrémité de la patte postérieure d'une grenouille dans de l'eau aiguisée d'acide sulfurique, le nerf sensitif est excité, et, sous l'influence de la douleur qui en est la suite, la grenouille retire vivement la patte plongée dans l'acide. On peut ainsi mesurer la sensibilité de l'animal, soit par la quantité d'acide qu'il faut mettre dans une quantité d'eau déterminée pour amener l'irritation du nerf sensitif, soit par le temps que la patte reste plongée dans une eau acidulée d'une manière constante, jusqu'à ce que la douleur se manifeste. Le moment où se produit l'action de l'acide sur le nerf est, du reste, très-simple à constater, puisque l'animal retire immédiatement les pattes, et les agite vivement comme pour se débarrasser de quelque chose, ainsi que vous pouvez le voir sur cette grenouille. Pour faire cesser la douleur aussitôt que le phénomène a été constaté, on trempe dans l'eau pure la patte attaquée par l'acide.

Nous pourrions reproduire les mêmes phénomènes sur un chat, ou tout autre animal à peau épaisse et recouverte de poils, en mettant à nu l'épiderme par l'action de l'ammoniaque. Voici maintenant la même expérience répétée sur une grenouille dont la moelle a été coupée un peu en dessous du cerveau. Il vous est facile de voir que la section de la moelle et même la séparation de la tête ne gêne en rien le phénomène. La sensibilité est même notablement plus vive chez cette grenouille mutilée que chez la grenouille intacte, car nous employons toujours la même eau acidulée, et les pattes se retirent maintenant bien plus vite que tout à l'heure. Nous verrons plus tard, en parlant des actions réflexes, qu'il devait en être ainsi, et nous expliquerons en même temps pourquoi.

La sensibilité que nous venons d'observer chez cette grenouille mutilée, c'est ce que nous sommes bien forcés d'appeler *sensibilité inconsciente*, quoique cette expression ne soit peut-être pas orthodoxe au point de vue philosophique. En effet, il n'y a plus de communication avec le cerveau, et, par conséquent, la grenouille ne peut plus avoir conscience de ce qui se passe dans son trainpo stérieur, dont les mouvements sont néanmoins très-bien coordonnés. On a pu observer également sur l'homme des phénomènes tout à fait analogues, par suite d'accidents divers. Du reste, il y a aussi des sensations inconscientes dans l'état normal.

Tous ces faits sont la manifestation de mouvements réflexes, qui se passent pour la plupart dans l'axe cérébro-spinal, quoique les mouvements réflexes puissent aussi avoir d'autres centres, ainsi que nous le montrerons plus tard. Ces actions se produisent par une irritation quelconque qui vient ébranler l'extrémité du nerf sensitif. L'ébranlement se transmet à la cellule originelle de ce nerf, dans la moelle épinière; passe de là à la cellule motrice par des connexions anatomiques particulières, et arrive enfin en suivant le nerf moteur, jusque dans le muscle, qu'elle fait contracter.

On a donné, dans les ouvrages d'anatomie du système nerveux, la description de coupes transversales de la moelle épinière, pour montrer les rapports établis à l'intérieur de cet organe, au moyen de fibres spéciales, entre les cellules sensitives et les cellules motrices. Ces figures ont une grande importance et méritent surtout confiance, quand elles sont une reproduction exacte de ce que l'observation microscopique constate sur une coupe déterminée. En examinant ces figures anatomiques (fig. 72), on voit de suite que la substance grise joue un rôle important dans la transmission sensorielle.

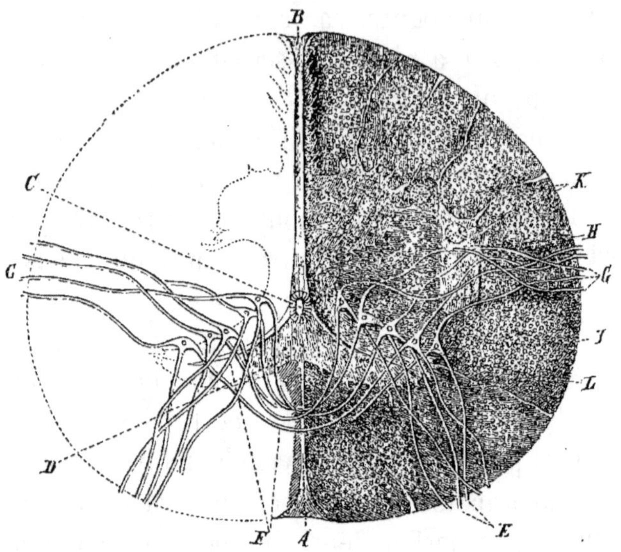

Fig. 72.—Coupe transversale de la moelle épinière du *Salmo salar*, d'après Owsjannikow.

A. Sillon médullaire antérieur. — *B*. Sillon postérieur. — *C*. Canal central revêtu d'un épithélium. — *D*. Tissu conjonctif qui entoure le canal central et envoie des prolongements dans les sillons antérieur et postérieur. — *E*. Racine antérieure. — *F*. Fibres commissurales. — *G*. Fibres de la racine postérieure. — *H*. Tissu conjonctif. — *I*. Fibres nerveuses de la substance blanche, coupées tranversalement. — *K*. Vaisseaux sanguins coupés transversalement. — *L*. Cellules ganglionnaires.

Charles Bell, comme nous l'avons déjà dit, supposait que les cordons antérieurs et latéraux de la moelle transmettaient seulement l'influence motrice, tandis que les cordons postérieurs étaient les conducteurs exclusifs de l'influence sensitive. Mais il avait bien plutôt tiré cette théorie de déductions anatomiques que d'expériences physiologiques.

En effet, si l'on coupe une moitié de la moelle, soit celle de droite, soit celle de gauche, l'animal paraît d'abord un peu affaissé; mais, en le laissant reposer quelque temps, on voit que la sensibilité, loin d'être abolie, est même exagérée dans la patte qui correspond au côté coupé, tandis que l'aptitude au mouvement y est un peu diminuée. Ces faits, observés d'abord par Stilling, qui mesurait l'augmentation de la sensibilité avec de l'acide étendu d'eau, furent expliqués différemment. M. Brown-Séquard en conclut que la sensibilité se transmettait d'une manière croisée. Dès lors les résultats obtenus s'expliquaient tout naturellement, si l'on admettait que la sensibilité diminuait du côté où la moelle était restée intacte, tandis qu'elle augmentait relativement de l'autre, puisque chaque moitié du corps recevait sa sensibilité des parties de la moelle épinière situées de l'autre côté, et devait, par conséquent, subir le contre-coup des lésions faites dans ces parties. Mais M. Turck (de Vienne) a fait des expériences pour expliquer les faits autrement. Il établit d'abord que l'augmentation de la sensibilité dans la partie du corps correspondant à la moitié enlevée de la moelle n'était pas une simple augmentation relative, mais bien une augmentation absolue. Pour cela, il prenaît une grenouille normale, dont il plongeait les pattes postérieures dans une eau de moins en moins acidulée, jusqu'à ce que l'animal ne manifestât plus aucune douleur au contact du liquide faiblement acide. Puis il coupait la moitié de la moelle épinière, et, en replongeant plus tard les pattes dans la même eau, il voyait l'animal retirer presque aussitôt, en l'agitant vivement, la patte correspondant au côté supprimé de la moelle. Il y a donc eu souffrance produite dans cette partie du corps, sous l'influence de l'acidité de la liqueur, et, par suite, augmentation absolue dans l'intensité de la sensibilité, puisque cette même liqueur ne produisait aucun effet avant l'opération.

Quand on enlève tous les cordons postérieurs de la moelle épinière, on voit que l'influence sensitive continue encore à se transmettre, ce qui prouve que cette influence ne se transmet pas exclusivement par les parties postérieures. Si l'on coupe ensuite successivement les cordons latéraux de la moelle, puis les cordons antérieurs, l'influence sensitive passe encore, preuve évidente que la substance grise est la partie essentielle pour la transmission sensitive dans la moelle épinière, tandis que la substance blanche n'est pas indispensable. En effet, si l'on irrite un nerf placé en dessous de l'ablation de la substance blanche qu'on a pratiquée tout autour de la moelle, l'influence sensitive est encore transmise au cerveau à travers ce pont de substance grise, seule partie par laquelle puisse s'opérer maintenant la communication avec cet organe. Et l'on ne peut point douter de cette transmission, en voyant les mouvements qu'exécute l'animal pour retirer ses membres quand on les pince ou qu'on les blesse autrement.

Cependant, qu'on pince ou qu'on irrite d'une manière quelconque cette substance grise mise à nu, on la trouve parfaitement insensible, quoiqu'elle transmette la sensibilité, comme nous venons de le voir. C'est un point, en effet, maintenant bien établi, que tous les irritants qu'on applique à la substance grise n'y font pas naître la sensation de la douleur, et ils ne sont pas moins incapables de produire le plus léger mouvement. M. Van Deen en a conclu que les nerfs seuls sont excitables par les irritants mécaniques, physiques ou chimiques, tandis que la moelle épinière est exclusivement excitable par les irritants physiologiques, c'est-à-dire par les vibrations qu'elle reçoit des nerfs ou que lui communique le cerveau.

Ainsi, la conclusion à laquelle nous arrivons, c'est que la substance grise transmet la sensibilité et l'influence motrice, bien qu'elle soit elle-même dépourvue de la propriété motrice et sensitive, et de plus que les racines antérieures ou postérieures perdent leurs propriétés spéciales en entrant dans la substance grise médullaire.

VINGT ET UNIÈME LEÇON.

PROPRIÉTÉS ET FONCTIONS DE LA MOELLE ÉPINIÈRE COMME CENTRE D'ACTIONS RÉFLEXES.

14 juin 1864.

SOMMAIRE. — Substance blanche et substance grise. — Cellules nerveuses de la moelle épinière. — Dans l'empoisonnement par le curare, on peut préserver certains nerfs moteurs. — Au contraire, l'empoisonnement par la strychnine ne peut jamais être localisé.

MOUVEMENTS RÉFLEXES. — Ils sont involontaires et inconscients. — Centre modérateur des actions réflexes. — Le centre de production des actions réflexes est d'ordinaire dans l'axe cérébro-spinal. — Cependant un ganglion du grand sympathique peut être le centre d'une action réflexe. — Expériences de M. Claude Bernard sur la glande salivaire sous-maxillaire établissant qu'elle peut entrer en sécrétion sous l'influence du ganglion sympathique sous-maxillaire. — Mais ce ganglion dépend du cerveau pour sa nutrition

Toutes les sensations que le nerf sensitif apporte de la périphérie à la moelle épinière n'ont pas besoin d'être transmises par elle jusqu'au cerveau pour amener la production d'un mouvement. Cette nécessité n'existe que pour les mouvements directs ou volontaires, et nullement pour les mouvements réflexes, si nombreux dans l'organisme, et dont nous avons déjà expliqué la nature. Ces mouvements sont rendus possibles par des communications établies à travers la moelle épinière, entre le nerf sensitif et le nerf moteur, ou plutôt entre les cellules (fig. 73) qui

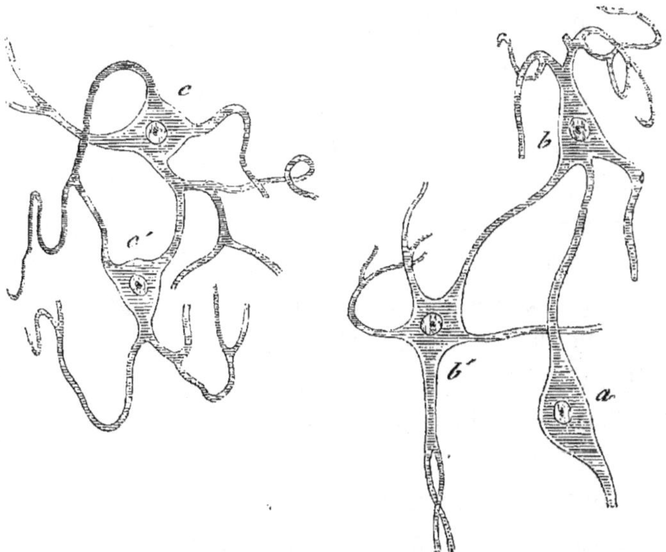

Fig. 73. — Communications des cellules de sentiment et des cellules de mouvement dans la moelle épinière (d'après Jacubowitch).

a. Cellule sympathique communiquant avec une cellule de mouvement *b*. — *b b'*. Deux cellules de mouvement du même côté de la moelle, communiquant entre elles par un seul filet. — *c c'*. Cellules de mouvement communiquant entre elles par plusieurs filets.

servent d'origine à ces deux espèces de nerfs. C'est encore au milieu de la substance grise, où aboutissent les racines antérieures et les racines postérieures, que se trouvent les connexions anatomiques dont nous parlons.

Autrefois on distinguait bien la substance blanche et la substance grise, mais sans savoir, à vrai dire, quelle était la valeur de cette distinction. On est bien plus avancé aujourd'hui, et les expériences ont montré que tous les phénomènes essentiels du système nerveux se passaient au sein de la substance grise, la substance blanche n'étant qu'une substance conductrice. On rencontre, disséminées au milieu de cette substance grise, des cellules multipolaires de diverses formes, parmi lesquelles on a distingué des cellules sensitives et des cellules motrices. Les cellules de sensibilité sont le plus souvent triangulaires et assez petites relativement aux autres. Les cellules motrices sont au contraire plus grosses et affectent des formes plus compliquées, notamment la forme quadrangulaire; elles émettent aussi plus de filaments nerveux que les cellules sensitives, chez lesquelles le nombre de ces filaments ne dépasse pas trois, ordinairement.

Mais il ne faudrait pas croire que ces diverses déterminations fonctionnelles des cellules résultent de l'anatomie toute seule, car la forme anatomique ou histologique ne prouve rien par elle-même. En effet, que nous constations dans les diverses cellules ner-

veuses certaines formes spéciales, certaines disposi-
tions particulières, cela ne nous apprend pas les
propriétés de chacune de ces cellules ni leur rôle
physiologique. Aussi, quand M. Jacubowitch a déterminé les formes spéciales des cellules sensitives et
des cellules motrices (fig. 74), il n'y est pas arrivé à

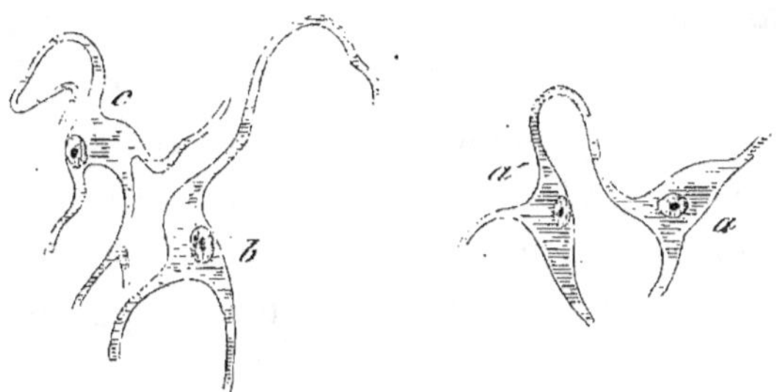

Fig. 74. — Cellules de sentiment et cellules de mouvement
dans la moelle épinière (d'après Jacubowitch).

a a'. Deux cellules de sentiment du même côté de la moelle, communiquant entre elles. — *b.* Une autre cellule de sentiment. — *c.* Cellule
de mouvement.

l'aide de pures considérations anatomiques, qui n'auraient jamais pu l'autoriser à conclure. Quel rapport
trouver, en effet, entre la forme triangulaire et la
sensibilité, la forme quadrangulaire et l'influence
motrice? Si l'on est arrivé à connaître la nature physiologique des cellules présentant chacune
de ces formes, c'est donc en mettant en jeu leurs
propriétés vitales, à l'aide de l'expérimentation sur
l'animal vivant, ou en établissant leurs connexions

avec des fibres dont le rôle physiologique était déjà découvert.

Du reste, ces formes diverses des cellules de la moelle épinière n'ont pas autant d'importance qu'on pourrait le croire, et il ne faudrait pas trop s'y attacher, car elles ne sont pas constantes dans toute la série animale. Ainsi, M. Jacubowitch lui-même a constaté que chez les oiseaux ces formes présentent une disposition précisément inverse de celle que nous venons d'indiquer : les cellules en rapport avec les racines postérieures sont le plus souvent quadrangulaires, et les cellules communiquant avec les racines motrices triangulaires. On aurait pu sans doute conclure de cette interversion que la physiologie du système nerveux était renversée chez ces animaux. Mais l'expérience dément complétement cette déduction anatomique, et nous sommes forcés d'admettre que les formes des cellules nerveuses n'ont point de rapports essentiels avec leurs propriétés physiologiques.

M. Jacubowitch admet que toutes les cellules sensitives ou motrices communiquent également entre elles. Mais ce que l'anatomie est jusqu'ici impuissante à établir, la physiologie l'indique. En effet, la physiologie prouve que les communications des nerfs moteurs dans la moelle sont toutes différentes des communications des nerfs sensitifs ; une lésion faite au nerf de mouvement reste locale, tandis que chaque ébranlement imprimé à un nerf de sensibilité se transmet immédiatement à tous les autres. Plusieurs expériences que nous allons répéter sous vos yeux vont mettre ces deux points hors de doute.

Nous avons déjà dit que chaque élément histologique semblait avoir ses poisons particuliers, qui agissaient exclusivement sur lui, et amenaient la mort de l'animal par la suppression d'une des parties dont les réactions réciproques constituaient l'harmonie vitale et rendaient possible l'exercice des diverses fonctions physiologiques. Cependant on ne connaît pas encore de poisons spéciaux agissant particulièrement sur les cellules nerveuses et la substance grise de la moelle épinière ; mais il doit très-probablement y en avoir, et on les découvrira sans doute plus tard. Quant aux nerfs de mouvement, nous avons plus d'une fois déjà indiqué leur poison caractéristique, le curare, et nous avons dit que ces nerfs s'empoisonnent par l'extrémité périphérique, c'est-à-dire par le sang qui les baigne dans le muscle ; de telle sorte qu'en soumettant un animal à l'action du curare, on peut réserver tout le train postérieur ou même un seul muscle d'un membre. Il y a aussi des poisons qui atteignent spécialement le nerf sensitif, et un des plus importants est la strychnine. Mais on ne peut plus ici préserver de l'action toxique un ou plusieurs nerfs sensitifs, comme nous l'avons fait pour les nerfs moteurs, parce que les nerfs sensitifs sont empoisonnés par leur centre médullaire ; il suffit d'un seul nerf empoisonné pour que la moelle soit également atteinte, et par suite tous les autres nerfs sensitifs : car, dans le système nerveux sensitif, l'intoxication se fait au centre, tandis que dans les nerfs moteurs elle se fait à la périphérie. Un ébranlement parti d'un point quelconque du système nerveux sensitif se transmet donc immédiatement partout, au moyen de communications particulières ou d'une sorte de réseau nerveux. Ce résultat ne doit pas nous étonner, car le retentissement du nerf sensitif se fait sur la moelle, tandis que le retentissement du nerf moteur a lieu sur le muscle.

Donnons maintenant la preuve de tout ce que nous venons de dire. Voici deux grenouilles. La première a été empoisonnée par le curare ; mais on a réservé le train postérieur au moyen d'une forte ligature pratiquée par le milieu du corps, et comprenant toutes les parties molles, sauf les nerfs lombaires, de telle sorte que le sang empoisonné ne puisse plus parvenir dans cette région (fig. 75). La seconde grenouille a été empoisonnée par la strychnine, et on l'a soumise à une ligature tout à fait semblable : nous allons voir si les résultats en seront les mêmes.

En observant ces deux grenouilles, que voyons-nous se produire ? La première est paralysée de ses nerfs de mouvement, sauf dans le train postérieur, comme nous l'avons déjà expliqué autre part. La seconde perd d'abord les propriétés de ses nerfs sensitifs, et

elle les perd partout, malgré la ligature qui a empêché
l'accès du sang dans le train postérieur. En effet, nous

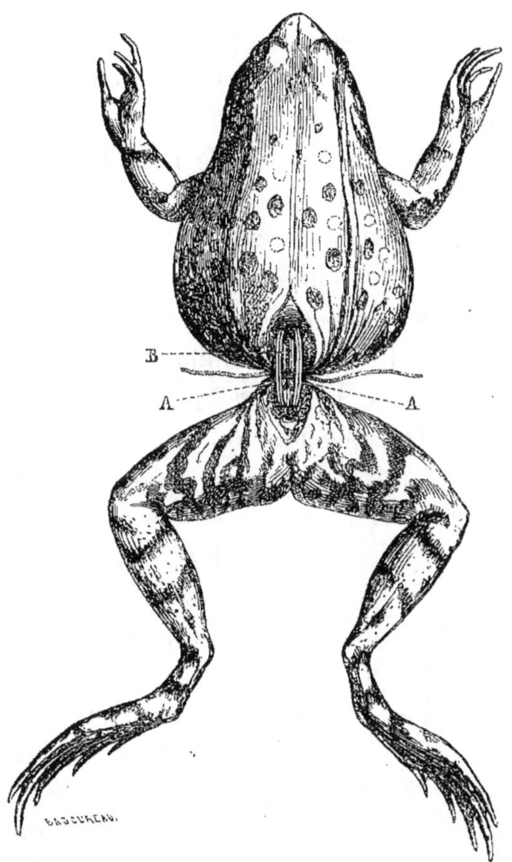

Fig. 75. — Grenouille préparée pour montrer que l'empoisonnement par le curare peut être localisé dans une certaine partie
du corps.

AA. Nerfs lombaires au-dessus de la ligature. — B. Aorte au-dessous
du fil et comprise dans la ligature.

constatons des convulsions très-fortes dans cette région du corps comme dans les autres, preuve qu'elle n'a été nullement préservée par la ligature, et que l'empoisonnement s'est propagé au moyen de la moelle épinière. Bientôt la sensibilité disparaît d'une manière complète chez cet animal, et il n'y a plus aucune espèce de mouvement réflexe possible, de quelque façon qu'on le pince. Cependant les nerfs moteurs ont encore conservé intactes leurs propriétés physiologiques ; car, si on les excite au moyen de l'électricité, on obtient très-facilement des contractions dans les muscles. Revenons maintenant à la grenouille empoisonnée par le curare, et nous reconnaîtrons immédiatement que le train postérieur a conservé intacts ses nerfs moteurs, grâce à la ligature que nous avions pratiquée ; car, en pinçant les membres postérieurs, on produit tout de suite des contractions dans ces membres. Au contraire, nous avons beau pincer les membres antérieurs, nous ne parviendrons jamais à les faire contracter ; mais nous pourrons obtenir ainsi des mouvements dans les pattes de derrière, ainsi que nous l'avons montré déjà. Tout cela fait bien comprendre la différence qui sépare les actions du système nerveux moteur et celles du système nerveux sensitif.

Les expériences de Stannius ne sont pas moins concluantes. Elles consistent à ouvrir le canal vertébral d'une grenouille, et à couper toutes les racines des nerfs sensitifs à leur entrée dans la moelle épinière. Puis on empoisonne cette grenouille avec de la strychnine, et l'on constate alors qu'elle n'éprouve aucune convulsion ; les nerfs moteurs étant d'ailleurs restés à l'abri de toute atteinte, ce qui va de soi. Conservons, au contraire, une ou plusieurs racines postérieures, et répétons la même expérience : cette fois le système sensitif tout entier va être empoisonné, des convulsions violentes se manifesteront dans toute l'étendue du corps, et la sensibilité sera complétement abolie partout. Voilà des faits qui prouvent d'une manière incontestable que la strychnine agit autrement que le curare, qu'elle agit sur les nerfs sensitifs, et que son action se transmet d'un nerf à l'autre dans la moelle épinière de façon à détruire le système sensitif tout entier : ce qui se voit par ce fait que les mouvements réflexes ne peuvent plus se produire. Cependant il ne faudrait point partir de là pour attribuer à cette action une généralité qui ne lui appartient pas. Ce qui est atteint dans l'empoisonnement par la strychnine, c'est uniquement et exclusivement le système nerveux sensitif. Mais il n'en est pas moins vrai que la destruction de ce nerf frappe ensuite d'inertie tous les éléments histologiques placés après lui dans la série d'actions successives aboutissant à la contraction musculaire.

Les mouvements réflexes, ainsi que nous l'avons déjà dit, sont ceux qui se réfléchissent sur la moelle épinière, sans que l'action nerveuse ait besoin de passer par le *sensorium commune*. Ils se produisent avec la seule action de la moelle, comme il est facile de s'en convaincre en prenant une grenouille et en séparant complétement la tête du tronc. Si on lui pince alors les membres, l'animal exécute des mouvements très-nets. Ces mouvements sont parfaitement combinés, et pourtant ils sont purement instinctifs, car il ne paraît pas que la volonté y intervienne en aucune manière, bien que certains physiologistes aient voulu voir dans la moelle épinière un centre nerveux complet, avec une volonté distincte. Mais, dans tous les cas, ce qui ne peut être contesté et ce qui ne l'a jamais été, c'est que nous ayons affaire à des mouvements tout à fait inconscients; on l'a en effet constaté plusieurs fois, par suite d'accidents, sur des malades atteints de lésions particulières du système nerveux.

Les mouvements réflexes sont donc le résultat de la réaction directe d'un nerf sensitif sur un nerf moteur, une sorte de transformation de la sensibilité en mouvement, à travers un centre nerveux, l'*axe cérébro-spinal*, dirons-nous pour le moment : mais nous verrons tout à l'heure s'il ne peut pas y en avoir d'autres. Ces mouvements réflexes se produisent assez vite. Cependant ils sont plus ou moins accélérés suivant la hauteur à laquelle on coupe la moelle épinière, et M. Setchenow a distingué un point, placé dans l'encéphale, derrière les tubercules quadrijumeaux, et qui retarde quelque temps l'action réflexe, tant qu'il reste en communication avec les nerfs où elle se produit. Par suite de cette propriété, ce point a reçu le nom de *centre modérateur* des actions réflexes.

La plus grande partie de ces actions réflexes s'accomplissent certainement à travers la moelle épinière et le cerveau. Ainsi, dans les expériences que nous venons de faire, c'est bien évidemment la moelle qui sert de centre nerveux : car si l'on passe un stylet dans le canal vertébral de manière à détruire la moelle d'un bout à l'autre, il devient impossible de produire ensuite aucun mouvement réflexe.

Mais, si les mouvements réflexes ont d'ordinaire pour centre la moelle épinière et le cerveau, faut-il en conclure qu'ils ne puissent en avoir d'autre, et que toute action de ce genre traverse nécessairement l'axe cérébro-spinal? Non, messieurs, c'est là une doctrine exclusive qui n'est plus soutenable maintenant.

Il y a longtemps déjà qu'on a signalé les ganglions du grand sympathique comme pouvant, de même que la moelle épinière, jouer dans ces phénomènes le rôle de centre. Bichat a développé cette opinion, en considérant chaque ganglion du grand sympathique comme un petit cerveau, c'est-à-dire comme un centre distinct. Mais on a vivement combattu cette manière de voir. En effet, on ne pouvait alors apporter une seule expérience à l'appui de cette idée ; et l'on objectait d'ailleurs à Bichat que le grand sympathique n'était point véritablement un système nerveux distinct et complet, mais qu'il dépendait du système cérébro-spinal, avec lequel il avait les connexions les plus nombreuses. Enfin, on présentait comme décisif, ce fait, jugé incontestable, qu'en détruisant la moelle épinière on rendait impossible tout mouvement réflexe, non-seulement dans les membres, mais aussi dans les intestins : d'où il résultait que la moelle était le centre des mouvements réflexes du grand sympathique.

Le seul moyen de juger ces opinions différentes et de prononcer entre elles, c'était l'expérience.

Nous avons résolu la question dans le courant de l'année dernière, en constatant dans une des glandes salivaires, la glande sous-maxillaire, qu'il se produit des mouvements réflexes ayant deux centres distincts : l'un placé dans le système cérébro-spinal, et l'autre en dehors de ce système, dans un ganglion du grand sympathique. C'est, je crois, le seul cas de ce genre connu jusqu'ici ; mais il peut se multiplier, et l'opinion de Bichat se trouve dès maintenant justifiée : car s'il est bien établi qu'un ganglion du grand sympathique peut présider à une action réflexe, il n'y a plus, dès lors, aucune bonne raison pour refuser péremptoirement le même privilége aux autres ganglions de ce système.

Voici comment ont été disposées nos expériences.

Le nerf lingual, nerf de la gustation et de la

sensibilité générale, un des rameaux de la cinquième paire nerveuse cérébrale, s'accole avec un filet nerveux moteur, provenant du nerf facial, et qui se rend à la glande sous-maxillaire; près de la bifurcation se trouve un petit ganglion du grand sympathique, le ganglion sous-maxillaire (fig. 76). Dans l'état nor-

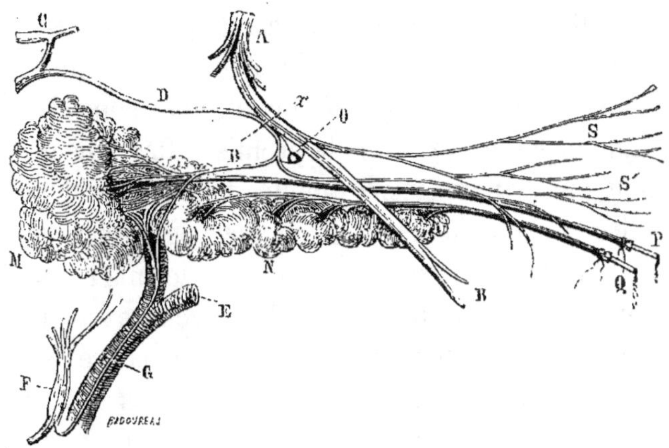

Fig. 76. — La glande salivaire sous-maxillaire du chien et les nerfs en rapport avec elle, pour montrer que cette glande peut entrer en sécrétion sous l'influence d'une action réflexe dont le centre est dans le ganglion sympathique sous-maxillaire.

M. Glande salivaire sous-maxillaire. — N. Glande salivaire sublinguale. — P. Conduit excréteur de la glande sous-maxillaire dans lequel on a introduit un tube. — Q. Conduit excréteur de la glande sublinguale dans lequel on a aussi introduit un tube. — A B. Nerf lingual provenant de la branche maxillaire inférieure de la cinquième paire nerveuse cérébrale (le trijumeau). — S S'. Rameaux du nerf lingual se distribuant dans la muqueuse buccale. — C. Nerf facial. — D D. Corde du tympan, rameau du nerf facial se distribuant dans la glande sous-maxillaire après s'être accolé quelque temps au nerf lingual. — O. Ganglion sympathique sous-maxillaire. — F. Ganglion cervical supérieur. — G. Rameau nerveux allant du ganglion cervical supérieur à la glande sous-maxillaire. — E. Artère maxillaire profonde desservant la glande sous-maxillaire.

mal, en excitant le nerf lingual sur la langue avec un corps sapide quelconque, comme le vinaigre, on provoque une abondante sécrétion de salive dans la glande sous-maxillaire, et il est facile de voir que le phénomène est le résultat d'une action réflexe ayant son centre dans le cerveau. Détruisons maintenant toute communication avec le cerveau pour arrêter son influence : il suffit pour cela de pratiquer en x la section du nerf lingual et de la corde du tympan. Si nous excitons alors le nerf lingual, nous constaterons immédiatement, comme la première fois, une sécrétion plus faible mais évidente dans la glande salivaire. Cependant les phénomènes ne se produisent plus de la même manière, ni avec les mêmes excitants. Ainsi, on n'obtient plus aucun résultat en agissant sur le nerf lingual avec du vinaigre ou un autre corps sapide, comme cela avait lieu lorsque la glande était encore soumise à l'influence du cerveau. Il faut maintenant irriter ce nerf, soit avec du sel marin, qui agit sur lui en le desséchant, soit avec de l'éther, qui a le même mode d'action, soit même en le pinçant directement avec un instrument quelconque. Il semble bien résulter de ces expériences que les agents sapides, en général, n'excitent plus la sécrétion de la salive dans la glande sous-maxillaire, lorsque cette glande est soustraite à l'action du cerveau, tandis que cette sécrétion continue à se produire sous l'influence des irritants communs et ordinaires de tous les nerfs.

Ainsi, l'action réflexe produisant la sécrétion salivaire dans la glande sous-maxillaire peut se produire avec un autre centre que le cerveau, et ce centre, c'est le petit ganglion du grand sympathique que nous signalions tout à l'heure, le ganglion sous-maxillaire. En effet, si on l'enlève sans toucher aucun des nerfs, toute sécrétion cesse dans la glande salivaire, quel que soit l'irritant qu'on applique au nerf lingual. Pour faire cette extraction du ganglion commodément et avec quelque chance de ne pas léser les parties voisines, il faut opérer sur un animal assez gros, au moins comme un chien de moyenne taille.

C'est sans doute sous l'influence de ce ganglion sous-maxillaire que se produisent les sécrétions ordinaires de la glande. Quant aux sécrétions spéciales et exceptionnelles, elles sont dues plus probablement à l'action du cerveau, comme l'indiquent les phénomènes qui se produisent au contact des corps sapides, tant que cette action peut s'exercer.

Mais si le ganglion joue le rôle d'un véritable centre, il ne faudrait pas croire pour cela que son action soit indéfinie. En effet, si, après avoir interrompu les communications du nerf lingual avec le cerveau, on laisse vivre l'animal, ce qui ne souffre pas de difficulté, le ganglion sous-maxillaire perd bientôt ses propriétés et disparaît même complétement. Il dépend donc du cerveau dans sa nutrition : c'est un fait qui est bien certain pour lui, et qui se répétera peut-être pour les autres ganglions du grand sympathique. Du reste, ce n'est là qu'un état transitoire. Si on laisse les choses aller leur train pendant six ou huit semaines, tout se rétablit comme auparavant. La section du nerf lingual se répare, et avec elle la communication de tous ces organes au cerveau. Le ganglion sous-maxillaire régénéré, et de nouveau mis en rapport avec son centre nutritif, reprend ses fonctions ordinaires. Tout, en un mot, rentre dans l'ordre accoutumé, et les phénomènes de sécrétion salivaire suivent leur cours normal avec leurs deux centres, le cerveau et le ganglion sous-maxillaire, comme si aucune expérience n'eût jamais été pratiquée.

VINGT-DEUXIÈME LEÇON.

DES MOUVEMENTS RÉFLEXES.

18 juin 1864.

SOMMAIRE. — Le système nerveux se ramène anatomiquement à deux espèces d'éléments, des *fibres* et des *cellules*. — Tout phénomène nerveux se traduit en définitive par un mouvement. — Deux espèces de mouvements : 1° mouvements *conscients* et *volontaires;* 2° mouvements *inconscients* ou *réflexes.* Mécanisme du mouvement réflexe. — Il suppose le concours de trois éléments nerveux : 1° un nerf moteur; 2° un nerf sensitif; 3° une cellule servant de centre entre les deux nerfs; et en outre un muscle qui est l'organe direct du mouvement. — Importance des mouvements réflexes; ils sont les plus communs de l'organisme. — Sur un même animal l'intensité des mouvements réflexes et celle des mouvements directs paraissent en raison inverse l'une de l'autre. — Influence paralysante du cerveau sur les actions réflexes. — Centre modérateur des actions réflexes — Force excito-motrice; ses variations. — Diverses espèces d'actions réflexes. — Action réflexe du nerf optique sur l'iris. — Action réflexe sur la glande sous-maxillaire. — Actions réflexes du grand sympathique. — Actions réflexes *croisées* et *non croisées*. — Actions réflexes des nerfs vaso-moteurs. — Mouvements réflexes *généraux* et *spéciaux*.

Dans les leçons précédentes, nous avons étudié les divers éléments que présente le système nerveux, et examiné le rôle de chacun d'eux dans les actions complexes produites sous l'influence de ce système. Le moment est donc venu d'aborder ces actions complexes elles-mêmes, pour en bien déterminer les circonstances et les effets.

Le système nerveux tout entier peut se ramener à deux espèces d'éléments : des *fibres* sensitives ou motrices, et des *cellules* placées, soit à l'extrémité périphérique des nerfs pour y recueillir des impressions diverses, soit dans les centres nerveux pour y servir d'origine aux différents nerfs, soit enfin à l'endroit où les fibres nerveuses immergent dans le tissu musculaire. Du reste, ces deux espèces d'éléments ont une importance fort inégale. Les fibres n'ont pas d'autre rôle à jouer que celui de conducteurs de l'influence nerveuse, tandis que les cellules sont les organes où se modifient et se transforment les propriétés des divers éléments nerveux. Les fibres, ainsi que nous l'avons déjà dit, constituent la substance blanche, et les cellules la substance grise.

En examinant comment les choses se passent à l'état normal, nous voyons que tout phénomène nerveux, sans exception, se traduit finalement par un mouvement. Quelle que soit d'ailleurs la nature de ce mouvement, il se produit toujours dans une fibre musculaire par l'influence d'un nerf moteur qui la fait contracter. Ainsi donc, ne l'oublions pas, ce qui doit faire désormais l'objet de nos études, ce sont des mouvements. Toute la physiologie peut se ramener à ce point, car aucun phénomène ne peut s'accomplir dans l'être organisé sans un mouvement quelconque.

On distingue chez l'homme et chez les animaux deux grandes espèces de mouvements: 1° les mouvements *conscients* ou *volontaires ;* 2° les mouvements *inconscients, involontaires* ou *réflexes,* car, sous des noms divers c'est toujours la même chose.

Nous parlerons d'abord des mouvements réflexes, des différentes formes qu'ils peuvent affecter, et de la part qu'ils prennent aux divers phénomènes vitaux.

Le mouvement réflexe est, ainsi que nous l'avons dit, un mouvement à l'exécution duquel concourent toujours trois ordres d'éléments distincts du système nerveux : l'élément sensitif, l'élément moteur et la cellule. Si l'on produisait un mouvement sans une de ces conditions, sans la participation d'un de ces éléments, ce ne serait plus un mouvement réflexe. En effet, tout mouvement réflexe suppose trois choses bien distinctes: 1° une excitation du nerf sensitif à un endroit quelconque de sa longueur ;

l'ébranlement a lieu dans tous les sens ; mais le nerf sensitif excite particulièrement le centre, parce qu'il y a là des connexions spéciales ; — 2° une excitation du nerf moteur qui se traduit par la contraction d'un muscle ; — 3° un centre qui sert de transition et, pour ainsi dire, de trait d'union entre ces deux éléments de manière à produire l'irritation du second sous l'influence de l'irritation du premier.

Voici une grenouille sur laquelle on a séparé la tête du tronc. Si nous pinçons sa patte postérieure, nous observons immédiatement une rétraction de cette patte pour échapper à l'instrument qui la blesse. Nous trouvons là en effet le circuit complet accompli par les trois éléments nerveux que nous venons d'indiquer : un nerf sensitif irrité mécaniquement à sa périphérie par notre pince ; un centre, la moelle épinière, qui transmet cette irritation à la cellule motrice ; enfin un nerf moteur, irrité à son tour, qui agit sur la fibre musculaire pour la faire contracter. Il faut ajouter la fibre musculaire, qui est indispensable à la production du mouvement. Ainsi, quatre éléments concourent nécessairement dans les actions réflexes, et la suppression ou la mort d'un seul d'entre eux suffit pour rendre ces actions tout à fait impossibles. Quand un animal est paralysé, on ne peut donc pas dire immédiatement quelle est la cause de ce trouble organique, car il peut y en avoir quatre qui l'expliquent aussi naturellement l'une que l'autre, et l'on est ainsi contraint à chercher des raisons ou des faits qui permettent de découvrir entre ces quatre causes possibles celle qui a effectivement agi dans le cas présent.

Nous possédons maintenant la notion essentielle du mouvement réflexe. Cherchons ensuite à déterminer les conditions nécessaires de sa production.

Mais avant tout, il faut reconnaître et faire remarquer que ce genre de mouvement est incomparablement le plus commun dans l'organisme vivant, car tous les phénomènes de la vie de nutrition s'accomplissent exclusivement sous son influence. Dans le cercle d'action propre au système cérébro-spinal, il se combine avec les mouvements directs et joue encore un rôle fort important, comme nous aurons occasion de le constater plus tard.

La contradiction la plus profonde, l'opposition la plus complète semble exister entre les mouvements directs et les mouvements réflexes. Quand les uns augmentent d'intensité ou d'étendue, les autres semblent souvent diminuer dans la même proportion, sous les mêmes rapports, et on ne les voit jamais suivre une marche parallèle dans quelque sens que ce soit. On a remarqué en effet, il y a longtemps déjà, que pour exagérer la force des mouvements réflexes, il faut décapiter l'animal. Si l'on prend une grenouille ayant encore son cerveau intact, et que l'on mesure sa sensibilité au moyen d'une eau acidulée assez faible, on voit que cette eau n'a aucune action sur ses nerfs sensitifs. Mais qu'on lui coupe la tête et qu'on plonge de nouveau ses pattes dans la même eau, l'irritation se produira aussitôt, parce que l'action contraire du cerveau a été supprimée.

L'influence du cerveau tend donc à entraver les mouvements réflexes, à limiter leur force et leur étendue. Mais où réside précisément cette influence? Quelle partie de l'encéphale arrête ainsi les mouvements réflexes, et comment cette action se produit-elle? Voilà ce qui reste à déterminer. On pourrait bien se figurer que l'influence ou la vibration nerveuse, ayant alors un chemin plus long à parcourir, puisqu'elle doit se propager jusqu'au cerveau, en revient un peu affaiblie, après avoir traversé ce long circuit. Mais quoique cette considération ne soit peut-être pas dénuée de tout fondement, elle ne paraît point suffisante pour expliquer les faits, et la question se pose toujours comme auparavant : Pourquoi le cerveau apporte-t-il un obstacle notable à la propagation des mouvements réflexes, et où réside cette résistance spéciale? Est-elle uniformément répandue dans le cerveau tout entier, ou devons-nous la chercher dans certaines parties déterminées de cet organe? C'est la question du *centre modérateur des mouvements réflexes*, question fort agitée dans ces derniers temps, et résolue au moins en partie, grâce à de savants travaux.

La théorie qui semble maintenant bien établie, ou

peut dire à peu près incontestable, c'est celle qui place ce centre modérateur dans une région déterminée du cerveau, et dénie aux autres parties de l'encéphale toute influence sur les mouvements réflexes. Un de ces points modérateurs se trouve situé dans les tubercules optiques, au moins chez la grenouille, qui a été le sujet le plus ordinaire des expériences.

Pour prouver le rapport d'un organe avec une fonction déterminée, il se présente à nous deux moyens bien distincts, mais également concluants. Le premier, c'est de supprimer l'organe et de montrer alors que la fonction est supprimée en même temps. Le second, c'est d'exagérer son action, en le surexcitant d'une manière quelconque, et de faire voir en même temps dans la fonction une exagération parallèle des phénomènes. Eh bien, nous allons appliquer ces deux méthodes différentes, mais se contrôlant l'une par l'autre, pour démontrer l'action directe du cerveau, ou plutôt d'un certain point de cet organe sur les mouvements réflexes.

On prend une grenouille ou tout autre animal qui puisse résister assez longtemps à des mutilations profondes de l'encéphale. Si l'on coupe progressivement les différentes parties du cerveau, en commençant par la région postérieure, on ne change rien d'abord aux actions réflexes, qui continuent à se produire comme auparavant, avec la même intensité, la même vitesse, la même étendue. Mais dès que l'on arrive, dans cette mutilation sans cesse progressive, à supprimer tout ou partie des lobes optiques, les actions réflexes deviennent immédiatement plus faciles et plus promptes, et la force excito-motrice augmente notablement, comme on peut s'en convaincre avec l'eau acidulée. Prenons maintenant une grenouille parfaitement intacte, et mesurons sa force excito-motrice, toujours au moyen d'un acide étendu, comme l'acide sulfurique extrêmement dilué. Cette opération terminée, ouvrons le crâne de l'animal afin de pouvoir exciter directement les tubercules optiques par un mode quelconque ; l'influence de ces lobes s'accroîtra alors en raison de cette excitation anormale, et les mouvements réflexes seront tellement entravés qu'ils ne se produiront quelquefois plus du tout, même en plongeant les pattes de l'animal dans les dissolutions acides beaucoup plus concentrées.

Toutes ces expériences sont d'une grande exactitude. Elles ont du reste été faites pour la plupart dans notre laboratoire, par M. Setchenow.

Voici à peu près la pensée qui a présidé à tous ces travaux. Elle peut se résumer en ces termes : c'est qu'il y a une action et une réaction réciproque de tous les éléments nerveux les uns sur les autres. Mais quel est le mécanisme de cette réaction, voilà ce que nous ne savons pas bien. Cependant l'influence paralysante qu'exerce le cerveau sur les mouvements réflexes n'est pas un fait isolé ; on peut lui trouver des analogies dans divers phénomènes physiologiques, et il y a d'autres expériences, faites sur des points d'ailleurs très-différents en eux-mêmes de la question présente, et qui ont donné des résultats tout à fait comparables à ceux que nous venons d'obtenir.

Ainsi, vous vous souvenez qu'en traitant du nerf moteur, nous avons constaté qu'un courant électrique passant à travers le nerf dans une direction rigoureusement perpendiculaire à son axe ne produisait aucune irritation du nerf, et par suite aucune contraction du muscle ; tous les expérimentateurs ont reconnu l'exactitude de ce fait. Cependant cette électricité qui traverse ainsi le nerf n'est pas dépourvue de toute action sur lui ; si elle ne l'irrrite pas, elle constitue par contre un obstacle très-sérieux au passage de l'influence nerveuse. En effet, lorsque l'on veut exciter le nerf plus haut avec un autre courant électrique, — disposé cette fois en mettant les deux pôles à des hauteurs inégales, de manière à produire l'effet désiré, — il faut employer un courant huit ou dix fois plus fort tant que le premier courant continue à passer, et, dès qu'on le supprime, on rentre aussitôt dans les conditions normales. C'est probablement une action analogue qui se produit sur les mouvements réflexes, sous l'influence des lobes optiques ou tubercules quadrijumeaux.

Voilà donc un premier point démontré en physiologie, c'est que les mouvements réflexes de la vie animale se combinent avec les mouvements directs et sont affaiblis par eux.

Prenons maintenant une autre grenouille, et coupons-lui simplement la moelle épinière, pour détruire l'influence du cerveau. Si nous plongeons une des pattes postérieures de cet animal dans de l'eau acidulée, il retire d'abord cette patte : c'est donc le premier point excité par le contact de l'acide. Puis il agite l'autre patte, et si la force excito-motrice est suffisante et l'acide assez concentré, les mouvements réflexes se propagent ensuite dans le reste du corps, et notamment aux membres antérieurs. Ceci prouve bien qu'il y a des entrecroisements dans tous ces mouvements et des communications dans tous les sens entre les divers éléments nerveux qui y prennent part. Cette propagation des mouvements réflexes dans tout le corps se fera avec une grande rapidité si la force excito-motrice est considérable. Mais quand l'excitation est faible, cette excitation, ou, si l'on veut, la vibration nerveuse, ne se transmet qu'au membre soumis à l'action de l'acide ou même à la seule racine antérieure correspondant à la racine postérieure irritée. En supposant une excitation un peu plus vive, le mouvement se communiquera à la paire de racines situées en face du côté opposé de la moelle ; puis il pourra se propager en haut et en bas plus ou moins loin, suivant l'accroissement d'intensité plus ou moins considérable qu'aura pris la force excito-motrice. Mais n'oublions pas que la localisation sera quelquefois poussée très-loin. Ainsi, quand on pince un doigt sur un animal fatigué, il peut arriver quelquefois que ce seul doigt remue isolément et sans ébranler le moins du monde les parties voisines.

Les actions réflexes sont répandues dans tout l'organisme, avons-nous dit tout à l'heure. Il y a en effet des mouvements réflexes dans les nerfs de la peau, dans les nerfs des sens spéciaux, dans les nerfs de la sensibilité inconsciente, enfin dans les nerfs qui se distribuent à tous les muscles, et c'est même, comme nous l'expliquerons plus tard, la véritable cause du ton musculaire.

Comme exemple de mouvements réflexes dans les nerfs de la peau, nous pouvons citer les grenouilles, chez lesquelles ils prennent un développement fort notable et une importance souvent très-grande.

Parmi les mouvements réflexes des nerfs de sensibilité spéciale, qu'il nous suffise d'indiquer pour le moment ceux du nerf optique. L'irritation de ce nerf, faite par un moyen quelconque, n'occasionne aucune douleur, mais elle produit une sensation lumineuse particulière. Cette sensation subjective donne lieu à une contraction de la pupille, qui se referme plus ou moins complétement, et avec une rapidité plus ou moins grande, suivant les cas. Il en est de même lorsque l'œil est frappé d'une vive lumière, dont les rayons pourraient blesser la rétine s'ils y arrivaient en quantité trop considérable. Ce phénomène est le résultat d'une action réflexe dont nous allons expliquer le mécanisme.

La membrane de l'iris reçoit plusieurs filets nerveux ciliaires, qui partent du ganglion ophthalmique, lequel communique lui-même avec un rameau de la troisième paire nerveuse, le nerf oculo-moteur commun. Le circuit se continue ensuite par le centre encéphalique, origine de ce dernier nerf, pour revenir à l'œil par le nerf optique. Ceci posé, coupons le nerf optique : l'animal devient immédiatement aveugle, et comme il ne reçoit plus d'impression lumineuse, sa pupille se dilate d'une manière considérable. Qu'on excite maintenant le bout central du nerf optique, il ne se manifestera pas, sans doute, la moindre trace de douleur, puisque nous venons de dire que ce nerf était incapable d'en ressentir ou d'en transmettre aucune au cerveau ; mais on produira ainsi une impression lumineuse, toute subjective, car elle ne correspond à aucun phénomène réel dans le monde extérieur, dans le monde des objets, et cette impression purement subjective amènera la contraction de la pupille, absolument comme si l'œil avait été réellement frappé par les rayons d'une lumière quelconque. Voilà donc un mouvement réflexe, inconscient, qui est dû à l'action du nerf optique. Et nous pouvons ajouter, de plus, que, dans ces phénomènes, l'influence est croisée; car bien que nous n'agissions que sur un seul œil, ou plutôt sur une seule des moitiés de l'encéphale, les mêmes mouvements se produisent aussi dans l'autre.

Les expériences que nous avons faites récemment pour établir qu'un ganglion du grand sympathique peut servir de centre dans une action réflexe, ces expériences, détaillées à la leçon précédente (1), et qui seraient peut-être applicables au ganglion ophthalmique, nous fournissent un autre exemple de mouvement réflexe produit par un nerf de sensibilité spéciale. Nous avons vu, en effet, qu'en irritant le nerf lingual avec un corps sapide, comme du vinaigre, on provoque une abondante sécrétion de salive dans la glande sous-maxillaire, et ce phénomène, parfaitement inconscient, constitue évidemment une action réflexe. Ici encore, comme nous l'avons vu pour le nerf optique, l'influence est croisée; car si l'on agit exclusivement sur la partie droite du nerf lingual, la glande sous-maxillaire du côté gauche ne s'en met pas moins à sécréter de la salive comme celle du côté droit, avec cette seule différence que le phénomène se manifeste d'abord sur la glande droite et tarde un peu plus à se produire sur la glande gauche. Aussi n'est-il pas étonnant qu'en coupant toute la partie droite du nerf lingual on n'arrête pas pour cela la sécrétion de la salive dans la glande correspondante. En effet, il reste toujours à cette

____

(1) Voy. plus haut pages 344 à 348 et fig. 76.

glande l'action croisée qu'exerce sur elle le rameau gauche du nerf lingual, et cette action suffit parfaitement pour amener la sécrétion par sa réaction sur la corde du tympan supposée restée intacte.

Après les mouvements réflexes dus aux nerfs de sensibilité consciente, générale et spéciale, nous trouvons ceux que produisent les nerfs de sensibilité inconsciente, c'est-à-dire, en d'autres termes, les actions réflexes du système nerveux grand sympathique.

Parmi les mouvements de ce genre soumis à l'influence de ce système, nous devons citer tout de suite les actions qui se produisent dans les nerfs pupillaires. Sans doute, nous avons déjà montré que l'irritation du nerf optique et des nerfs de sensibilité générale pouvait très-bien les provoquer, et il semble d'abord que cela suffise à leur explication; mais il ne faut pas s'étonner de nous voir invoquer maintenant l'action du grand sympathique, car il n'est pas rare que des causes multiples concourent à la production des mêmes mouvements réflexes, et l'on a constaté souvent que trois ou quatre influences diverses pouvaient ainsi se réunir pour participer à un phénomène unique. Les mouvements de la pupille en fournissent un exemple. Ils ont beaucoup occupé les physiologistes et les médecins parce qu'on les a observés dans un grand nombre de circonstances diverses, et l'on a pu se convaincre facilement qu'il ne fallait pas toujours les rapporter à la même cause. En effet ils se produisent d'abord par l'action de la lumière sur le nerf optique : c'est le cas que nous venons d'examiner tout à l'heure ; puis, par suite des sensations douloureuses communiquées aux nerfs de la peau ; enfin, par l'influence du grand sympathique dans certaines maladies particulières qui troublent l'état normal de ce système. Peut-être même ces trois causes ne sont-elles pas les seules qui puissent produire ce résultat, et devrions-nous en ajouter d'autres encore. Mais au moins l'action du grand sympathique est-elle incontestable, car les médecins ont observé certains mouvements de la pupille, dans les maladies des intestins, par réaction des nerfs intestinaux. Du reste, on peut supprimer cette action en coupant le filet du grand sympathique qui se rend dans l'iris, et cela prouve encore mieux la réalité du rôle que nous attribuons à ce filet.

Toutes ces actions réflexes sont encore croisées, c'est-à-dire qu'elles se propagent d'un côté du corps à l'autre, et cette circonstance prouve que le système cérébro-spinal prend une certaine part à la production du phénomène, car c'est dans l'axe principal de ce système que doit se faire le croisement.

Enfin, nous trouvons aussi dans les nerfs de sensibilité inconsciente des mouvements réflexes qui ne sont pas croisés et qui sont les seuls dus réellement et exclusivement à des ganglions du grand sympathique.

Du reste, la distinction des deux sytèmes nerveux est devenue aujourd'hui assez vague, puisqu'on a constaté, d'une manière certaine, qu'il y a des filaments spéciaux du grand sympathique réunissant ce système dans une foule de points, aux diverses parties du système cérébro-spinal. Il est dès lors tout naturel que les actions réflexes soient croisées, puisque le croisement se produit dans la moelle épinière.

Ce n'est pourtant point là une règle sans exception, et il y a des mouvements réflexes qui échappent à cette loi. Ainsi, nos expériences sur les sécrétions des glandes salivaires développées à la fin de la dernière leçon (1), permettent de distinguer deux actions réflexes très-différentes, partant toutes les deux du nerf lingual, mais ayant des centres tout à fait séparés, et qui peuvent, l'une comme l'autre, provoquer la sécrétion de la salive dans la glande sous-maxillaire (fig. 77). La première se produit en irritant le nerf lingual avec un corps sapide quelconque, vinaigre ou autre : elle a son centre dans le cerveau, et elle est naturellement croisée, ainsi que nous l'avons dit tout à l'heure, en la citant comme exemple d'action réflexe due à un nerf de sensibilité spéciale. La seconde résulte de l'irritation du nerf lingual, non plus par un irritant spécial, mais par un irritant qui agisse sur tous les nerfs, un irritant mécanique, je suppose, pincement, piqûre ou autre ; le centre de cette action réflexe se trouve placé

(1) Voyez plus haut pages 344 à 348.

dans un ganglion du grand sympathique, le ganglion sous-maxillaire, et cette fois le mouvement n'est plus croisé. Quand on excite seulement le côté droit, la glande droite entre en sécrétion, mais celle de gauche n'est aucunement modifiée dans son état, et si l'on agit ensuite sur le côté gauche, le même résultat

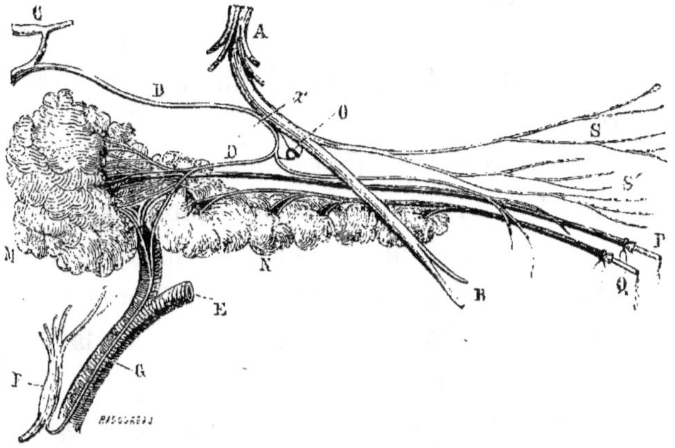

Fig. 77. — La glande salivaire sous-maxillaire du chien et les nerfs en rapport avec elle, pour montrer que cette glande peut entrer en sécrétion sous l'influence d'une action réflexe dont le centre est dans le ganglion sympathique sous-maxillaire.

M. Glande salivaire sous-maxillaire. — N. Glande salivaire sublinguale. — P. Conduit excréteur de la glande sous-maxillaire dans lequel on a introduit un tube. — Q. Conduit excréteur de la glande sublinguale dans lequel on a aussi introduit un tube. — A B. Nerf lingual provenant de la branche maxillaire inférieure de la cinquième paire nerveuse cérébrale (le trijumeau). — S S'. Rameaux du nerf lingual se distribuant dans la muqueuse buccale. — C. Nerf facial. — D D. Corde du tympan, rameau du nerf facial se distribuant dans la glande sous-maxillaire après s'être accolé quelque temps au nerf lingual. — O. Ganglion sympathique sous-maxillaire. — F. Ganglion cervical supérieur. — G. Rameau nerveux allant du ganglion cervical supérieur à la glande sous-maxillaire. — E. Artère maxillaire profonde desservant la glande sous-maxillaire.

se produit en sens inverse. Mais il est évident que pour pouvoir constater le phénomène, il faut d'abord supprimer la première action réflexe, qui a son centre dans le cerveau, et qui provoquerait toujours une vive sécrétion des deux glandes à la fois.

Il y a d'autres cas encore où le croisement du mouvement réflexe ne peut s'opérer. Moins bien isolés peut-être que l'exemple précédent, ils n'en sont pas moins incontestables, surtout dans le système vasculaire.

Le cœur reçoit des impressions plus ou moins vives de tous les nerfs de la peau, et ces impressions arrêtent son mouvement pendant un temps très-court, il est vrai, ce qui nous empêche de le remarquer sur nous-mêmes. Mais on peut le constater facilement en plaçant un manomètre sur une grosse artère : grâce à ce moyen, on suit avec certitude toutes les variations que subissent les pulsations du pouls, et, par suite, les mouvements du cœur qui en sont la cause première. Nous avons encore là des actions réflexes, et nous pouvons les rapporter à l'influence du nerf spinal et du nerf pneumogastrique, car elles ne se produisent plus dès qu'on a coupé ces deux nerfs. Du reste, ici encore l'action est croisée, car on peut la faire naître dans le côté droit en agissant sur le nerf spinal du côté opposé, et réciproquement.

Mais les nerfs vaso-moteurs nous fournissent des mouvements réflexes non croisés, comme ceux de la glande sous-maxillaire que nous rappelions à l'instant. Ainsi, quand on pince l'oreille d'un lapin, on provoque des actions réflexes qui amènent la contraction d'abord, puis la dilatation des vaisseaux sanguins. Ces actions se produisent par suite de la communication de la sensation douloureuse à un ganglion du grand sympathique, nommé le ganglion cervical, qui réagit à son tour sur les nerfs vaso-moteurs. Mais si l'on n'a pincé qu'une des oreilles, les phénomènes se manifestent seulement dans un côté de la tête, et l'autre côté y demeure parfaitement étranger. Le croisement de l'influence nerveuse n'a donc pas eu lieu dans ce cas.

Ainsi la physiologie ne connaît pas seulement des actions réflexes qui se propagent de proche en proche, et plus ou moins loin suivant la force de l'ébranlement primitif. Ce sont là les mouvements réflexes généraux, étroitement enchevêtrés les uns dans les autres, et qui peuvent s'engendrer réciproquement d'une manière presque indéfinie. Mais ce n'est pas tout. Il y a aussi des mouvements réflexes spéciaux qui ne se généralisent jamais comme les précédents, à travers l'organisme entier, mais restent toujours localisés dans certaines régions déterminées où ils ont pris naissance. Les mouvements de ce genre se rencontrent surtout dans le système vaso-moteur et dans toutes les sécrétions internes. Du reste, leur étude est fort difficile, et ils sont bien loin encore d'être complétement connus. Le mécanisme des mouvements

réflexes généraux commence à s'éclaircir un peu
mieux, et après avoir terminé l'étude rapide que nous
faisons de leurs principales espèces, nous montrerons
comment ils s'emboîtent les uns dans les autres, comment ils se coordonnent dans l'harmonieuse unité des
actions vitales.

VINGT-TROISIÈME LEÇON.

DES MOUVEMENTS RÉFLEXES (suite).

21 juin 1864.

Comme nous l'avons vu précédemment, le cerveau
exerce sur les mouvements réflexes une certaine in-

fluence que nous avons caractérisée déjà, en l'appe-
lant action modératrice. Mais il y a aussi une action
directrice. Quand on a retranché l'encéphale, les
mouvements réflexes font encore vivre l'animal
pendant un certain temps; mais il est réduit alors
à un état complet d'automatisme. S'il se meut encore, ce ne sera plus que sous l'impulsion des influences extérieures; tant que vous le laisserez en
repos, il n'aura pas la moindre envie d'en sortir, et ne
bougera jamais tout seul, car on lui a enlevé l'excitant physiologique par excellence de tous les mouvements spontanés, à savoir le cerveau, organe de la
volonté.

Quand on veut faire des expériences de ce genre,
on opère généralement sur des oiseaux, parce que
ce sont les animaux qui supportent le plus facilement ces mutilations encéphaliques. C'est en effet
sur des oiseaux que M. Flourens a institué ses expériences pour établir ce que nous avons énoncé plus
haut. Supposons donc qu'on enlève l'encéphale d'un
oiseau, d'un gallinacé par exemple. Ainsi mutilé,
il vole quand on le jette en l'air, remue si on le
touche, avance quand on le pousse, retire sa patte
si on la blesse; il avale le grain qu'on met dans son
bec : mais voilà tout. Il ne sait plus chercher sa nourriture ou faire usage de ses sens, et il est devenu
incapable de voir comme d'éviter le danger. La
même opération a également été pratiquée sur des
petits de mammifères pendant la période de l'allaite-

ment, et l'on a pu constater ainsi que, malgré l'absence du cerveau entraînant la suppression de tout mouvement volontaire, le seul contact du mamelon de la mère sur le museau du petit animal suffisait pour l'inviter à la succion : phénomène qui ne peut être dû évidemment qu'à une action réflexe. Voici un jeune chat nouveau-né qui a subi cette mutilation de l'encéphale ; les cris aigus qu'il pousse ne doivent pas vous induire en erreur, car eux aussi sont dus à des actions réflexes qui mettent en jeu les muscles du larynx.

Les mouvements réflexes persistent toujours, pendant le repos comme pendant le mouvement des membres sous l'influence de la volonté. C'est à eux en effet, qu'on doit rattacher un phénomène très-intéressant dont il a déjà été question dans ce cours à propos de la substance contractile. Nous voulons parler du ton musculaire qui maintient constamment tous les muscles dans un état particulier de demi-contraction déterminant la forme générale du corps. Les sphincters subissent, d'une manière non moins continue, une influence plus puissante encore, puisqu'elle les maintient toujours dans un état permanent de contraction. Or, les muscles de ce genre sont fort nombreux chez les animaux ; on en trouve à l'orifice de toutes les cavités organiques, à l'anus, à la vessie, aux organes sexuels, à l'estomac, etc. Ce dernier organe en possède même deux, l'un placé au pylore et l'autre au cardia. Voilà donc deux espèces de phénomènes, — ton musculaire et contraction permanente des sphincters, — sur lesquels il est nécessaire de nous arrêter un instant.

En étudiant les propriétés du muscle, nous avons vu qu'il pouvait passer par trois états distincts : la contraction, le relâchement complet, et l'état tonique ou normal qu'on peut en quelque sorte considérer comme intermédiaire entre les deux autres. La constitution du sang sortant d'un muscle varie notablement, suivant que ce muscle est dans l'un ou dans l'autre de ces trois états. Les expériences que nous avons faites à ce sujet ont presque toutes porté sur le muscle droit de la cuisse, parce qu'il est plus facile d'en apercevoir l'artère et la veine, ainsi que le nerf qui s'y distribue. En mettant ce muscle à nu, nous voyons que dans l'état naturel, c'est-à-dire à l'état de ton musculaire, le sang en sort avec une couleur noire modérée. Si nous provoquons la contraction, le sang veineux deviendra tout à fait noir, et ne contiendra plus du tout d'oxygène, la combustion ayant été complète. Au contraire, si nous coupons le nerf, nous verrons aussitôt le muscle se relâcher et s'allonger notablement; la section du nerf ayant supprimé le ton musculaire et l'état de demi-contraction qui le constituait, le sang veineux sortira parfaitement rouge. Hunter avait déjà remarqué que, dans l'état de syncope, lorsque tous les muscles sont relâchés et que le ton musculaire est suspendu, le sang veineux reste rouge comme le sang artériel, au lieu de devenir noir ainsi que cela a lieu à l'état normal.

Tous ces faits mettent en évidence l'action du système nerveux sur la combustion respiratoire, et par suite sur la constitution du sang (1). Cette combustion, qui peut se faire partout, mais qui, par le jeu naturel des fonctions, a cependant son siége principal dans le muscle, ne peut toutefois s'y produire qu'à une condition, c'est que le muscle soit à un état d'activité ou de contraction plus ou moins complète ; et elle suivra elle-même les degrés divers de cette activité. Ainsi, dans l'état de contraction pleine, presque tout l'oxygène sera brûlé, et la production de chaleur animale augmentera suivant l'intensité de cette contraction ; on a souvent constaté en effet que le sang veineux est d'autant plus noir, que la contraction musculaire a été plus énergique chez les divers individus ou dans les différentes régions du corps ; et cette énergie de la contraction dépend en grande partie de l'énergie de l'influence nerveuse, qui amène des conditions particulières dans la circulation capillaire du sang dans le muscle. Dans l'état de ton musculaire, l'action du nerf est bien moins puissante : nous n'avons plus qu'une demi-contraction ; elle ne provoquera plus en conséquence qu'une

______

(1) Voy. plus haut, douzième leçon, pag. 219 à 224.

combustion partielle, telle que nous la voyons à l'état normal, et le sang veineux aura une couleur noire assez faible. Enfin, si nous supprimons complétement l'action nerveuse en coupant le nerf, le muscle tombera dans son troisième état, celui de relâchement complet; la circulation capillaire est alors très-active, les vaisseaux sont élargis, le sang circule plus rapidement, et la combustion respiratoire est nulle, comme la contraction et l'influence nerveuse : le sang traverse alors le muscle sans y subir aucune modification, et il en sort, à l'état de sang veineux, aussi rouge qu'il y était entré à l'état de sang artériel. Nous avons déjà dit que c'est ce qui se produisait dans la syncope. Certaines maladies fébriles amènent les mêmes effets : le relâchement des muscles étant encore complet, le sang reste toujours rouge dans les veines aussi bien que dans les artères.

Ce que nous devons retenir de tout ceci, c'est qu'à l'état naturel le muscle n'est jamais dans un repos complet. L'influence du nerf sur lui est permanente, et elle y maintient toujours une contraction modérée qui constitue le ton musculaire. Quand le muscle antagoniste se contracte fortement, cette contraction légère cède à une contraction plus forte, et l'effet produit ne résulte, à vrai dire, que de la différence de force existant entre les deux actions contraires.

Tous les nerfs qui se distribuent dans les muscles et peuvent concourir aux mouvements réflexes qui s'y manifestent, tous ces nerfs ne sont pas de même nature, et l'on en peut distinguer jusqu'à trois ou quatre espèces différentes. Ce sont d'abord les nerfs moteurs, partis des racines antérieures de la moelle épinière et aboutissant dans la substance musculaire en pénétrant dans l'intérieur même de chaque fibre pour lui communiquer l'influence motrice. Viennent ensuite les nerfs sensitifs, issus des racines postérieures, qui arrivent également dans le muscle où l'on ne connaît pas trop leur mode de terminaison : peut-être consiste-t-il en un petit noyau de cellule qu'on aperçoit d'ordinaire à leur extrémité ; mais cette question n'est pas encore résolue (1). Ce qu'on sait seulement, c'est qu'il y a dans le muscle des nerfs de sensibilité, car on peut produire des mouvements réflexes en l'irritant directement ; mais ce n'est pas une sensibilité consciente comme celle de la peau. Après ces deux premières espèces de nerfs, citons les nerfs vaso-moteurs et les filets du grand sympathique dont nous ne parlerons pas maintenant.

Quand on coupe les racines antérieures, celles du mouvement, le muscle tombe naturellement dans un relâchement complet ; le ton musculaire disparaît, mais les nerfs vaso-moteurs peuvent garder leur action propre, suivant les régions où l'on opère la section de la racine antérieure, et suivant qu'elle est

(1) Voy. plus haut, dix-huitième leçon, pag. 295 à 299, et fig. 59, 60 et 61.

ou non associée, dès son origine, avec le nerf vaso-moteur qui règle la combustion respiratoire. Si nous coupons, au contraire, les racines postérieures (sensitives), en respectant les racines motrices, le muscle entre encore en relâchement; mais il y a cette différence que les mouvements réflexes partis des autres régions du corps peuvent très-bien se propager jusqu'à lui, et amener sa contraction au moyen des nerfs moteurs restés intacts. Un muscle pourrait donc être paralysé du ton musculaire, sans l'être en même temps du mouvement volontaire.

Nous trouvons, en somme, trois espèces de mouvements réflexes : le ton musculaire (demi-contraction réflexe constante), les mouvements réflexes momentanés, et les actions réflexes permanentes comme celles qui maintiennent la contraction des sphincters.

Tous les muscles sont le siége de mouvements réflexes que nous ne pouvons évidemment étudier ici en détail. Il y a pourtant certains muscles de la vie organique qui présentent des particularités fort intéressantes, et dont nous devons au moins dire un mot. Ainsi, coupez les nerfs qui se distribuent dans les muscles des vaisseaux; ces muscles se relâcheront aussitôt, et le volume des vaisseaux sera notablement augmenté. Ces faits se produisent même quelquefois dans l'organisme d'une manière naturelle, et ils sont alors la cause de certaines affections particulières, les congestions par exemple. Mais les sphincters, ou plutôt une partie d'entre eux, fournissent à cet égard des phénomènes très-remarquables et tout à fait spéciaux. Quand on coupe leurs nerfs, ils restent encore contractés pendant un certain temps, comme si aucune lésion n'avait été opérée, et la paralysie du ton musculaire ne se produit même pas dans tous les cas. Ainsi, à l'entrée cardiaque de l'estomac, à la partie inférieure de l'œsophage, on trouve un sphincter destiné à empêcher les aliments, qui ont une fois pénétré dans ce viscère, de remonter ensuite dans l'œsophage. Ce sphincter, qu'il est surtout facile d'apercevoir chez un chien ou un lapin, présente à un très-haut degré, et avec des circonstances fort intéressantes, les phénomènes dont nous parlons.

Cette persistance de l'état de contraction dans le sphincter du cardia pendant un certain temps après la section du nerf qui le domine, un des rameaux du nerf pneumogastrique, a donné lieu, en effet, à des théories très-fausses, parce qu'on ne pouvait s'imaginer que la fonction continuât à s'exercer lorsque l'organe nerveux était lésé d'une manière aussi grave. D'anciens auteurs avaient avancé que le nerf pneumogastrique présidait au sentiment de la faim et à celui de la soif: il est vrai que la section de ce nerf n'empêchait pas ces deux sentiments, naturellement si vifs, de se manifester comme auparavant; mais ils avaient cru qu'elle rendait impossible la naissance du sentiment de la satiété. Voilà ce qui semblait bien résulter des expériences. En effet, si l'on prend un chien ou un lapin, et qu'on lui coupe le nerf pneumogastrique, après l'avoir préalablement laissé à jeun pendant vingt-quatre heures pour exciter vigoureusement son appétit, on voit qu'il mange alors avec avidité la nourriture qu'on lui présente; mais, au bout d'un certain temps, il s'arrête et régurgite, comme si sa précipitation lui avait fait avaler plus d'aliments que n'en pouvait supporter son estomac; mais il se remet aussitôt à manger pour régurgiter de nouveau, et ainsi de suite. Voilà bien, semblait-il, le sentiment de la faim apparaissant toujours avec la plus vive énergie, et le sentiment de la satiété cessant complétement de se produire.

Nous avions accepté cette interprétation comme tout le monde. Mais une circonstance fortuite, qui se produisit au milieu d'expériences faites dans un but très-différent, vint éclairer ce résultat d'un jour tout nouveau. L'erreur des explications précédentes nous apparut avec évidence, et nous fûmes mis en même temps sur le chemin qui devait conduire à l'interprétation véritable. Voici ce qui nous arriva.

Nous opérions sur un chien qui avait subi la section du nerf pneumogastrique, et auquel nous avions pratiqué une fistule stomacale pour observer le mécanisme de la déglutition. Notre animal avait beau manger, et nous ne voyions rien entrer dans l'estomac. C'était là une chose singulière. Il fallait bien que les aliments avalés se logeasssent quelque part ; et, s'ils n'arrivaient point jusqu'à l'estomac, c'est qu'ils restaient dans l'œsophage paralysé, sans pouvoir franchir son sphincter inférieur. Tous les phénomènes observés se comprenaient alors merveilleusement. Quand l'œsophage était rempli, l'animal devait évidemment régurgiter ; d'un autre côté, les aliments qu'il avait pris, n'ayant ni rempli son estomac ni subi aucune action des sucs digestifs, n'avaient pu s'assimiler, ni par conséquent apaiser sa faim en quoi que ce soit ; et dès lors il était naturel qu'il recommençât à manger de plus belle.

Nous pouvons, du reste, constater directement l'exactitude de cette interprétation par une expérience bien simple. Il suffit de prendre un lapin et de le nourrir d'abord avec des choux ou d'autres substances vertes ; puis on pratique la section du nerf pneumogastrique, et l'on fait prendre à l'animal une nourriture dont la couleur tranche nettement sur la couleur des aliments précédemment donnés, pour que la distinction en soit facile : ce sera, par exemple, de la carotte. Si l'on sacrifie ensuite l'animal, on trouvera en l'ouvrant que l'estomac contient des substances vertes, mais qu'aucune partie des carottes avalées n'a pu dépasser le cardia. Quelle est donc l'influence qui peut ainsi interdire aux aliments l'accès de l'estomac ? C'est le dernier point à déterminer. Mais il est facile de voir qu'une seule cause peut expliquer convenablement le phénomène, et cette cause, c'est la contraction du sphincter cardiaque, qui bouche complétement la communication entre l'œsophage et l'estomac, et qui n'est plus vaincue par la contraction des fibres circulaires de l'œsophage.

Les sphincters de l'anus et de la vessie présentent des phénomènes tout à fait semblables, qu'il est facile de constater en coupant les nerfs du plexus lombaire. Mais tous ces faits ne contredisent pas les explications que nous avons données sur le ton musculaire ; car, en répétant les expériences deux ou trois jours après la section du nerf pneumogastrique, on trouve alors que la contraction permanente du sphincter a cessé, et avec elle toutes les conséquences qu'elle entraînait. La persistance singulière de cette contraction pendant un temps souvent assez long, après la section du nerf pneumogastrique, tient peut-être à l'influence des ganglions du grand sympathique, qui sont très-nombreux dans les parties voisines de ces organes.

Les actions réflexes président à toute la vie organique, et l'on peut dire que beaucoup de fonctions ne sont qu'une suite de mouvements réflexes régulièrement enchaînés. Ainsi, par exemple, quand on met un grain dans le bec d'un oiseau dont le cerveau a été enlevé, ce grain se digère complétement par une série d'actions réflexes, dont nous devons déterminer les irritants et la réaction mutuelle. Depuis quelques années, on a beaucoup cherché les centres de ces actions réflexes, mais on ne les a pas encore trouvés pour toutes, car ce sont là des expériences extrêmement délicates à faire, et plus difficiles encore à interpréter.

Dès le premier acte de la nutrition, dans la bouche, nous trouvons de nombreuses actions réflexes concourant à la digestion; mais il s'y mêle aussi des influences volontaires. Quand on a enlevé le cerveau d'un animal, le seul contact du vinaigre sur sa langue amène une abondante sécrétion des glandes salivaires placées dans la bouche. On ne connaît pas encore précisément le centre de cette action réflexe. Cependant, en faisant d'autres expériences, nous avons souvent remarqué qu'on provoquait une vive sécrétion salivaire, en piquant le cerveau dans certains endroits; c'est sans doute au voisinage de ces régions que se trouve le centre de l'action réflexe dont nous parlons.

Du reste, la seule pensée, et à plus forte raison la vue de certaines substances, suffit pour produire une abondante sécrétion de salive. C'est là un phénomène connu de tous, et qu'on exprime vulgairement en disant que telle ou telle chose fait venir l'eau à la bouche; ce qui est considéré comme l'expression d'un vif désir.

Cette influence purement morale a même été utilisée bien des fois pour faire certaines expériences physiologiques. Ainsi nous avons souvent mis à

nu et ouvert le canal salivaire parotidien sur un
cheval laissé préalablement à jeun pendant vingt-
quatre heures pour rendre le phénomène plus sensible, et nous lui montrions alors à distance une
botte de foin : cette vue excitait tellement son appétit
aiguisé par une longue attente, qu'il se produisait un
écoulement de salive aussi abondant et aussi continu
que le jet d'un robinet. Lorsque M. Thenard, l'illustre
chimiste, avait besoin de salive pour ses expériences,
il employait un moyen tout à fait semblable. Ce
moyen consistait à prendre un chien bien portant et
à le laisser d'abord sans aucune nourriture pendant
vingt-quatre heures. Puis on mettait à la broche un
gigot succulent, et l'on plaçait le chien à quelque distance, après l'avoir bâillonné de manière à l'empêcher
d'avaler sa salive. Les ardents désirs que provoquaient
les vapeurs du rôti chez le pauvre animal affamé, y
faisaient prendre à la sécrétion de la salive des proportions tout à fait extraordinaires, et, grâce à cette
nouvelle application du supplice de Tantale dans
l'intérêt de la science, on recueillait ainsi de grandes
quantités de liqueur salivaire qui fournissaient à tous
les besoins des analyses.

Dans un traité sur la digestion où il a montré le
premier à préparer du suc gastrique et du suc pan-
créatique artificiels, Eberle a soutenu que la bave
des animaux enragés et le venin que portent beaucoup de reptiles, comme les vipères et tant d'autres,

ne sont au fond que des altérations de la sécrétion salivaire. Il supposait même que l'altération consistait en ce que cette humeur se trouvait mélangée alors d'une quantité variable de sulfocyanure de potassium, corps qu'on regarde hypothétiquement comme fort dangereux. Ce savant, très-recommandable du reste, exagérait singulièrement l'influence que peuvent exercer les causes morales sur la nature de cette sécrétion salivaire, et il prétendait pouvoir produire à son gré, sur lui-même, de la bonne ou de la mauvaise salive. Quand il voulait en obtenir de la bonne, il pensait à une foule de choses agréables, à des mets délicieux ou aux plaisirs qu'il souhaitait le plus ; et, tout son organisme s'épanouissant sous cette douce influence, la salive recueillie dans ces conditions était excellente. Pensait-il, au contraire, aux mille désagréments qu'on rencontre toujours dans la vie, aux ennemis qu'il pouvait avoir, aux dangers qu'il pouvait craindre, enfin à toutes les choses qui étaient plus particulièrement capables de lui déplaire, aussitôt la sécrétion était complétement modifiée. Sans doute, la salive d'Eberle ne devenait pas alors tout à fait semblable à la bave d'un animal enragé ; mais enfin elle contenait, dit-il, du sulfocyanure de potassium en quantité notable. C'est Eberle lui-même qui nous donne tous ces détails, et vous en avez saisi tout de suite les côtés singuliers : nous n'avons pas besoin d'ajouter qu'ils sont purement fantastiques. Cependant cela prouve au moins l'in-

fluence qu'exerce l'imagination sur tous ces phénomènes de sécrétion, influence souvent plus nuisible
qu'utile, mais qu'il serait impossible de contester
aujourd'hui.

Pour provoquer la sécrétion de la salive ou des
autres humeurs concourant à l'acte de la digestion,
il faut, — ainsi que Berzelius l'a dit depuis longtemps
déjà, — il faut prendre un liquide ayant une réaction
opposée à celle du liquide qu'on veut obtenir. Ainsi,
le carbonate de soude, sel assez fortement basique,
n'excite pas la sécrétion de la salive ; mais tous les
acides le font, quoique avec une énergie plus ou
moins grande, parce que la salive est une liqueur
alcaline. Au contraire, dit toujours Berzelius, si vous
voulez produire dans l'estomac une abondante sécrétion de suc gastrique, humeur nettement acide, il
faudra soumettre les parois du viscère à l'action d'un
liquide légèrement alcalin.

On a professé sur ce point des opinions diamé-
tralement opposées à la vérité, et ces idées fausses
servaient autrefois de base à une foule de prescrip-
tions médicales. Ainsi, quand on ordonnait à un
malade de prendre du fer, qui devait être attaqué
par le suc gastrique grâce à la réaction acide de ce
liquide, on se gardait bien d'administrer en même
temps des alcalis qui auraient saturé plus ou moins
cette acidité du suc gastrique et empêché ainsi,
croyait-on, l'attaque du fer de se produire con-

venablement. Mais l'erreur à laquelle aboutit ce raisonnement vous prouve une fois de plus qu'il ne faut pas s'en tenir exclusivement aux considérations chimiques, malgré leur importance réelle. Les considérations physiologiques doivent toujours prédominer sur toutes les autres, parce qu'elles correspondent aux véritables faits vitaux, et que ceux-ci sont le centre de l'exercice de toutes les fonctions : les faits physico-chimiques ne sont, à vrai dire, que des milieux préparés pour le développement de ceux-là. Ainsi, dans le cas qui nous occupe, l'alcali administré avec le fer saturera sans doute une petite quantité de suc gastrique ; mais, en irritant la muqueuse de l'estomac, il lui en fera produire une quantité bien plus considérable, et en définitive l'avantage est évident. Pour faciliter la digestion chez les estomacs paresseux, il faudra donc aussi faire avaler avec les aliments du carbonate de soude qui stimulera l'inertie de l'estomac et activera la sécrétion du suc gastrique.

Comme le remarque encore Berzelius, la nature a eu soin d'alterner les réactions dans les parties successives du tube digestif, afin d'amener ainsi en temps opportun la production des différentes humeurs nécessaires à la digestion. La réaction est alcaline dans la bouche, et les aliments, en s'imprégnant de salive, transportent la même réaction dans l'estomac où elle provoque ainsi la sécrétion du suc gastrique. Là ces aliments deviennent acides sous l'influence de ce même suc gastrique qui s'y est mêlé au fur et à mesure de sa production, et, en touchant les bords de l'intestin duodénum, ils amènent immédiatement une sécrétion considérable de bile qui change encore une fois leur réaction et la fait devenir alcaline. Tous ces phénomènes peuvent s'observer avec assez de facilité sur le cheval dont les canaux sécréteurs sont très-larges. On assiste alors à la sécrétion de chaque humeur, et l'on voit clairement les effets de cette influence décisive qu'exercent sur elle les diversités de réaction chimique dont nous parlons.

Mais à côté de ces phénomènes de sécrétion dus à des actions réflexes, il y a aussi dans les intestins, et en général tout le long du tube digestif, divers mouvements purement mécaniques que nous devons rapporter à la même cause.

Il n'y a en effet que deux choses dans la digestion, des liquides et des mouvements; et, suivant la diversité des époques, chacune d'elles a occupé à son tour d'une manière trop exclusive l'attention des savants, qui oubliaient ou méconnaissaient ainsi l'importance de l'autre. La digestion a donc été successivement attribuée à ces deux agents. Ainsi, avant Réaumur et Spallanzani, qui mirent en évidence le rôle considérable joué par les liquides dans ce phénomène, Borelli et autres regardaient surtout la digestion comme un broiement : l'estomac et les intestins étaient pour eux une sorte de moulin qui triturait la nourriture. Ces vues théoriques étaient du reste appuyées par des observations assez bien faites ; mais il ne faut pas oublier qu'on agissait principalement sur des gallinacés, ce qui explique l'erreur et fait comprendre comment on s'est tant exagéré l'importance des agents mécaniques. Chez ces animaux, en effet, les mouvements concourant à la digestion prennent une énergie toute particulière, surtout dans le gésier. Mais ce n'est pas une raison pour ne voir que ce phénomène de broiement et oublier tout le reste. Le gésier ne fait que remplacer les dents, et les mouvements qu'on y observe ne sont qu'un acte préparatoire de la digestion proprement dite, acte qui a pour but de mieux diviser les aliments, afin qu'ils s'imprègnent plus vite des différents sucs digestifs et qu'ils subissent plus complétement leur action. En un mot, ce qui se passe là, ce n'est autre chose qu'une sorte de mastication placée un peu plus profondément dans l'intérieur du corps, et voilà tout. Les liquides, au contraire, jouent toujours un rôle capital et décisif.

Mais tout cela, liquides ou mouvements, tout cela est dû à des actions réflexes, et la digestion tout entière se produit ainsi. En effet, ainsi que nous l'avons déjà dit, quand on place un grain ou un autre aliment dans la bouche d'un animal privé de cerveau, et incapable par conséquent de tout mouvement direct et volontaire, il avale aussitôt ce grain, évidemment par un mouvement réflexe; d'autres mouvements du même genre, échelonnés tout le long du tube digestif, se succèdent les uns aux autres, en se provoquant mutuellement, et président ainsi aux différentes phases de la digestion qui s'accomplit d'un bout à l'autre sous leur empire exclusif, à peu près aussi régulièrement que si l'animal n'avait pas été privé de son cerveau. L'action volontaire a donc ici une influence bien minime ou nulle, et les premiers de tous ces mouvements réflexes, ceux qui s'accomplissent dans la bouche, sont même les seuls qu'elle peut parvenir à maîtriser. Les autres lui échappent complétement, et dès que l'aliment est dans le pharynx, il lui est impossible d'empêcher la déglutition, ni à plus forte raison tous les actes ultérieurs.

On a observé dans le canal intestinal des mouvements réflexes parfaitement séparés du système cérébro-spinal, et résultant de l'irritation directe des intestins. On produit des phénomènes tout à fait semblables dans l'uretère en opérant de la même manière.

Cependant certains mouvements réflexes de la vie organique peuvent passer par le système cérébro-spinal; mais il n'en est pas moins certain d'un autre côté que des ganglions du grand sympathique jouent quelquefois le rôle de centre : nous l'avons montré précédemment d'une manière incontestable dour le ganglion sous-maxillaire (1). Certains plexus particuliers peuvent jouir des mêmes propriétés.

(1) Voy. ci-dessus vingt et unième leçon, pag. 344 à 348.

On l'a démontré aussi pour des phénomènes spéciaux, et, dès que cela est établi dans un cas, on peut l'admettre pour d'autres, au moins à titre d'hypothèse fort vraisemblable. Du reste, parmi les mouvements réflexes, il y en a un certain nombre qui se croisent d'une partie du corps à l'autre; et, quant à ceux-là, on peut avouer sans grand danger d'erreur qu'ils passent tous dans le système cérébro-spinal, et que le croisement s'opère dans la moelle épinière.

VINGT-QUATRIÈME LEÇON.

MÉCANISME DES SÉCRÉTIONS.

25 juin 1864.

SOMMAIRE. — Deux genres d'actions réflexes : les unes produisant la contraction d'un muscle, les autres son relâchement.—Actions paralysantes sur le cœur, sur les mouvements respiratoires, etc. — Composition des glandes. — Expériences de M. Claude Bernard sur la glande sous-maxillaire du chien. — État de la glande en repos. — Phénomènes qui se produisent pendant la contraction. — Ces phénomènes s'expliquent par l'action paralysante de la corde du tympan. — Phénomènes qui suivent la suppression complète du système nerveux de la glande. — Sécrétion énergique et continue qui amène la destruction de la glande. — Régénération de la glande et rétablissement de la sécrétion à l'état normal.

Parmi les mouvements réflexes, il en est qui amènent un mouvement mécanique et d'autres la production d'un liquide, c'est-à-dire une sécrétion. On doit se demander par quel mécanisme ce liquide peut se sécréter dans la glande sous l'influence de ces actions nerveuses. C'est ce que nous allons tâcher d'expliquer.

Mais d'abord signalons deux cas bien distincts d'actions réflexes : les unes, qui produisent la contraction d'un muscle ; les autres, qui amènent son relâchement.

L'exemple de ce dernier cas le plus anciennement connu est celui du cœur, qu'on arrête, non pas en systole (car ce serait alors l'état tétanique), mais bien en diastole, et cela par une irritation convenable des nerfs de sensibilité de la peau. Cette action se produit, comme toutes les autres, par des actions réflexes. Nous avons le nerf de sensibilité partant de la peau, et apportant l'*irritation*, origine première des phénomènes ; puis la cellule nerveuse à laquelle il aboutit, et qui sert de centre ; enfin le nerf de mouvement (le pneumogastrique ou spinal) arrive à la fibre musculaire du cœur. La seule différence que nous trouvions entre ce cas et les exemples ordinaires d'actions réflexes, c'est que cette influence produit ici un relâchement du muscle cardiaque au lieu de le contracter. En rendant les deux espèces d'actions réflexes continues, on aura, d'un côté le tétanos, et, de l'autre, le relâchement complet et permanent du muscle. Remarquons, du reste, que, si l'on peut obtenir la contraction d'un muscle en agissant sur le nerf de sensibilité, sur l'organe central ou sur le nerf moteur, dans l'exemple du cœur, que nous venons de citer, on peut également agir sur l'un quelconque de ces trois points; et l'effet produit sera le même, qu'on irrite les nerfs de sensibilité de la peau, la substance de la moelle ou le nerf pneumogastrique. Il y a donc parité aussi complète que possible entre les deux cas.

Les mêmes phénomènes d'interruptions se produisent sur la respiration par suite de certaines influences morales et de phénomènes cérébraux divers. Ces mouvements ont été surtout étudiés dans ces derniers temps par M. Rosenthal. Ce physiologiste a confirmé ce qu'on avait vu déjà du pneumogastrique, mais en précisant davantage; et il a montré que l'action paralysante, dans ce cas, était due spécialement à certains filets particuliers du pneumogastrique. Ainsi, en excitant le nerf laryngé supérieur, on arrête la respiration. Ces faits bien établis font disparaître toutes les contradictions des expériences précédentes, et ils expliquent des faits que nous avions remarqués bien des fois depuis long-temps déjà.

Quand on serre le cou d'un animal, sa respiration s'arrête aussitôt, et l'on dit qu'il étouffe parce qu'il ne peut plus respirer, l'air n'ayant plus d'accès dans ses poumons. Il n'y a pas que cette seule cause, car plusieurs fois, ayant fait une ouverture dans la trachée au-dessous de l'endroit où était pratiquée la pression, nous avons cependant vu l'animal suspendre subitement sa respiration, quoique l'air pût entrer facilement dans les poumons. Le défaut d'air n'est donc pas ce qui arrête la respiration dans ce cas : l'effet produit tient à ce qu'en pressant le cou, on presse en même temps le nerf laryngé supérieur, qui arrête les mouvements respiratoires par une action réflexe.

On pourrait trouver aussi quelques actions paralysantes du même genre dans les intestins ; mais elles ont été beaucoup moins étudiées, et sont restées plus obscures en tant qu'actions réflexes. D'ailleurs les deux exemples précédents suffisent amplement pour l'exposition des idées qui vont suivre.

Ces actions réflexes paralysantes, qui jouent un si grand rôle dans l'organisme, peuvent peut-être servir à interpréter certains phénomènes restés jusqu'ici fort difficiles à expliquer, entre autres les sécrétions dont nous ne nous faisons pas encore une idée bien exacte, au moins quant à leur mécanisme.

Dans une glande, on trouve d'abord des cellules glandulaires, et des nerfs de toute espèce ; puis des éléments contractiles, du tissu conjonctif et des vaisseaux. Mais, on ne conçoit pas l'action d'un nerf moteur sur une autre substance que sur une substance contractile, et, d'un autre côté il est certain maintenant que les sécrétions sont dues à une action du système nerveux. Il faut donc admettre que, dans le phénomène des sécrétions, il y a une action du nerf moteur sur une substance contractile ; et, en effet, nous venons de le dire, on en trouve dans les glandes. Mais les actions réflexes du système nerveux qui dominent tous ces phénomènes produisent tantôt une contraction, et tantôt un relâchement du muscle. La sécrétion sera-t-elle due à une action contractile ? Nous pensons qu'elle est due à une action réflexe paralysante, et voici les raisons que nous ont fournies nos récentes expériences à l'appui de cette explication.

Toutes ces expériences ont été faites sur la glande sous-maxillaire du chien. Cette glande (fig. 78) forme une masse sphérique, recevant une artère de la carotide externe, et émettant un rameau veineux qui va rejoindre la veine jugulaire externe. L'action du système nerveux sur cette glande s'exerce au moyen de filets nerveux provenant de la corde du tympan et du ganglion cervical supérieur du grand sympathique ; enfin elle est pourvue d'un conduit excréteur qui amène la salive dans la bouche.

La sécrétion se produit là par une action réflexe, et il est facile de le prouver en excitant le nerf lingual d'une manière quelconque. Nous trouvons encore ici les trois organes que suppose toujours une action réflexe. L'irritation produite sur le nerf de sensibilité, le lingual, se transmet par un centre qui est ici le cerveau, et arrive à la corde du tympan, nerf moteur. On pourrait du reste, suivant les lois ordinaires des ac-

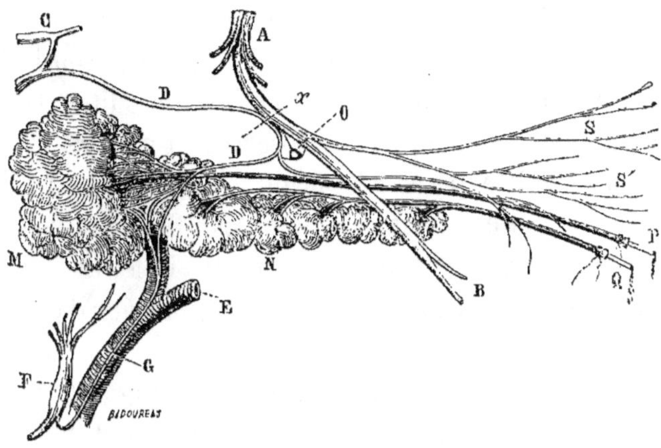

Fig. 78. — La glande salivaire sous-maxillaire du chien et les nerfs en rapport avec elle, pour étudier le mécanisme de la sécrétion.

M. Glande salivaire sous-maxillaire. — N. Glande salivaire sublinguale. — P. Conduit excréteur de la glande sous-maxillaire dans lequel on a introduit un tube. — Q. Conduit excréteur de la glande sublinguale dans lequel on a aussi introduit un tube. — A B. Nerf lingual provenant de la branche maxillaire inférieure de la cinquième paire nerveuse cérébrale (le trijumeau). — S S'. Rameaux du nerf lingual se distribuant dans la muqueuse buccale. — C. Nerf facial. — D D. Corde du tympan, rameau du nerf facial se distribuant dans la glande sous-maxillaire après s'être accolé quelque temps au nerf lingual. — O. Ganglion sympathique sous-maxillaire. — F. Ganglion cervical supérieur. — G. Rameau nerveux allant du ganglion cervical supérieur à la glande sous-maxillaire. — E. Artère maxillaire profonde desservant la glande sous-maxillaire.

tions réflexes, obtenir le phénomène en irritant directement la corde du tympan. Tout se passe d'ailleurs dans cette expérience d'une manière fort simple, et l'on observe très-facilement tous les phénomènes qui se succèdent. Cet exemple peut même prouver merveilleusement combien Cuvier a eu tort de dire que dans un être vivant on ne peut agir sur une partie sans troubler le tout, dont l'état réagirait à son tour sur chacune des parties, de manière à modifier profondément les phénomènes observés. Il n'en est rien, et, dans cette expérience, on voit fonctionner la glande avec une netteté parfaite ; toutes les influences se produisent sur elles, comme sur un être isolé, avec une indépendance parfaite, et l'on ne trouble rien dans les parties voisines.

Quand la glande est en repos, le sang artériel y entre rouge ; le sang veineux en sort tout noir et ne contenant plus d'oxygène ; il y a eu combustion complète, une combustion respiratoire qui a remplacé l'oxygène par de l'acide carbonique. D'un autre côté, les vaisseaux sont très-resserrés, et, par conséquent, le sang qui passe par l'étroite ouverture qu'ils offrent est en quantité assez peu considérable.

Si maintenant nous reproduisons l'action réflexe par l'irritation du nerf lingual, — ce qui se fait tout simplement en déposant sur la langue un corps sapide, comme un peu de vinaigre, — la glande entre aussitôt en fonction, le conduit excréteur amène dans la bouche une grande quantité de salive ; le sang veineux sort abondamment de la glande, tout rouge,

et contenant encore beaucoup d'oxygène : souvent
même, on ne peut plus le distinguer du sang artériel
par sa couleur. Enfin le sang passe très-rapidement,
et en très-grande masse, à travers la glande, parce
que les vaisseaux se sont dilatés dans des proportions
considérables ; la veine donne des pulsations comme
l'artère, et, lorsqu'on la coupe, elle émet un jet de
liquide de plusieurs centimètres.

Eh bien, cherchons maintenant à comprendre ce
qui se passe, mais en restant toujours à cheval sur
les faits bien observés ; car, si les interprétations
peuvent changer, les faits doivent rester les mêmes,
et toutes les théories doivent plier devant eux pour s'y
adapter. Prenons donc chacune des circonstances de
l'expérience et cherchons-en l'explication. Cette dilatation de l'artère et de la veine, c'est une paralysie
des vaisseaux : seulement, le point nouveau qu'il faut
admettre ici, c'est que cette action paralysante se
porte, non pas directement sur l'élément musculaire,
mais d'abord sur le grand sympathique, lequel contracte certainement les vaisseaux quand son influence
n'est pas entravée ou détruite : il suffit en effet de
l'irriter d'une manière quelconque, par exemple en
coupant un de ses nerfs, pour amener une diminution immédiate du volume des vaisseaux. Ainsi, dans
notre expérience, nous paralysons l'action incessante
du grand sympathique qui tend à resserrer les vaisseaux, et ceux ci se dilatent aussitôt par le relâche-

ment de leur tunique musculaire débarrassée de l'influence du grand sympathique.

Dans la glande sous-maxillaire nous avons donc sur les mêmes fibres musculaires des actions nerveuses de deux genres : celle du grand sympathique, qui fait contracter ces fibres, et celle de la corde du tympan, qui les dilate en paralysant le grand sympathique. L'action de la corde du tympan correspond à l'activité de la glande, celle du grand sympathique à la période de repos. Ainsi, la sécrétion est une conséquence de l'action paralysante de la corde du tympan sur le grand sympathique.

Il y a encore d'autres faits à expliquer. Si nous paralysons complétement cette glande, en détruisant tout à fait les nerfs qui s'y rendent, elle se met à fonctionner d'une manière continue : ce qui prouve bien que l'action exercée sur elle par le système nerveux est une action de contention. En opérant ainsi nous rendons cette sécrétion continue, mais seulement à partir de deux ou trois jours après la section du nerf. Ce retard du phénomène vient de ce qu'on ne peut couper le nerf qu'à son entrée dans la glande, et il faut alors, pour que toute action nerveuse soit supprimée, attendre que les derniers filaments de nerf qui se distribuent dans la glande soient complétement détruits par défaut de nutrition.

Pour démontrer d'une autre manière que les phénomènes qui se produisent alors sont bien dus à la suppression du nerf, on peut empoisonner l'animal par le curare qui, on le sait, n'agit que sur les nerfs moteurs ; on met un tube au conduit de la glande pour amener à l'extérieur la salive produite et mieux apprécier la force de la sécrétion : quand la paralysie du muscle est devenue complète par la mort du système nerveux moteur, on obtient alors une sécrétion extrêmement abondante.

Nous avons fait cette expérience de la manière suivante. Elle consiste à injecter, avec une seringue munie d'un tube d'argent excessivement fin, quelques gouttes de curare à l'origine de la petite artère qui va à cette glande sous-maxillaire ; puis on ouvre la veine glandulaire pour laisser échapper le sang empoisonné par l'action du curare et l'empêcher de porter ses funestes effets dans l'organisme, de manière que la glande se trouve seule empoisonnée. Quand on fait ainsi cette injection, la sécrétion se produit tout de suite d'une manière continue ; puis, après un temps plus ou moins long, la glande reprend peu à peu son état normal, et il est possible ensuite de recommencer un certain nombre de fois sur le même sujet : on obtient toujours les mêmes résultats. Il n'y a pas d'erreur possible dans cette expérience, car nous avons injecté de la même manière divers liquides, — notamment de l'eau et même des liquides excitants, — sans produire aucun effet sur la sécrétion de la glande. Les résultats obtenus ne peuvent donc être rapportés qu'à la paralysie des fibres musculaires de la glande, paralysie résultant de l'empoisonnement par le curare des filaments nerveux qui s'y distribuent.

Nous avons voulu savoir ce que devenait la glande qui sécrétait ainsi d'une manière continue et très-abondante par suite de la section et de la dégénérescence des nerfs. Cet état de sécrétion incessante dura quelques semaines, et la glande diminuait de plus en plus de volume en subissant des changements notables dans la structure de ses tissus. Plusieurs glandes soumises à l'action de ces phénomènes anormaux ont été envoyées à M. Robin qui a pu constater et déterminer ces changements. Peut-être aussi la composition chimique de la sécrétion est-elle modifiée dans ces circonstances. Au bout de cinq ou six semaines, quand on opère sur un chien de moyenne force, la sécrétion s'arrête tout à fait ; alors elle reprend, au bout d'un certain temps, son volume et son état normal : c'est que dans l'intervalle les nerfs se sont régénérés, et la glande elle-même a pu se nourrir. Ainsi donc, la période de repos ou de sommeil de la glande est le moment pendant lequel s'opère sa nutrition.

Il faut beaucoup de sang pour fournir la quantité d'eau nécessaire à la salive qui se forme, et nous avons constaté que la différence entre la quantité de ce liquide contenue dans le sang artériel qui pénètre dans la glande et celle que contient le sang veineux qui en sort, que cette différence, dis-je, correspond exactement à ce que la salive lui a emprunté.

Ces explications de phénomènes fonctionnels par les actions réflexes paralysantes pourront peut-être se multiplier, surtout dans les parties si obscures encore de la physiologie qui touchent au rôle du grand sympathique.

VINGT-CINQUIÈME LEÇON.

INFLUENCE DU SYSTÈME NERVEUX SUR LES PHÉNO-MÈNES CHIMIQUES DE L'ORGANISME.

28 juin 1864.

SOMMAIRE. — Divers centres des actions réflexes. — Difficultés que présentent ces questions. — Influence du système nerveux sur les phénomènes de nutrition ; il n'est pas indispensable à la production de ces phénomènes. — Les animaux de même que les végétaux forment des principes immédiats. — Formation de la graisse, du sucre, etc. — Le système nerveux agit sur les phénomènes chimiques par l'intermédiaire du système vasculaire. — Les vaisseaux reçoivent deux ordres de nerfs : des nerfs du grand sympathique qui produisent leur resserrement, et des nerfs du cérébro-spinal qui provoquent leur dilatation. — La paralysie du grand sympathique augmente l'activité des phénomènes chimiques. — L'irritation d'un nerf sensitif du cérébro-spinal produit le même résultat en réagissant sur le grand sympathique.

— Constitution du système capillaire. — Double voie offerte au courant sanguin : deux ordres de capillaires. — Conséquences de cette disposition en ce qui concerne la circulation et les sécrétions. — Le système nerveux n'agit pas directement sur les phénomènes chimiques ; il se borne à mettre en présence les éléments qui doivent réagir les uns sur les autres en vertu de leurs propriétés spéciales. — Comparaison générale du système cérébro-spinal et du grand sympathique. — Obscurité qui enveloppe encore les fonctions de ce dernier système.

En piquant la moelle épinière, on provoque des mouvements, mais des mouvements différents suivant l'endroit auquel on la pique. Ainsi, quand la blessure est produite à la hauteur des bras, on obtient des mouvements particuliers dans ces membres, parce qu'il y a là un centre spécial. Il y a du reste dans la moelle épinière bien d'autres centres encore pour les actions réflexes, par exemple, le centre respiratoire appelé aussi nœud vital, parce que les animaux supérieurs périssent aussitôt que ce point de la moelle est détruit d'une manière quelconque ; chez les animaux inférieurs, au contraire, la lésion de cette partie de la moelle ne produit pas des résultats aussi prompts ni surtout aussi complets. Nous pouvons citer encore le centre cilio-spinal, placé à la hauteur des deux premières racines rachidiennes dorsales, ainsi que le centre génito-spinal, situé dans la région lombaire, d'où partent les nerfs de la vessie, des organes génitaux et des parties voisines. Enfin, il y a des centres distincts pour certaines actions réflexes, dans le cerveau lui-même, et surtout il y a là le centre général qui domine tous les autres.

Malheureusement, l'étude des centres des actions réflexes est extrêmement difficile, parce qu'il faut s'en rapporter aux phénomènes extérieurs pour interpréter ce qui se passe dans les profondeurs les plus intimes des organes nerveux et les plus difficiles de toutes à explorer.

C'est à peine si de loin en loin quelques rares accidents ont permis de faire sur l'homme d'utiles observations. Enfin, cette partie de la physiologie des nerfs est restée jusqu'ici fort obscure; presque tous les résultats obtenus y sont encore plus ou moins contestés, même aujourd'hui, et il est difficile, inutile même pour l'enseignement, d'épuiser ces questions à peine explorées dans leurs premiers fondements par quelques travaux tout récents, et livrées aux ardeurs comme aux incertitudes des premières controverses. Laissons le temps faire son œuvre et attendons que tout cela s'éclaircisse un peu. Développer maintenant tout ces débats, ces discussions de détails, ces résultats souvent contradictoires, ce serait risquer bien souvent d'exposer comme une théorie ce qui n'est tout au plus qu'une opinion personnelle, et entrer d'ailleurs dans des détails que nous devons écarter ici, en traitant des phénomènes essentiels de la vie, qui se reproduisent les mêmes chez tous les êtres vivants.

Laissons donc de côté la question des différents centres des actions réflexes, pour exposer des phénomènes beaucoup plus étudiés et surtout beaucoup mieux connus.

Dans les leçons précédentes, vous avez vu que le système nerveux exerce une action aussi importante qu'incontestable sur tous les phénomènes de nutrition et de sécrétion qui se produisent dans l'organisme; son influence peut même s'étendre jusqu'aux phénomènes chimiques. Ce sont là des faits extrêmement remarquables : aussi n'est-il pas inutile d'exposer nos idées sur ce point, en expliquant comment nous comprenons le mécanisme de ces différentes actions.

La première chose à dire, c'est que le système nerveux n'est pas indispensable à la production de ces phénomènes, auxquels il prend pourtant une part si considérable, dans l'état normal, chez les animaux supérieurs. En effet, la nutrition s'opère très-bien chez l'embryon, quoiqu'il n'ait pas encore de système nerveux, et les végétaux qui ne possèdent jamais d'organes de ce genre n'en forment pas moins des principes immédiats distincts. Quel est donc précisément le rôle du système nerveux dans l'accomplissement de ces phénomènes ? voilà ce que nous tâcherons de faire comprendre tout à l'heure.

On a cru longtemps que les végétaux seuls produisaient des principes immédiats, et que ces principes, une fois formés, passaient ensuite par les voies ordinaires de la nutrition, dans le corps des animaux qui se nourrissaient de ces plantes. Comme conséquence de ces idées, on comparait les végétaux à des appareils de réduction, et les animaux à des appareils de combustion ; les premiers préparaient toutes les substances que les animaux devaient brûler ensuite. Voilà des idées absolues auxquelles il faut renoncer, car elles ne sont plus admissibles aujourd'hui. Les animaux, comme les végétaux, préparent des principes immédiats : c'est un point bien démontré. Chaque être est complet en lui-même et ne dépend pas directement des autres pour accomplir les fonctions essentielles de la vie ; chaque être, enfin, présente également ces deux parties de la fonction générale de nutrition, ces deux faces d'un même phénomène, qui s'appellent réciproquement et ne se conçoivent pas l'une sans l'autre, à savoir l'assimilation et la désassimilation.

Ce n'est donc pas un point de vue physiologique que de considérer les végétaux comme faits pour les animaux. Les végétaux sont faits pour eux-mêmes, tout aussi bien que les autres êtres, et ils vivent à leur manière, d'une façon autonome quoique dépendante. Cependant, dira-t-on, les plantes peuvent être et sont en fait utilisées par les animaux pour leur nourriture. — Sans doute ; mais cela ne prouve rien. Il y a aussi des animaux qui servent à en nourrir d'autres, des herbivores qui sont dévorés par des carnivores : prétendrait-on en conclure que les premiers sont faits pour les seconds? Non, évidemment, au moins au point de vue physiologique. Eh bien, si de l'utilité que l'homme tire du miel des abeilles, par exemple, vous ne pouvez pas déduire raisonnablement cette conséquence que les abeilles ont été faites pour lui, comment vous serait-il permis d'affirmer que les betteraves ont été créées en vue des animaux, et vivent pour leur plus grand profit parce que ces animaux se nourrissent du sucre qu'elles produisent? Des deux côtés, la situation est identique. Chaque être vit pour son propre compte, et porte sa fin en lui-même, bien qu'il occupe sa place dans l'ensemble du monde sans en troubler l'harmonie. Mais, comme conséquence de son autonomie, tout être vivant, quel qu'il soit, peut produire les principes essentiels à son existence, au moins en général.

Ainsi, on avait soutenu bien des fois que les animaux ne produisaient jamais de graisse, et qu'ils n'en pouvaient fixer dans leurs tissus qu'autant que leur en fournissaient leurs aliments. Le rôle de l'organisme animal dans la formation de la graisse se réduisait donc, en quelque sorte, à filtrer cette substance pour la séparer de toutes les autres qui s'y trouvaient mélangées; mais on le jugeait incapable de produire aucune combinaison nouvelle, et le beurre que nous retrouvions au milieu du lait avait dû nécessairement exister, sous la forme de matière grasse, dans le foin ou l'herbe mangée par la vache. Aujourd'hui cette théorie exclusive est tout à fait disparue, et l'erreur en a été démontrée trop manifestement pour qu'elle compte encore un seul adhérent.

Il en est de même pour le sucre. On croyait aussi qu'il se formait exclusivement chez les végétaux. Mais c'était encore là une théorie trompeuse qui s'est écroulée devant les faits comme la précédente. Il ne serait plus possible de nier aujourd'hui que les animaux forment du sucre comme ils en détruisent. J'ai clairement démontré par mes travaux que les animaux forment du sucre, et qu'ils le font ensuite passer par toutes les transformations qu'il peut subir, jusqu'à sa décomposition en alcool et acide carbonique qui fait rentrer une partie de ses éléments dans le monde minéral. Le mécanisme de cette opération est fort analogue à celui qui amène la production de la pepsine, de la ptyaline, de la pancréatine, ainsi que des autres humeurs spéciales aux sécrétions et jouant un rôle quelconque dans l'organisme. La formation du sucre a lieu du reste dans une cellule animale absolument comme dans une cellule végétale. D'un côté comme de l'autre, il se forme d'abord de l'amidon qui se dépose au milieu de la cellule, ainsi qu'on peut le voir notamment dans le foie des animaux; puis cet amidon se transforme en dextrine, et cette dextrine devient ensuite du sucre ordinaire.

Tous ces faits successifs peuvent parfaitement se produire sans qu'il y ait de système nerveux, ou tout à fait en dehors de son action.

Ce système joue pourtant un rôle fort notable dans les phénomènes qui nous occupent; seulement son influence n'est pas une influence directe : elle s'exerce toujours par l'intermédiaire du système circulatoire. Quand l'amidon se transforme en sucre dans une cellule végétale, c'est grâce à l'action de certains ferments et aussi à des conditions particulières de température ou de milieu que la plante réunit alors. Dans le corps des animaux, nous retrouvons ces mêmes conditions ambiantes et ces mêmes ferments. Il n'y a qu'une différence : chez les végétaux, le phénomène se produit sous l'influence de la séve, de la germination, etc. ; chez les animaux, au contraire, il est dominé par le système nerveux ; seulement ce système n'agit directement que sur le système vasculaire, et ce sont les modifications ainsi produites dans ce second système qui réagissent à leur tour sur les phénomènes chimiques.

Mais le système vasculaire est soumis à l'influence de deux systèmes nerveux plus ou moins distincts : le système du grand sympathique et le système cérébro-spinal ; cherchons donc quel est le rôle de chacun d'eux et quelle part doit légitimement leur revenir dans les faits que nous étudions. Le premier, c'est-à-dire le grand sympathique, joue le rôle de

modérateur des vaisseaux; en l'irritant, on produit
un resserrement plus ou moins considérable de ces
vaisseaux, resserrement qui apporte une certaine
entrave à la circulation, et, par conséquent, la ralentit. Au contraire, en excitant les filets du cérébro-
spinal, on provoque la dilatation de ces mêmes
vaisseaux. Voilà tout le mécanisme de l'influence
nerveuse. Avec ces deux seuls modes d'action, resserrement ou dilatation des vaisseaux, le système
nerveux gouverne tous les phénomènes chimiques
de l'organisme.

Ces deux genres d'influence correspondent eux-
mêmes à des faits que nous connaissons déjà.

Le resserrement des vaisseaux, c'est la contraction
des fibres musculaires qui les enveloppent, contraction déterminée par les filets du grand sympathique;
leur dilatation, au contraire, c'est l'action paralysante du système cérébro-spinal sur le grand sympathique, action dont nous avons parlé récemment
en exposant le mécanisme des sécrétions.

Pour augmenter l'activité des phénomènes chimiques, il suffit de paralyser le grand sympathique;
mais il n'est pas absolument nécessaire de le couper
pour cela : on peut se contenter de suspendre son
influence, résultat qu'il est facile d'obtenir par l'action d'un nerf sur un autre. Montrons. d'abord qu'on
peut produire cet effet par une section des filets
nerveux. En coupant un filet cervical du grand sym-

pathique, j'ai observé du côté correspondant de la tête une augmentation notable de sensibilité, un afflux de sang bien plus considérable, et une température plus élevée que dans l'autre moitié de la tête. Tout cela peut tenir d'abord à la plus grande quantité de sang qui arrive alors dans cette région; cependant il doit y avoir autre chose encore, et il est probable que le sang n'y est pas seulement en quantité plus considérable, mais qu'il y acquiert aussi une température plus élevée. J'ai du reste constaté la même chose sur d'autres parties, dans le foie par exemple : le sang en sort plus chaud qu'il n'y était entré. Ainsi, en détruisant l'action du grand sympathique sur un organe, par la section des filets de ce système, on provoque une exaltation considérable des phénomères chimiques.

Mais nous avons dit que le même effet peut s'obtenir sans couper le grand sympathique. Il faut alors exciter un nerf sensitif du système cérébro-spinal, de telle sorte que ce nerf puisse réagir sur les filets du grand sympathique et arrêter leur influence. Ainsi, quand on pince une partie quelconque du corps, elle devient rouge par suite de l'action paralysante exercée sur les muscles des vaisseaux qui prennent ainsi un volume plus considérable et contiennent par conséquent beaucoup plus de sang. De même, quand une glande entre en fonction, de pâle qu'elle était, elle devient turgescente, et le sang y afflue de toute part, par suite de la même modification dans l'état des vaisseaux. Ainsi, partout où les actions chimiques augmentent d'intensité, il y a paralysie du grand sympathique, et, par suite, dilatation des vaisseaux sanguins. Au contraire, quand ces phénomènes diminuent, la tonicité du grand sympathique augmente parallèlement, et son action sur la tunique musculaire des vaisseaux, devenue plus énergique qu'auparavant, resserre notablement leur calibre.

Nous pouvons choisir tout de suite parmi les phénomènes ordinaires de l'organisme des exemples de ce genre d'action. Dans l'état normal, le sang arrive aux capillaires sans aucune impulsion propre, parce que l'impulsion cardiaque primitive a été complétement détruite par les frottements considérables que le sang a rencontrés tout le long des artères. Mais si l'on paralyse, à l'aide d'un des moyens que nous venons d'indiquer, l'action du grand sympathique sur les vaisseaux sanguins, ceux-ci se dilatent aussitôt, et la colonne liquide trouvant un bien plus large espace ouvert à son passage, les frottements qu'elle subit dans son trajet diminuent notablement. Il en résulte que le sang, en arrivant dans les capillaires, n'a plus perdu toute sa force d'impulsion initiale, et l'on observe alors des battements, non pas seulement dans les capillaires, mais aussi dans les veines. Nous avons souvent observé ces phénomènes sur le cheval, et voici comment il faut disposer l'expérience pour arriver à ce résultat. On examine ce qui se passe dans les deux branches de l'artère faciale allant à la lèvre supérieure, avec les veines correspondantes; et, en ouvrant ces veines, on voit le sang tomber goutte à goutte. Mais coupez alors les filets du grand sympathique sur un côté seulement, et la veine correspondante laissera s'échapper aussitôt un véritable courant sanguin, tandis que l'autre côté ne présentera aucune modification du phénomène. Enfin, si l'on met le manomètre différentiel sur les deux artères, le mercure sera soulevé du côté où l'on a pratiqué la section du grand sympathique.

D'après ce qui a été dit plus haut, vous savez que le système cérébro-spinal agit sur le grand sympathique pour le paralyser; et, en parlant des sécrétions, nous avons déjà vu un exemple remarquable de ce genre d'influence dans l'action qu'exerce la corde du tympan sur les filets nerveux du grand sympathique qui se distribuent à la glande salivaire sous-maxillaire. L'afflux du sang présente alors une importance considérable au point de vue du phénomène fonctionnel qui doit s'accomplir. Nous trouvons en effet dans la glande des cellules contenant certains principes chimiques particuliers; la paralysie du grand sympathique amène au milieu de ces cellules une quantité de sang considérable, et ce sang dissout la glande, ou plutôt les principes qu'elle contient. Voilà comment peut s'accomplir le phénomène si mystérieux des sécrétions. L'étude de la constitution intime des vaisseaux capillaires va encore nous fournir sur ce point des lumières nouvelles, et elle nous permettra peut-être d'expliquer l'intermittence de cette grande fonction.

Il est démontré aujourd'hui que les vaisseaux capillaires sont très-contractiles, contrairement aux opinions qui ont longtemps régné sur ce point. La description de ce système capillaire va nous le prouver clairement. Il y a d'abord des vaisseaux continuant les artères et présentant la même constitution ; leur enveloppe est donc formée par trois membranes superposées : à l'intérieur une membrane séreuse, à l'extérieur une membrane contractile, et entre les deux une membrane élastique. Cette membrane élastique, très-épaisse dans les grosses artères, s'amincit progressivement à mesure qu'on s'avance dans les petites, de telle sorte que c'est de plus en plus la membrane contractile qui devient la partie importante et relativement prédominante de la tunique vasculaire. Ces petites artères aboutissent elles-mêmes à d'autres vaisseaux capillaires qui n'ont plus de membrane contractile, et sont formés uniquement par une enveloppe excessivement mince, avec des noyaux décrits par tous les anatomistes. Puis viennent les veines, d'abord fort étroites, et qui s'embranchent successivement dans des canaux plus considérables ramenant le sang au cœur d'où il était parti. Mais les artérioles capillaires ont aussi avec les veines des communications directes, grâce auxquelles le sang peut arriver dans le système veineux sans passer par les petits vaisseaux capillaires non contractiles dont nous venons de parler à l'instant : or, c'est dans cette dernière espèce de canaux que s'accomplit le phénomène de l'endosmose au milieu de la glande en sécrétion.

Ces communications directes entre les artères et les veines sont maintenant bien établies dans la science, et on ne les conteste plus guère en principe. Nous avions déjà constaté des rapports de ce genre dans le foie entre la veine cave et la veine porte ; Virchow en a observé de semblables dans le rein, et plusieurs expérimentateurs ont vérifié les mêmes faits sur d'autres organes glandulaires. Il y a donc en quelque sorte un double système capillaire, une double voie circulatoire offerte au sang qui doit passer des artères dans les veines : l'une, directe, formée par ces canaux spéciaux et contractiles qui réunissent ensemble les deux grands arbres circulatoires ; l'autre, plus détournée, passant par ces petits vaisseaux capillaires non contractiles où s'accomplissent le phénomène de l'endosmose, le phénomène des sécrétions et les autres phénomènes analogues. Le sang peut donc se transporter d'une artère dans une veine, sans traverser tous les éléments de l'organisme.

Cette constitution des vaisseaux capillaires une fois bien connue, laissons de côté l'anatomie et cherchons à déterminer les conséquences qui peuvent résulter d'une telle disposition au point de vue des sécrétions. Dans l'état normal, il peut fort bien se faire que l'en-

trée des petits vaisseaux capillaires soit fermée par un obstacle quelconque, et que le sang, ne pouvant s'y engager, soit forcé de passer par ces communications directes formées de capillaires plus gros allant des artères aux veines, et pourvus d'une forte membrane contractile. En un mot, on peut admettre à l'extrémité des artérioles capillaires, et à l'endroit même où elles cessent d'être contractiles, l'existence de sphincters spéciaux, plus ou moins relâchés sans doute à l'état normal, mais qui empêcheraient cependant l'accès du sang dans les petits vaisseaux capillaires. L'anatomie comparée démontre même en quelque sorte la vérité de cette hypothèse, car ce que nous supposons ici pour tous les animaux supérieurs, on l'a observé positivement dans quelques cas. Les larves de la langouste, par exemple, possèdent un système artériel aboutissant à un système veineux lacunaire, et, à l'extrémité de ces artères, l'anatomie a montré des sphincters spéciaux, qui, en se resserrant plus ou moins, peuvent interrompre toute communication entre les deux systèmes circulatoires, et arrêter complétement le sang. Eh bien, l'action du grand sympathique correspond à l'état de contraction ou de fermeture de nos petits sphincters; au contraire, la paralysie de ce système nerveux produit l'ouverture des canaux capillaires par suite du relâchement des fibres du sphincter.

Appliquons maintenant ces idées théoriques d'une

manière plus particulière à une des principales glandes de l'organisme, le foie, et aux phénomènes qui s'y produisent.

Quand le grand sympathique est en état de tonicité, les sphincters, c'est-à dire les fibres des petits vaisseaux capillaires, sont fermés, et le sang passe directement de la veine porte dans la veine cave. Mais paralysons le grand sympathique, et les sphincters se relâcheront aussitôt : le sang devra donc pénétrer à travers le réseau des petits capillaires, et il affluera en grande quantité dans les cellules du foie qui contiennent, ainsi que nous l'avons montré le premier, de l'amidon animal, auquel nous avons donné le nom de *matière glycogène,* et qui est produit sous l'influence de l'action vitale. Cet amidon est capable de se transformer en sucre, quand on le met en contact avec de la diastase dans un milieu présentant d'ailleurs des conditions convenables de température et d'humidité. Or, le sang satisfait pleinement à toutes ces exigences : il fournit de l'eau plus qu'il n'en faut ; la chaleur animale maintient sa température, comme celle de l'organe lui-même, à un niveau convenable ; enfin, il contient toujours de la diastase. Tous les éléments nécessaires se trouvent donc réunis, et le sucre va se former rapidement.

Mais, au lieu d'une paralysie accidentelle et momentanée du grand sympathique, comme nous l'avons supposée jusqu'ici, et telle qu'elle se produit dans l'état normal des sécrétions, admettons qu'il y ait une paralysie constante et plus ou moins complète de ce système. Il va se former alors des quantités de sucre considérables que l'animal sera impuissant à détruire tout entières dans les différents phénomènes de la nutrition. Le sucre excédant s'en ira donc par diverses voies, notamment par celle des urines, et nous aurons un animal diabétique.

Les moyens ne manquent pas pour rendre un animal diabétique ; nous en avons nous-même fait connaître beaucoup ; mais il serait inutile de les exposer tous ici, et nous allons en choisir un seul, fort curieux du reste, qui est fondé sur l'action d'un poison dont nous avons déjà parlé bien des fois, le curare. Ce poison, comme vous le savez, détruit le système nerveux moteur, et ne détruit que lui, de telle sorte que la mort de l'animal résulte simplement de l'arrêt des mouvements respiratoires et de l'asphyxie qui en est la conséquence. Mais, en administrant le curare à petite dose, l'action marche lentement ; les nerfs moteurs de la vie organique s'empoisonnent successivement, les vaisseaux se dilatent de plus en plus, et par suite toutes les sécrétions s'exagèrent dans des proportions considérables. L'animal pleure et salive énormément, etc. ; enfin, le foie sécrète beaucoup de sucre, et comme les fonctions ne sont pas assez actives pour détruire tout ce qui se forme, il en passe une grande quantité dans les urines. Voici les résultats fournis par l'urine de ce lapin qui a subi un traitement de ce genre : elle est douée maintenant d'une action réductrice, elle fermente, elle donne de l'acide carbonique, en un mot, elle présente tous les caractères des urines diabétiques. Du reste, quand on calcule convenablement la dose de curare de manière à ne donner qu'une quantité très-faible et tout juste suffisante pour atteindre le but qu'on poursuit, l'animal peut parfaitement éliminer le poison, et survivre ainsi au traitement qu'on lui a imposé. Le lapin sur lequel nous opérons en est un exemple, car c'est la seconde fois déjà qu'il subit l'action du curare dans ces conditions, et rien ne prouve qu'il doive succomber à cette nouvelle expérience.

Nous avons dit qu'il y avait encore beaucoup d'autres moyens pour rendre un animal diabétique. On y arrivera, par exemple, d'une manière bien simple, en coupant les filets du grand sympathique à leur entrée dans le foie. Mais on peut aussi produire le même résultat en agissant sur le centre du système grand sympathique du foie, centre qui est situé dans la moelle allongée, un peu au-dessus de l'origine du nerf pneumogastrique; c'est ce point, en effet, qui préside à la plupart des actions du grand sympathique, et notamment à celles qui se produisent dans les filets nerveux se distribuant au foie. Les influences morales peuvent aussi rendre momentanément diabétique.

Les actions chimiques ne sont, au fond, que des

actions de contact entre les molécules des corps douées de propriétés différentes. Mais il ne faudrait pas s'imaginer que le grand sympathique produit en quoi que ce soit ces phénomènes ; son rôle se borne uniquement à mettre en présence les éléments capables d'en provoquer la manifestation. Ainsi ce n'est pas lui qui produit le sucre ; il ne crée pas la diastase ; il n'est point la source de la chaleur animale, et n'entretient point la composition du sang ; il ne forme même pas l'amidon au milieu des cellules du foie. Mais, grâce au mécanisme que nous avons exposé tout à l'heure, il met le sang en contact avec la matière contenue dans le foie et sécrétée par cet organe. C'est aux propriétés de ces corps qu'il faut rapporter la production du phénomène. Cela est si vrai, qu'en opérant sur un animal malade, dont le foie ne forme plus de sucre, nous aurons beau paralyser ou détruire le grand sympathique et laisser un libre accès au sang, nous ne parviendrons jamais à produire la plus petite parcelle de sucre. Le rôle du système nerveux ressemble donc ici à celui d'un chimiste ; quand le chimiste réunit de la potasse et de l'acide sulfurique, le sel qui se forme est une conséquence des propriétés de ces deux corps, mais le chimiste n'entre pour rien dans les causes du phénomène : il a rapproché les éléments, et voilà tout. Eh bien, le grand sympathique ne fait aussi que rapprocher des substances venues de divers points, et ce sont les réactions mutuelles

de ces substances qui produisent véritablement la
sécrétion.

L'action du grand sympathique reste donc jusqu'ici
fort obscure, et cette partie de la physiologie a encore
beaucoup de progrès à faire. Ce n'est pas à dire,
cependant, qu'on ne puisse déjà distinguer quelques
grands faits et certains caractères dominants au milieu de toutes les variétés de ce système. Disons
d'abord qu'il diffère beaucoup du système cérébro-
spinal, qui est en rapport avec des phénomènes bien
plus nets, mieux isolés et mieux connus : les phénomènes de conscience, ceux de la vie de relation, et
les mouvements directs. Le système cérébro-spinal
est d'ailleurs intermittent dans son action, tandis que
l'autre agit toujours d'une manière continue. Ce
qu'on peut dire de plus vrai d'une manière générale
sur l'action du grand sympathique, c'est que c'est
une action modératrice : voilà un résultat que tous les
travaux actuels permettent déjà de constater. Quant
aux détails, ce sont des questions encore à l'étude,
c'est-à-dire fort controversées, et interdites par conséquent à un enseignement du genre de celui-ci. Mais
c'est déjà quelque chose d'avoir pu indiquer certains
résultats, plus intéressants ou mieux établis que les
autres, et développer même quelques idées générales
sur le rôle du grand sympathique dans l'organisme.
D'ailleurs, entrer dans les détails et les particularités,
ce serait sortir du cercle de la physiologie générale,
car ce que nous dirions alors ne serait plus également

vrai de l'homme et de tous les animaux, tandis que les idées et les faits exposés plus haut s'appliquent indifféremment à tous les degrés de l'échelle des êtres.

Ces considérations terminent tout ce que nous avions l'intention de dire sur l'ensemble des phénomènes chimiques gouvernés par le système nerveux. Il nous resterait à parler du système nerveux central : mais c'est une question tout à fait différente, tout à fait à part, et qu'il n'est plus temps d'aborder cette année.

PHYSIOLOGIE DU CŒUR

ET SES RAPPORTS AVEC LE CERVEAU

CONFÉRENCE FAITE A LA SORBONNE LE 27 MARS 1865

PAR M. CLAUDE BERNARD

PHYSIOLOGIE DU CŒUR

ET SES RAPPORTS AVEC LE CERVEAU.

MESSIEURS,

J'ai l'intention de vous entretenir de la physiologie du cœur d'une manière générale, mais en m'attachant plus particulièrement aux points qui me semblent propres à éclairer la physiologie du cœur de l'homme.

Pour le physiologiste, le cœur est l'organe central de la circulation du sang, et, à ce titre, c'est un organe essentiel à la vie. Mais par un privilége singulier, qui ne s'est vu pour aucun autre appareil organique, le mot cœur est passé, comme les idées que l'on s'est faites de ses fonctions, du langage du physiologiste, dans le langage du poëte, du romancier et de l'homme du monde, avec des acceptions

fort différentes. Le cœur ne serait pas seulement
un moteur vital poussant le liquide sanguin dans
toutes les parties de notre corps qu'il anime; il
serait aussi le siége et l'emblème des sentiments les
plus nobles et les plus tendres de notre âme. L'étude
du cœur humain ne serait pas uniquement le partage
de l'anatomiste et du physiologiste; cette étude devrait aussi servir de base à toutes les conceptions du
philosophe, à toutes les inspirations du poète et de
l'artiste.

Il s'agira ici, bien entendu, du cœur anatomique,
c'est-à-dire du cœur étudié au point de vue de la
science physiologique purement expérimentale. Mais
cette étude rapide que nous allons faire des fonctions
du cœur renversera-t-elle les idées généralement
reçues? La physiologie devra-t-elle nous enlever des
illusions, et nous montrer que le rôle sentimental,
attribué dans tous les temps au cœur, n'est qu'une
fiction purement arbitraire? En un mot, aurons-
nous à signaler une contradiction complète et péremptoire entre la science et l'art, entre le sentiment et la raison?... Je ne crois pas, quant à moi,
à la possibilité de cette contradiction. La vérité ne
peut différer d'elle-même, et la vérité du savant
ne saurait contredire la vérité de l'artiste. Je crois
au contraire que la science, qui coule de source
pure, deviendra lumineuse pour tous, et que partout
la science et l'art doivent se donner la main en

s'interprétant et en s'expliquant l'un par l'autre.
Je pense enfin que, dans leurs régions élevées, les
connaissances humaines forment une atmosphère
commune à toutes les intelligences cultivées, dans
laquelle l'homme du monde, l'artiste et le savant
doivent nécessairement se rencontrer et se comprendre.

Dans ce qui va suivre, je ne chercherai donc pas
à nier systématiquement, au nom de la science, tout
ce que l'on a pu dire, au nom de l'art, sur le cœur
considéré comme organe destiné à exprimer nos sentiments et nos affections. Je désirerais au contraire,
si j'ose ainsi dire, pouvoir affirmer l'art par la
science, en essayant d'expliquer au moyen de la
physiologie ce qui n'a été jusqu'à présent qu'une
simple intuition de l'esprit. Je forme là, je le sais, une
entreprise très-difficile, peut-être même téméraire,
à cause de l'état encore si peu avancé aujourd'hui
de la science des phénomènes de la vie. Cependant
la beauté de la question, et les lueurs que la physiologie me semble déjà pouvoir y jeter, tout cela me
détermine et m'encourage. D'ailleurs, il ne s'agira
pas de parler ici de la physiologie du cœur en entrant
dans tous les détails d'une étude analytique expérimentale et complète, étude qui serait impossible
pour le moment : c'est une simple tentative que je
veux faire, et il me suffira d'exprimer mes idées
physiologiques en les appuyant par les faits les plus
clairs et les plus précis de la science.

Avant tout, le cœur est une machine motrice vivante, une véritable pompe foulante destinée à distribuer à tous les organes de notre corps le fluide nourricier excitateur des fonctions. Ce rôle mécanique caractérise le cœur d'une manière absolue, et, partout où le cœur existe, quel que soit le degré de simplicité ou de complication qu'il présente dans la série animale, il accomplit constamment et nécessairement cette fonction d'irrigateur organique.

Pour un anatomiste pur, le cœur de l'homme est un *viscère*, c'est-à-dire un des organes qui font partie des appareils de nutrition situés dans les cavités splanchniques. Tout le monde sait que le cœur est placé dans la poitrine, entre les deux poumons, qu'il a la forme d'un cône, dont la base est fixée par de gros vaisseaux charriant le liquide sanguin, et dont la pointe libre est inclinée en bas et à gauche, de façon à venir se placer entre la cinquième et la sixième côte au-dessous du sein gauche. Quant à la nature du tissu qui le compose, le cœur rentre dans le système musculaire : il est creusé à l'intérieur de cavités servant de réservoir au sang : c'est pourquoi les anatomistes ont encore appelé le cœur un muscle creux.

Dans le cœur de l'homme (fig. 79), on voit quatre compartiments ou cavités; deux cavités forment la partie supérieure ou la base du cœur, et sont appelées *oreillettes :* elles reçoivent le sang de toutes les parties du corps au moyen de gros tuyaux nommées

veines ; les deux autres cavités forment la partie inférieure ou la pointe du cœur : elles portent le nom de
ventricules et sont destinées à chasser le liquide sanguin dans toutes les parties du corps au moyen de gros

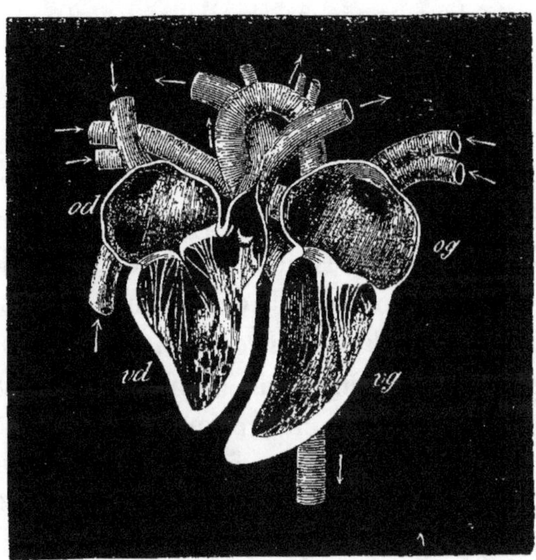

Fig. 79. — Coupe longitudinale du cœur de l'homme montrant
ses quatre cavités.

od. Oreillette droite. — *vd.* Ventricule droit. — *og.* Oreillette gauche.
— *vg.* Ventricule gauche. — Les flèches placées à l'embouchure des
divers vaisseaux aboutissant aux cavités du cœur indiquent le sens du
courant sanguin dans ces vaisseaux.

tuyaux nommés *artères.* Chaque oreillette du cœur
communique avec le ventricule qui est au-dessous
d'elle du même côté ; mais une cloison longitudinale
sépare latéralement les oreillettes et les ventricules ;
de telle sorte que le cœur de l'homme, qui est réelle-

ment double, se décompose en deux cœurs simples formés chacun d'une oreillette et d'un ventricule, et situés l'un à droite, l'autre à gauche de la cloison médiane. Chaque cavité ventriculaire du cœur est munie de deux soupapes appelées *valvules*. L'une, placée à l'orifice d'entrée du sang de l'oreillette dans le ventricule, est nommée valvule *auriculo-ventriculaire;* l'autre, située à l'orifice de sortie du sang du ventricule par l'artère, s'appelle valvule *sygmoïde.*

Le cœur de l'homme, ainsi que celui des mammifères et des oiseaux, est donc un cœur anatomiquement double et composé de deux cœurs simples, appelés l'un le *cœur droit,* l'autre le *cœur gauche.* Chacun de ces cœurs joue un rôle bien différent (fig. 80). Le cœur gauche, nommé encore cœur à sang rouge, est destiné à recevoir dans son oreillette, par les veines pulmonaires, le sang pur et rutilant qui vient des poumons, pour le faire passer ensuite dans son ventricule, qui le lance dans toutes les parties du corps, où il devient impur et noir. Le cœur droit, appelé aussi cœur à sang noir, est destiné à recevoir dans son oreillette, par les veines caves, le sang impur qui revient de toutes les parties du corps, et à le faire passer ensuite dans son ventricule pour le lancer dans le poumon, où il devient pur et rutilant. En un mot, le cœur gauche est le cœur qui préside à la distribution du liquide vital dans tous nos organes et dans tous nos tissus; et le cœur droit est le cœur qui préside à la révivification du sang dans les pou-

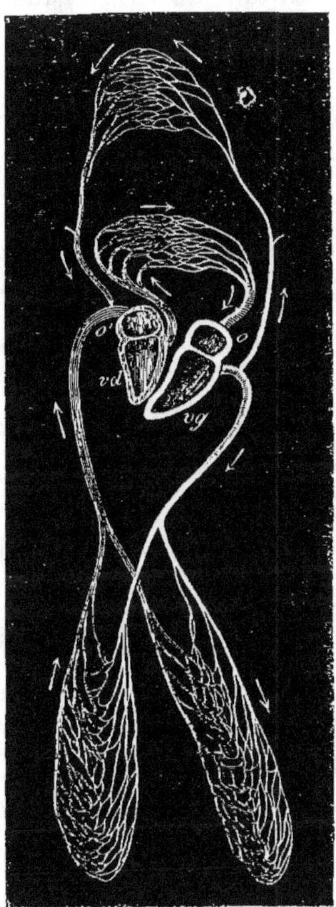

Fig. 80. — Schéma destiné à faire comprendre le mécanisme
de la circulation.

o. Orcillette gauche. — *vg*. Ventricule gauche. — *o'*. Orcillette droite.
— *vd*. Ventricule droit. — Le système circulatoire du sang rouge,
constitué par les artères et auquel préside le cœur gauche *o vg*, est
représenté en blanc sur la figure. — Le système circulatoire du
sang noir, constitué par les veines et auquel préside le cœur droit *o' vd*,
est représenté en teinte grise. — Les flèches indiquent le sens du
courant sanguin dans les différents vaisseaux. — On voit en haut et en
bas les réseaux capillaires des parties supérieures et inférieures du
corps où le sang artériel se transforme en sang veineux, et au milieu
le réseau capillaire des poumons où le sang veineux se révivifie pour
redevenir artériel.

mons, pour le restituer au cœur gauche, et ainsi de suite.

Ces prémisses étant établies, nous n'aurons plus ici à considérer le cœur que comme un organe distribuant la vie à toutes les parties de notre corps, en leur envoyant le liquide nourricier qui leur est indispensable pour vivre et manifester leurs fonctions. Quant au liquide nourricier lui-même, il est représenté par le sang, qui est sensiblement identique chez tous les animaux vertébrés, quelles que soient d'ailleurs la diversité de l'espèce animale et la variété de son alimentation.

Dans les phénomènes extérieurs de la préhension des aliments, le zoologiste distingue le carnassier féroce qui se nourrit de chairs palpitantes, le ruminant paisible qui se repaît de l'herbe des prés, le frugivore et le granivore qui se nourrissent plus spécialement de fruits et de graines; mais quand on descend dans le phénomène intime de la nutrition, la physiologie générale nous apprend que ce qui se nourrit, à proprement parler, dans les animaux, ce n'est pas le type spécifique et individuel, qui varie à l'infini, mais seulement les organes élémentaires et les tissus, qui partout se détruisent et vivent d'une manière identique. La nature, suivant l'expression de Goethe, est un grand artiste. Les animaux sont constitués par des matériaux organiques semblables; c'est l'arrangement et la disposition relative des matériaux qui déterminent la variété de ces véritables monuments organisés, c'est-à-dire les formes et les propriétés animales spécifiques. De même, dans les monuments de l'homme, les matériaux se ressemblent par leurs propriétés physiques, et cependant leur arrangement différent peut réaliser des idées diverses et donner naissance à un palais ou à une chaumière. En un mot, le type spécifique existe, mais seulement à l'état d'une idée réalisée. Pour la physiologie, ce n'est pas le type animal qui vit et meurt, ce sont les matériaux organiques ou les tissus qui le composent; de même, dans un édifice qui se dégrade, ce n'est pas le type idéal du monument qui se détériore, mais seulement les pierres qui le forment.

En physiologie générale, on ne saurait donc déduire de la grande variété d'alimentation des animaux aucune différence de nutrition organique essentielle. Chez l'homme et chez tous les animaux, les organes élémentaires et les tissus vivants sont sanguinaires, c'est-à-dire qu'ils se repaissent du sang dans lequel ils sont plongés. Ils y vivent comme les animaux aquatiques vivent dans l'eau; et, de même qu'il faut renouveler l'eau qui s'altère et perd ses éléments nutritifs, de même il faut renouveler, au moyen de la circulation, le sang qui perd son oxygène et se charge d'acide carbonique. Or c'est précisément là le rôle qui incombe au cœur. Le système du cœur gauche apporte aux organes le sang qui les anime ; et le système du cœur droit emporte le sang qui les a fait vivre un instant.

Quand, en physiologie, on veut comprendre les fonctions d'un organe, il faut toujours remonter aux propriétés vitales de la substance qui le compose : c'est, par conséquent, dans les propriétés du tissu du cœur que nous pourrons trouver l'explication de ses fonctions. Cela ne nous offrira d'ailleurs aucune difficulté, car, ainsi que nous l'avons déjà dit, le cœur est un muscle, et il en possède toutes les propriétés physiologiques. Or il me suffira de vous rappeler que ce tissu charnu ou musculaire est constitué par des fibres qui ont la propriété de se raccourcir, c'est-à-dire de se contracter.

Lorsque les fibres musculaires sont disposées de manière à former un muscle allongé, dont les deux extrémités viennent s'insérer sur deux os articulés ensemble, l'effet nécessaire de la contraction ou du raccourcissement du muscle est de faire mouvoir les deux os l'un sur l'autre en les rapprochant ; mais quand les fibres musculaires sont disposées de manière à constituer les parois d'une poche musculaire, comme cela a lieu dans le cœur, l'effet nécessaire de la contraction du tissu musculaire est de rétrécir ou de faire disparaître plus ou moins complétement la cavité, en expulsant le contenu. Cela nous permet de comprendre comment, à chaque contraction des cavités du cœur, le sang qu'elles contiennent se trouve expulsé suivant une direction déterminée par la disposition des valvules ou soupapes cardiaques.

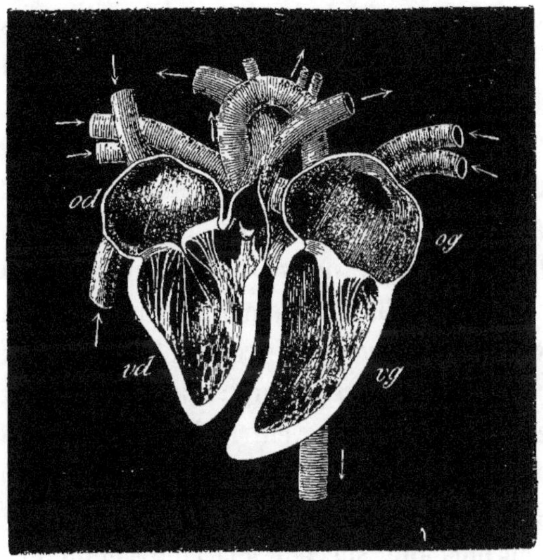

Fig. 84.—Coupe longitudinale du cœur de l'homme pour montrer le mécanisme de la circulation dans les diverses cavités.

od. Oreillette droite. — vd. Ventricule droit. — og. Oreillette gauche. — vg. Ventricule gauche. — Les flèches placées à l'embouchure des divers vaisseaux aboutissant aux cavités du cœur indiquent le sens du courant sanguin dans ces vaisseaux.

Quand l'oreillette se contracte (fig. 84), le sang est poussé dans le ventricule parce que la valvule auriculo-ventriculaire s'abaisse; quand le ventricule se con-tracte, le sang est chassé dans les artères parce que la valvule sigmoïde ou artérielle s'abaisse, pour laisser passer le liquide sanguin, en même temps que la valvule auriculo-ventriculaire se relève pour empêcher le sang de refluer dans l'oreillette. La contraction des cavités du cœur, qui les vide de sang, est suivie d'un relâchement pendant lequel elles se remplissent de nouveau de liquide sanguin, puis d'une nouvelle contraction qui les vide encore, et ainsi de suite. Il en résulte que le mouvement du cœur est constitué par une succession de mouvements alternatifs de contraction et de relâchement de ses cavités. On appelle *systole* le mouvement de contraction et *diastole* le mouvement de relâchement. Les quatre cavités du cœur se contractent et se relâchent successivement deux à deux : d'abord les deux oreillettes, puis les deux ventricules. Un intervalle de repos très-court sépare la contraction des oreillettes de la contraction des ventricules, puis un intervalle un peu plus long succède à la contraction du ventricule.

Il serait complétement hors de notre objet de décrire ici en détail le mécanisme de la circulation dans les différentes cavités du cœur. Dans nos explications ultérieures, nous aurons seulement à tenir compte du jeu du ventricule gauche, qui, ainsi que nous l'avons déjà dit, est le ventricule nourricier alimentant et animant tous les organes du corps. Il nous suffira donc de dire qu'au moment de la contraction de ce ventricule le cœur se projette en avant,

et vient frapper, comme ferait le battant d'une cloche,
entre la cinquième et la sixième côte, au-dessous du
sein gauche : c'est ce qu'on appelle le *battement du
cœur*. A ce même instant de la contraction du ventricule gauche, le sang est lancé dans l'aorte et par
là dans toutes les artères du corps avec une pression
capable de soulever une colonne mercurielle d'environ 150 millimètres de hauteur. C'est ce qui produit
le soulèvement observé dans toutes les artères, et
qu'on appelle le *pouls*.

Toute la mécanique des mouvements du cœur a
été l'objet de travaux extrêmement approfondis, et
la science moderne a étudié les phénomènes de la
circulation à l'aide de procédés graphiques qui donnent aux recherches une très-grande exactitude. Le
seul point que nous tenions à rappeler, c'est que le
cœur est une véritable machine vivante, qui fonc-
tionne comme une pompe foulante dans laquelle le
piston est remplacé par la contraction musculaire.
Le cœur peut retracer lui-même sur le papier
chacune de ses contractions avec leurs moindres
modifications, et l'on peut dire alors, sans méta-
phore, qu'on lit dans le cœur humain. Nous allons
vous donner une idée de ces moyens graphiques.
M. le docteur Marey, à qui l'Académie des sciences
a précisément, cette année même, décerné un prix
pour ses importants travaux sur la circulation du
sang, va exécuter devant vous des expériences avec

des appareils qu'il a lui-même inventés ou perfectionnés.

Pour l'homme, l'appareil cardiographique (fig. 82)

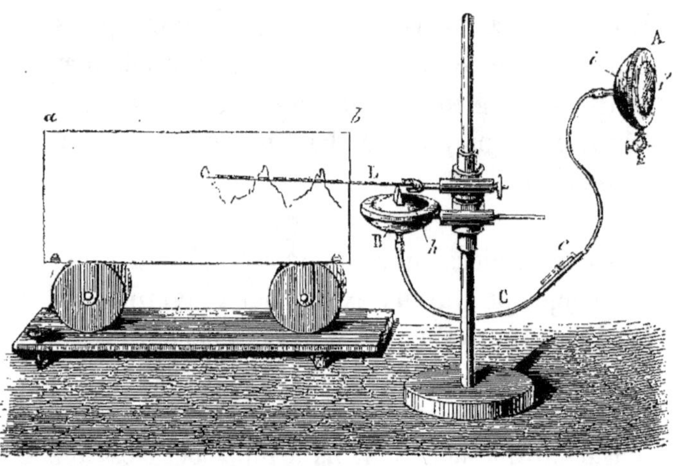

Fig. 82. — Appareil cardiographique ou sphygmographe de
M. Marey pour l'inscription directe des pulsations du cœur.

A. Tambour stéthoscopique qu'on place sur la poitrine pour percevoir
les battements du cœur. — *i, i′*. Deux membranes de caoutchouc
bombées en sens inverse l'une de l'autre et comprenant entre elles
un espace lenticulaire rempli d'eau. — *B*. Tambour enregistreur terminé par une membrane de caoutchouc légèrement bombée *h*, sur
laquelle repose un petit prisme qui supporte le levier *L*. — *C*. Tube
de caoutchouc destiné à transmettre les vibrations du tambour récepteur *A* au tambour enregistreur *B*. — *c*. Soupape permettant de
régler la quantité d'air contenue dans le tube de caoutchouc *C*. —
L. Levier très-léger, articulé à une de ses extrémités de manière à
se mouvoir librement autour d'elle dans un plan vertical; il repose
sur un petit prisme fixé à la membrane de caoutchouc *h* du tambour
enregistreur *B* et s'élève ou s'abaisse avec lui; son extrémité libre
repose contre le tableau noir *ab*. — *ab*. Tableau noir se mouvant
régulièrement sur un chemin de fer de *b* en *a* et qui reçoit l'inscription des mouvements du levier *L* représentant les battements du
cœur.

se compose de deux parties essentielles : un tambour stéthoscopique A, destiné à percevoir les battements du cœur, et un tambour enregistreur B destiné à les écrire. Le tambour stéthoscopique A destiné à recevoir les pulsations doit être appliqué sur la région du cœur ; il est formé par un entonnoir dont le pavillon est bouché exactement par deux membranes de caoutchouc i, i', dans l'intervalle desquelles on introduit de l'eau de manière à les faire bomber sous la forme d'une ampoule lenticulaire. Le tambour enregistreur B est formé par un autre entonnoir dont le pavillon est bouché par une seule membrane de caoutchouc h sur laquelle repose un petit levier L léger comme une plume ; puis ces deux entonnoirs sont reliés par un tube de caoutchouc C, qui transmet les vibrations du tambour récepteur A au tambour enregistreur B.

Chaque battement du cœur vient retentir contre l'ampoule pleine d'eau de l'entonnoir stéthoscopique. L'air placé en arrière de l'ampoule entre en vibrations ; ces vibrations se transmettent, au moyen de l'air qui remplit le tube de caoutchouc, à la membrane du tambour enregistreur qui, vibrant à son tour, fait mouvoir le petit levier dont la pointe vient écrire la forme des battements du cœur sur un papier mobile enduit de noir de fumée. On obtient ainsi une écriture tracéé par le cœur lui-même et qui permet de lire dans ses fonctions intimes.

Le cardiographe est un instrument d'autant plus

délicat et plus fidèle qu'il peut mieux s'appliquer sur le cœur et qu'il en est moins séparé par les parois de la poitrine. On concevra dès lors, sans que je l'explique, pourquoi il est plus aisé de lire dans le cœur des enfants que dans celui des adultes, et pourquoi aussi il est naturellement plus difficile de lire dans le cœur des femmes que dans celui des hommes.

Il n'entre point dans mon sujet de vous initier au déchiffrement de toutes les écritures cardiaques à l'état normal et à l'état pathologique. Je veux simplement mettre sous vos yeux quelques tracés représentant les battements du cœur, soit chez l'homme, soit chez différents animaux, afin de vous donner une idée exacte de ce que l'on peut obtenir à l'aide de ces moyens graphiques.

Voici d'abord le tracé des battements ou pulsations du cœur chez un jeune homme à l'état naturel ou normal (fig. 83).

Voici le tracé des pulsations du cœur chez un lapin (fig. 84).

Si nous passons maintenant aux animaux à sang froid, dont le cœur se simplifie, nous verrons le tracé des battements se simplifier aussi d'une manière parallèle (1).

(1) Pour obtenir le tracé chez les animaux à sang froid, on simplifie l'instrument cardiographique. Il consiste simplement dans le levier enregistreur qui repose directement sur le cœur de l'animal.

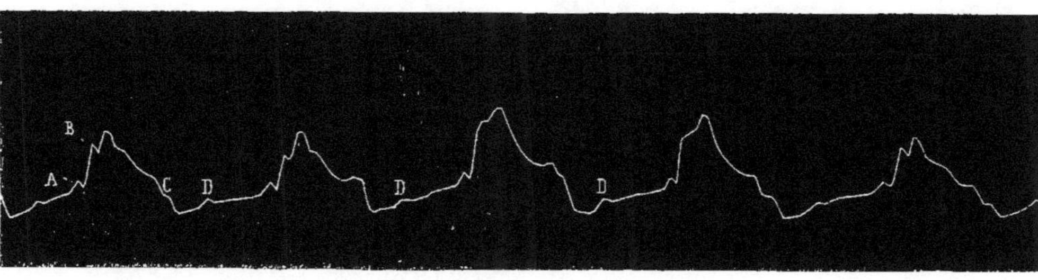

Fig. 83. — Tracé des pulsations du cœur chez un jeune homme à l'état normal.

A. Systole de l'oreillette. — B. Commencement de la systole du ventricule. — C. Fin de la systole du ventricule. — D. Mouvement particulier dû peut-être à l'arrivée brusque du sang dans le ventricule pendant son relâchement.

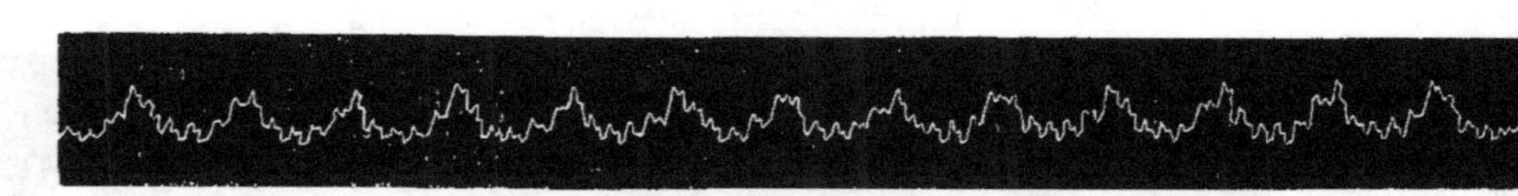

Fig. 84. — Tracé des pulsations du cœur chez un lapin.

Voici le tracé des pulsations d'un cœur de grenouille (fig. 85).

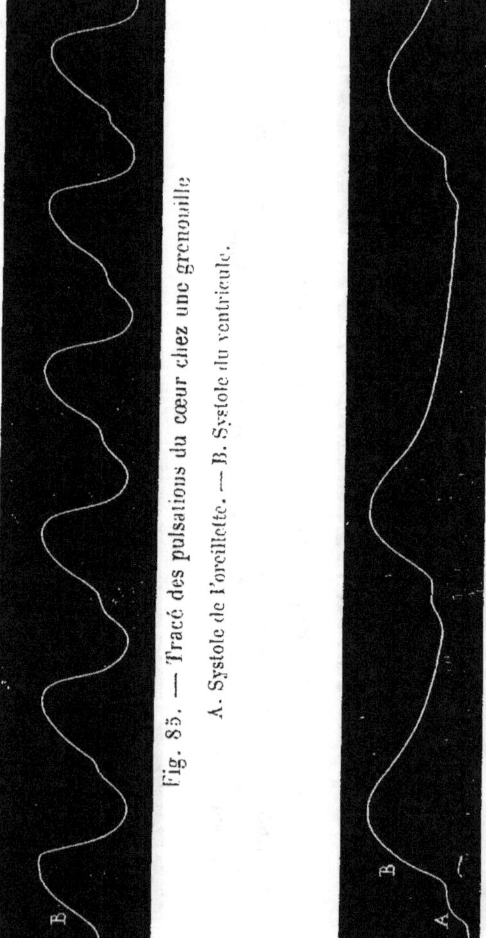

Fig. 85. — Tracé des pulsations du cœur chez une grenouille.

A. Systole de l'oreillette. — B. Systole du ventricule.

Fig. 86. — Tracé des pulsations du cœur chez une anguille.

A. Systole de l'oreillette. — B. Systole du ventricule.

Voici le tracé d'un cœur d'anguille (fig. 86).

Voici le tracé d'un cœur de tortue (fig. 87).

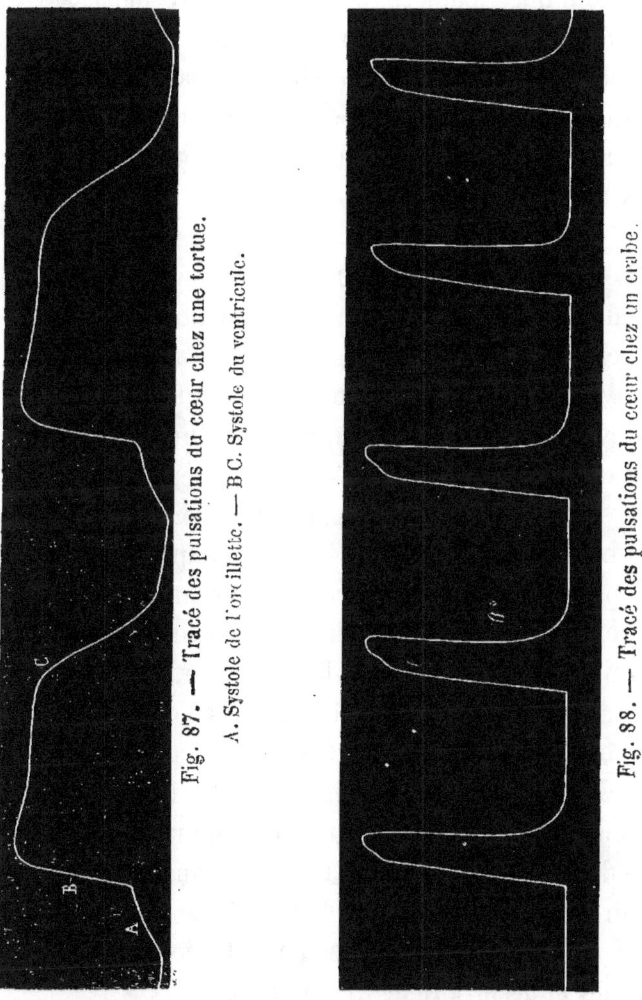

Fig. 87. — Tracé des pulsations du cœur chez une tortue.

A. Systole de l'oreillette. — BC. Systole du ventricule.

Fig. 88. — Tracé des pulsations du cœur chez un crabe.

Voici enfin le tracé des battements du cœur chez un animal invertébré, le crabe (fig. 88).

La question que nous désirons maintenant examiner d'une manière plus particulière dans cette conférence est celle de savoir comment le cœur, ce simple moteur de la circulation du sang, peut, en réagissant sous l'influence du système nerveux, coopérer au mécanisme si délicat des sentiments qui se produisent en nous.

Le cœur nous apparaît immédiatement comme un organe étrange par son activité exceptionnelle. Dans le développement du corps animal, chaque appareil vital n'entre en général en fonction qu'après avoir achevé son évolution et acquis sa texture définitive. Il y a même des organes, — particulièrement ceux qui sont destinés à la propagation de l'espèce, — qui ne se montrent sur la scène organique que longtemps après la naissance, pour en disparaître ensuite et rentrer de nouveau dans la torpeur pendant la dernière période de la vie de l'individu. Le cœur au contraire manifeste son activité dès l'origine de la vie, bien longtemps avant de posséder sa forme achevée et sa structure caractéristique. Ce fait n'est pas seulement remarquable comme indiquant la précocité des fonctions du cœur, mais il est aussi de nature à faire profondément réfléchir le physiologiste sur le rapport réel qui doit exister entre les formes anatomiques et les propriétés vitales des tissus.

Rien n'est beau comme d'assister à la naissance du cœur. Chez le poulet, dès la vingt-sixième ou la trentième heure de l'incubation, on voit apparaître sur le champ germinal un très-petit point, *punctum saliens*, dans lequel on finit par constater des mouvements d'abord rares et à peine perceptibles. Peu à peu ces mouvements se prononcent davantage et deviennent plus fréquents ; le cœur se dessine mieux, des artères et des veines se forent, le liquide sanguin se manifeste plus distinctement, et tout un système vasculaire provisoire (*area vasculosa*) s'est étalé en rayonnant autour du cœur, désormais constitué physiologiquement comme organe de circulation embryonnaire (fig. 89). A ce moment, les linéaments

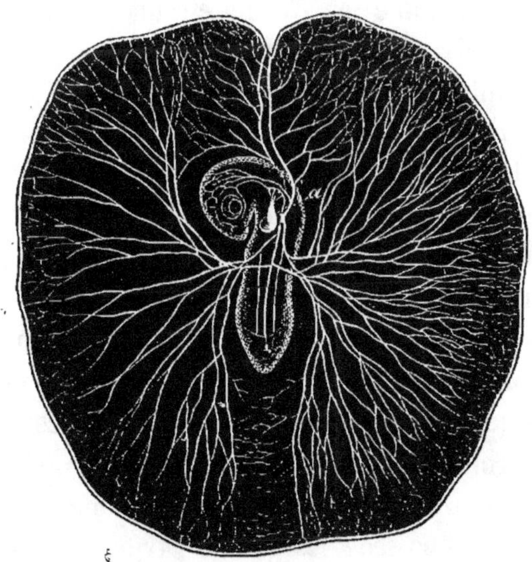

Fig. 89. — *Area vasculosa* ou champ germinatif représentant la circulation primitive du poulet dans l'œuf.

a. Cœur primitif, appareil central de la circulation.

fondamentaux du corps de l'animal ont déjà paru ;
le cœur, alors en pleine activité, représente un
moteur sanguin isolé, antérieur à l'organisation, et
destiné à transporter sur le chantier de la vie les
matériaux nécessaires à la formation du corps animal. Chez l'oiseau, le cœur va chercher les matériaux
dans les éléments de l'œuf ; chez le mammifère, il
les puise dans les éléments du sang maternel.

Pendant que cet organe sert ainsi à la construction et au développement du corps tout entier, il
s'accroît et se développe lui-même (fig. 90). A son
origine, ce n'était qu'une simple vésicule obscurément
contractile, comme la vésicule circulatoire d'un infusoire ; mais cette vésicule s'allonge bientôt et bat
avec rapidité : la partie inférieure reçoit le liquide
sanguin et représente une oreillette, tandis que la
partie supérieure constitue un véritable ventricule
qui lance le sang dans un bulbe aortique se divisant
en arcs branchiaux : c'est alors un vrai cœur de poisson. Plus tard, ce cœur subit un mouvement combiné de torsion et de bascule qui ramène en haut sa
partie auriculaire et en bas sa partie ventriculaire.
Avant que ce mouvement de bascule soit complet,
l'organe représente un cœur à trois cavités, c'est-à-
dire un cœur de reptile, et, dès que le mouvement
est achevé, il possède les quatre cavités d'un cœur
d'oiseau ou de mammifère. Les diverses phases de
développement du cœur nous montrent donc que
cet organe n'arrive à son état d'organisation le plus

élevé, — chez les oiseaux, les mammifères et
l'homme, — qu'en passant transitoirement par des

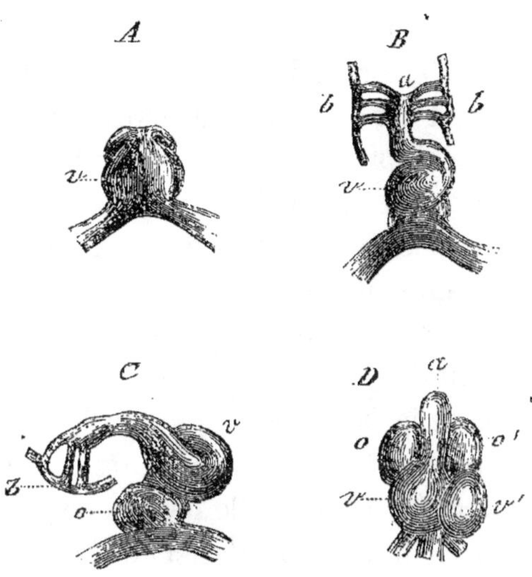

Fig. 90. — Périodes successives du développement du cœur
chez le poulet.

A. Cœur primitif formé d'une seule cavité *v*, le cœur artériel et le cœur
veineux n'étant pas encore distincts.
B. Seconde période du développement du cœur correspondant à un
cœur de poisson. — *v*. Cœur artériel dissimulant la partie auriculaire placée en arrière. — *b, b*. Artères branchiales émanant du bulbe
aortique *a*.
C. Même figure que la précédente, vue de profil. — *v*. Cœur artériel.
— *o*. Cœur veineux. — *b*. Arcs branchiaux.
D. Troisième période du développement du cœur correspondant au
cœur à trois cavités des reptiles. — *v, v'*. Les deux cœurs artériels,
droit et gauche, correspondant aux deux ventricules, droit et gauche,
du cœur parfait. — *o, o'*. Les deux cœurs veineux, droit et gauche,
correspondant aux deux oreillettes, droite et gauche, du cœur parfait. — *a*. Bulbe aortique.

formes qui sont restées définitives pour des classes
animales inférieures. C'est l'observation de ces faits,

et de beaucoup d'autres du même genre, qui a donné naissance à l'idée, philosophiquement vraie, que chaque animal reflète dans son évolution embryonnaire les organismes qui lui sont inférieurs (1).

Le cœur diffère ainsi de tous les muscles du corps en ce qu'il agit dès qu'il apparaît dans l'embryon et avant d'être complétement développé. Une fois son organisation achevée, il continue encore à former une exception dans le système musculaire. En effet, tous les appareils musculaires nous présentent dans leurs fonctions des alternatives d'activité et de repos : le cœur au contraire ne se repose jamais. De tous les organes du corps il est celui qui agit le plus longtemps ; il préexiste à l'organisme, il lui survit, et dans la mort successive et naturelle des organes il est le dernier qui continue à manifester ses fonctions. En un mot, suivant l'expression du grand Haller, le cœur vit le premier (*primum vivens*) et meurt le dernier (*ultimum moriens*). Dans cette extinction de la vie de l'organisme, le cœur agit encore quand déjà les autres organes font silence autour de lui. Il veille le dernier, comme s'il attendait la fin de la

(1) Il est vrai que le cœur à trois cavités d'un poulet en développement possède une cloison interventriculaire qui n'existe pas chez le reptile adulte. Il faudrait donc comparer le cœur du poulet en développement avec le cœur du reptile en développement. Car il serait possible que cette cloison interventriculaire existât chez le reptile à une certaine période de développement et qu'elle disparût plus tard.

lutte entre la vie et la mort, car tant qu'il se meut, la vie peut se rétablir; lorsque le cœur a cessé de battre, elle est irrévocablement perdue, et de même que son premier mouvement a été le signe certain de la vie, son dernier battement est le signe certain de la mort.

Les notions qui précèdent étaient nécessaires à donner, car elles nous aideront à mieux faire comprendre l'action du système nerveux sur le cœur. Nous devons déjà pressentir que cet organe musculaire possède la propriété de se contracter sans l'intervention de l'influence nerveuse ; il entre en fonction bien avant que le système nerveux ait donné signe de vie. Il y a même plus : les nerfs peuvent être très-développés et constitués anatomiquement sans agir encore sur aucun des organes musculaires qui sont eux-mêmes déjà développés. En effet, j'ai constaté par des expériences directes que les extrémités nerveuses ne se soudent physiologiquement aux systèmes musculaires que dans les derniers temps de la vie embryonnaire. Lorsque, après la naissance, le système nerveux a pris son empire sur tous les organes musculaires du corps, le cœur se passe néanmoins de son influence pour accomplir ses fonctions de moteur circulatoire central. On paralyse les muscles des membres en coupant les nerfs qui les animent, on ne paralyse jamais les mouvements du cœur en divisant les nerfs qui se rendent dans son tissu :

bien au contraire, ses mouvements n'en deviennent que plus rapides. Les poisons qui détruisent les propriétés des nerfs moteurs abolissent les mouvements dans tous les organes musculaires du corps, tandis qu'ils sont sans action sur les battements du cœur. Nous avons empoisonné ici une grenouille par le curare, ce poison paralyseur par excellence des systèmes nerveux moteurs; vous voyez que le cœur continue à battre et à faire circuler le sang dans le corps de cet animal absolument privé de toute influence nerveuse motrice.

De tout cela devons-nous conclure que le cœur ne possède pas de nerfs? Cette opinion, à laquelle s'étaient arrêtés d'anciens physiologistes, est aujourd'hui contredite par l'anatomie; cette science nous montre en effet que le cœur reçoit dans son tissu un grand nombre de rameaux nerveux (fig. 91). Ce n'est donc pas à l'absence de nerfs qu'il faut attribuer toutes les anomalies que le cœur nous a offertes jusqu'à présent, c'est à l'existence d'un mécanisme nerveux tout particulier, qu'il nous reste à examiner.

La réaction bien connue des nerfs moteurs sur les muscles en général se résume par cette proposition fondamentale : tant que le nerf n'est point excité, le muscle reste à l'état de relâchement et de repos; dès que le nerf vient à être excité naturellement ou artificiellement, le muscle entre en activité et en contraction. L'observation de l'influence de notre volonté sur les mouvements de nos membres suffirait pour nous prouver ce que je viens d'avancer ; mais rien n'est en outre plus facile à démontrer par des expé-

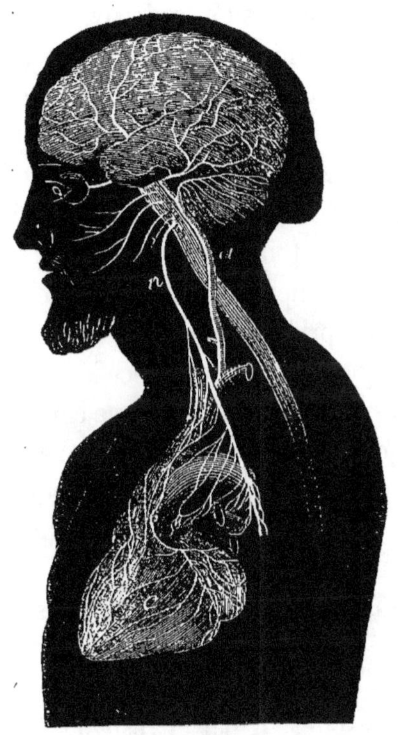

Fig. 94. — Le cœur avec les rameaux nerveux qu'il reçoit du cerveau.

C. Cœur. — *a*. Artère carotide se rendant au cerveau. — *n*. Nerf pneumogastrique dont les rameaux se distribuent dans le cœur.

riences directes faites sur des animaux vivants ou récemment morts.

Si l'on prépare une grenouille par vivisection de manière à isoler un nerf qui se rend dans les muscles d'un membre, on voit que, tant qu'on ne touche pas à ce nerf, les muscles du membre restent relâchés et en repos, et qu'aussitôt qu'on vient à exciter ce nerf par un pincement ou mieux par un courant électrique, les muscles entrent en une contraction d'une manière énergique et rapide. C'est là un fait général qui peut se constater expérimentalement chez l'homme et chez tous les animaux vertébrés, soit pendant la vie, soit immédiatement après la mort, tant que les systèmes musculaire et nerveux conservent leurs propriétés vitales respectives. Si maintenant nous agissons par des procédés analogues sur les nerfs du cœur, nous verrons que cet organe musculaire paradoxal nous présente encore à ce point de vue une exception ; et je dirai même, pour être plus exact, qu'il nous présente des phénomènes en une complète opposition avec ceux que nous avons observés dans les muscles des membres. Pour être dans la vérité, il suffira de renverser les termes de la proposition et de dire : tant que les nerfs du cœur ne sont pas excités, il bat et reste à l'état de fonction ; dès que les nerfs du cœur viennent à être excités naturellement ou artificiellement, il entre en relâchement l'ou dans l'état de repos. Si l'on prépare par vivisection une grenouille ou un autre animal, soit vivant, soit récemment mort, de manière à observer le cœur et à isoler les nerfs pneumogastriques qui vont dans son tissu, on constate que, tant qu'on n'agit pas sur ces nerfs, le cœur continue à battre comme à l'ordinaire, et qu'aussitôt qu'on vient à les exciter par un courant électrique puissant, le cœur s'arrête en diastole, c'est-à-dire en relâchement.

Voici un trait qui montre l'entrée en repos du cœur d'une grenouille (1) quand on excite son nerf pneumogastrique avec l'électricité (fig. 92).

Voici un autre tracé qui montre l'entrée en contraction des muscles d'un membre de grenouille, quand on excite d'une manière successive et alternative le nerf qui s'y rend (fig. 93).

Ce résultat est également général ; il se reproduit chez tous les vertébrés depuis la grenouille jusqu'à l'homme. Il faudra donc toujours avoir présent à l'esprit le fait de cette influence singulière et paradoxale des nerfs sur le cœur, parce que c'est ce résultat qui nous servira de point de départ pour expliquer ultérieurement comment l'organe central de la circulation peut réagir sur nos sentiments.

(1) L'influence paralysante du nerf pneumogastrique sur les battements du cœur ne se traduisant pas d'une manière complète chez la grenouille, nous donnons ici un tracé obtenu dans les mêmes conditions par M. Marey avec un cœur de cheval, et qui accuse un arrêt à très-peu près absolu du cœur sous l'influence de l'irritation du nerf pneumogastrique. Mais on comprend qu'à la conférence, dans l'amphithéâtre de la Sorbonne, il était impossible de faire l'expérience sur un cheval.

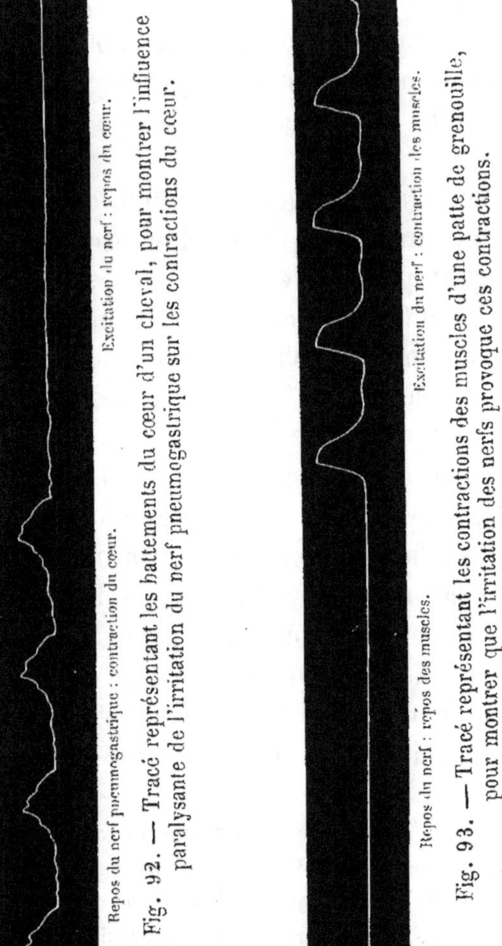

Fig. 92. — Tracé représentant les battements du cœur d'un cheval, pour montrer l'influence paralysante de l'irritation du nerf pneumogastrique sur les contractions du cœur.

Fig. 93. — Tracé représentant les contractions des muscles d'une patte de grenouille, pour montrer que l'irritation des nerfs provoque ces contractions.

Mais, avant d'en arriver là, il est nécessaire d'examiner de plus près les diverses formes que peut nous

présenter l'arrêt du cœur sous l'influence de l'excitation galvanique des nerfs.

L'excitation des nerfs pneumogastriques, ou nerfs du cœur, par un courant électrique très-actif arrête aussitôt les battements de cet organe. Toutefois il y a dans le phénomène quelques variétés qui dépendent de la sensibilité de l'animal. Si l'on agit sur des mammifères très-sensibles, le cœur s'arrête instantanément, tandis que chez des animaux à sang froid, et surtout pendant l'hiver, le cœur ne ressent pas immédiatement l'influence nerveuse ; plusieurs battements peuvent encore avoir lieu avant qu'il s'arrête. Après la cessation de l'excitation galvanique violente des nerfs, les battements ne reparaissent plus : alors l'arrêt du cœur est définitif, et la mort s'ensuit immédiatement.

L'excitation galvanique des nerfs pneumogastriques a pour effet d'arrêter le cœur d'autant plus énergiquement que l'application en est plus soudaine et qu'elle a été moins répétée. Quand on reproduit plusieurs fois de suite ou qu'on prolonge trop l'excitation, la sensibilité du cœur et de ses nerfs s'émousse au point que l'électricité ne peut plus arrêter ses battements ; il en est de même quand on irrite graduellement les nerfs : on peut arriver ainsi successivement à employer des courants très-violents sans arrêter le cœur. Lorsqu'on applique des excitations faibles sur les nerfs du cœur, les résultats sont toujours les mêmes au fond ; seulement la différence d'intensité leur donne une apparence tout autre. En effet, l'excitation galvanique faible et instantanée des pneumogastriques amène bien chez un animal très-sensible un arrêt subit du cœur ; mais cet arrêt est de si courte durée qu'il serait souvent imperceptible pour un observateur non prévenu. En outre, à la suite de ces actions légères ou modérées, les battements cardiaques reparaissent aussitôt avec plus d'énergie et de rapidité. On voit ainsi que l'excitation énergique des nerfs du cœur amène un arrêt prolongé de l'organe, avec un retour lent et plus ou moins difficile de ses battements, tandis que les actions modérées ne provoquent qu'un arrêt extrêmement fugace du cœur, suivi immédiatement d'une accélération dans ses battements avec augmentation de l'énergie des contractions ventriculaires.

Tous les résultats que nous avons mentionnés jusqu'ici, soit relativement à l'excitation des nerfs qui se distribuent aux muscles des membres, soit relativement à l'excitation des nerfs du cœur, ont été fournis par des expériences de vivisection dans lesquelles on avait appliqué l'excitant sur les nerfs moteurs eux-mêmes. Mais, dans l'état naturel, les choses ne sauraient se passer ainsi : ce sont des excitants physiologiques qui viennent irriter les nerfs moteurs, afin de déterminer leur réaction sur les muscles. Ces excitants physiologiques sont au nombre de deux : la *volonté* et la *sensibilité*. La volonté ne peut exercer

son influence sur tous les nerfs moteurs du corps ;
les nerfs du cœur par exemple sont en dehors de son
action. La sensibilité au contraire exerce une influence qui est générale, et tous les nerfs moteurs,
qu'ils soient volontaires ou involontaires, subissent
son action réflexe. On a appelé *réflexes* toutes les
actions sensitives qui réagissent sur les nerfs moteurs
en donnant lieu à des mouvements involontaires,
parce qu'on suppose que l'impression sensitive venue
de la périphérie est réfléchie dans le centre nerveux
sur le nerf moteur.

Il serait inutile de nous étendre davantage sur le
mécanisme des actions nerveuses réflexes, qui
forment aujourd'hui une des bases les plus importantes de la physiologie du système nerveux. Il nous
suffira de savoir que tous les mouvements involontaires sont le résultat de la simple action de la
sensibilité, ou du nerf sensitif, sur le nerf moteur,
lequel réagit ensuite sur le muscle. Tous les mouvements involontaires du cœur que nous aurons à
observer n'ont pas d'autre source que la réaction de
la sensibilité sur les nerfs pneumogastriques moteurs
de cet organe, et quand nous dirons, par exemple,
qu'une impression douloureuse arrête les mouvements du cœur, cela signifiera simplement qu'un
nerf sensitif, primitivement excité, a transmis son
impression au cœur en excitant le pneumogastrique,
qui, à son tour, a fait ressentir son influence motrice
au cœur, absolument comme lorsque nous agissons

dans nos expériences avec le courant galvanique. Quand le physiologiste provoque un nerf moteur à réagir sur les muscles, au moyen d'un courant galvanique ou à l'aide du pincement, il substitue un excitant artificiel à l'excitant naturel, qui est la volonté ou la sensibilité : mais les résultats de l'action nerveuse motrice sont toujours les mêmes. On verra bientôt, en effet, toutes les formes d'arrêt du cœur que nous avons observées, en agissant directement avec un courant galvanique sur les nerfs pneumogastriques, se reproduire par suite d'influences sensitives diverses. Comme nous savons maintenant que les influences sensitives ne peuvent agir sur le cœur qu'en excitant ses nerfs moteurs, nous sous-entendrons désormais cet intermédiaire dans le langage, et quand nous dirons : la sensibilité ou les sentiments réagissent sur le cœur, vous saurez ce que cela signifie physiologiquement.

Nos expériences directes sur l'excitation des nerfs pneumogastriques nous ont montré que le cœur est d'autant plus prompt à recevoir l'impression nerveuse et à s'arrêter que l'animal est plus sensible ; il en est de même pour les réactions des nerfs de la sensibilité sur le cœur. Chez la grenouille, on n'arrête pas le cœur en pinçant la peau : il faut pour cela des actions beaucoup plus énergiques ; mais chez des animaux élevés, chez certaines races de chiens par exemple, les moindres excitations des nerfs sensitifs retentissent sur le cœur. Si l'on place un hémomètre sur l'artère de l'un de ces animaux, afin d'avoir sous les yeux, par l'oscillation de la colonne mercurielle, l'expression des battements du cœur, on constate qu'au moment où l'on excite rapidement un nerf sensitif il y a arrêt du cœur en diastole, ce qui détermine une suspension de l'oscillation avec abaissement léger de la colonne mercurielle. Aussitôt après, les battements reparaissent, considérablement accélérés et plus énergiques, car le mercure s'élève quelquefois de plusieurs centimètres pour redescendre à son point primitif lorsque le cœur calmé a repris son rhythme normal. Le cœur est quelquefois si sensible chez certains animaux que des excitations très-légères des nerfs sensitifs peuvent amener des réactions, lors même que l'animal ne manifeste aucun signe de douleur. Ce sont là des expériences que nous avons faites, mon maître Magendie et moi, il y a déjà bien longtemps, et qui depuis ont été souvent répétées et vérifiées par des procédés divers.

A mesure que l'organisation animale s'élève, le cœur devient donc un réactif de plus en plus délicat pour trahir les impressions sensitives qui se passent dans le corps, et il est naturel de penser que l'homme doit être au premier rang sous ce rapport. Chez lui, le cœur n'est plus seulement l'organe central de la circulation du sang, mais il est devenu en outre un centre où viennent retentir toutes les actions nerveuses sensitives. Les influences nerveuses qui réa-

gissent sur le cœur arrivent, soit de la périphérie par
le système cérébro-spinal, soit des organes intérieurs
par le grand sympathique, soit du centre cérébral
lui-même : car, au point de vue physiologique, il faut
considérer le cerveau comme la surface nerveuse la
plus délicate de toutes ; d'où il résulte que les actions
sensitives qui proviennent de cette source sont celles
qui exerceront sur le cœur les influences les plus
énergiques.

Comment est-il possible de concevoir le mécanisme
physiologique à l'aide duquel le cœur se lie aux manifestations de nos sentiments ? Nous savons que cet
organe peut recevoir le contre-coup de toutes les vibrations sensitives qui se passent en nous, et qu'il
peut en résulter, tantôt un arrêt violent avec suspension momentanée et ralentissement de la circulation,
si l'impression a été très-forte, tantôt un arrêt léger
avec réaction et augmentation du nombre et de l'é-
nergie des battements cardiaques, si l'impression a
été légère ou modérée. Mais comment cet état peut-il
ensuite traduire nos sentiments ? C'est ce qu'il s'agit
d'expliquer.

Rappelons-nous que le cœur ne cesse jamais d'être
une pompe foulante, c'est-à-dire un moteur qui
distribue le liquide vital à tous les organes de notre
corps. S'il s'arrête, il y a nécessairement suspension ou diminution dans l'arrivée du liquide vital
aux organes, et par suite suspension ou diminution

de leurs fonctions ; si, au contraire, l'arrêt léger du cœur est suivi d'une augmentation d'intensité dans son action, il y a distribution d'une plus grande quantité du liquide vital dans les organes, et par suite surexcitation de leurs fonctions. Cependant tous les organes du corps et tous les tissus organiques ne sont pas également sensibles à ces variations de la circulation artérielle, qui peuvent diminuer ou augmenter brusquement la quantité du liquide nourricier qu'ils reçoivent. Les organes nerveux, et surtout le cerveau, qui constituent l'appareil dont la texture est la plus délicate et la plus élevée de toutes dans l'ordre physiologique, reçoivent les premiers le contre-coup de ces troubles circulatoires. C'est une loi générale pour tous les animaux : depuis la grenouille jusqu'à l'homme, la suspension de la circulation du sang amène en premier lieu la perte des fonctions cérébrales et nerveuses, de même que l'exagération de la circulation exalte d'abord les manifestations cérébrales et nerveuses.

Toutefois ces réactions de la modification circulatoire sur les organes nerveux demandent pour s'opérer un temps très-différent selon les espèces. Chez les animaux à sang froid, ce temps est très-long, surtout pendant l'hiver : une grenouille reste plusieurs heures avant d'éprouver les conséquences de l'arrêt de la circulation ; on peut lui enlever le cœur, et pendant quatre ou cinq heures encore elle continue à sauter et à nager sans que sa volonté ni ses mouvements paraissent le moins du monde troublés. Chez les animaux à sang chaud, c'est tout différent : la cessation d'action du cœur amène très-rapidement la disparition des phénomènes cérébraux, et elle l'amène d'autant plus facilement que l'animal est plus élevé, c'est-à-dire possède des organes nerveux plus délicats.

Le raisonnement et l'expérience nous montrent qu'il faut encore, sous ce rapport, placer l'homme au premier rang. Chez lui, le cerveau est si délicat qu'il éprouvera en quelques secondes, et pour ainsi dire instantanément, le retentissement des influences nerveuses exercées sur l'organe central de la circulation, influences qui se traduisent, comme nous allons le voir bientôt, tantôt par une émotion, et tantôt par une syncope. Les phénomènes physiologiques suivent partout une loi identique ; mais la nature plus ou moins délicate de l'organisme vivant peut leur donner une expression toute différente. Ainsi la loi de réaction du cœur sur le cerveau est la même chez la grenouille et chez l'homme ; cependant jamais la grenouille ne pourra éprouver une émotion ni une syncope, parce que le temps qu'il faut à son cœur pour ressentir l'influence nerveuse, et à son cerveau pour éprouver l'influence circulatoire, est si long que la relation physiologique entre les deux organes disparaît.

Chez l'homme, l'influence du cœur sur le cerveau se traduit par deux états principaux entre lesquels on peut supposer beaucoup d'intermédiaires : la syncope et l'émotion.

La syncope est due à la cessation momentanée des fonctions cérébrales par suite de l'interruption de l'arrivée du sang artériel dans le cerveau. On pourrait donc produire la syncope en liant ou en comprimant directement toutes les artères qui vont au cerveau ; mais nous ne nous occupons ici que de la syncope qui survient par suite d'une influence sensitive portée sur le cœur, et assez énergique pour arrêter ses mouvements. L'arrêt du cœur, qui produit la perte de connaissance en privant le cerveau de sang, amène aussi la pâleur des traits et une foule d'autres effets accessoires dont il ne peut être question ici. Toutes les impressions sensitives énergiques et subites, quelle qu'en soit d'ailleurs la nature, peuvent amener la syncope. Des impressions physiques sur les nerfs sensitifs ou des impressions morales, des sensations douloureuses ou des sensations de volupté, conduisent au même résultat et amènent l'arrêt du cœur. La durée de la syncope est naturellement liée à la durée de l'arrêt du cœur. Plus l'arrêt a été intense, plus, en général, la syncope se prolonge, et plus difficilement se rétablissent les battements cardiaques, qui d'abord reviennent irrégulièrement pour ne reprendre que lentement leur rhythme normal. Quelquefois, l'arrêt du cœur est définitif et la syncope mortelle ; cela peut arriver chez les individus faibles et en même temps très-sensibles. On a constaté expérimentalement que, sur des colombes épuisées par l'inanition, il suffit parfois de produire une douleur vive, en pinçant un nerf de sentiment, pour amener un arrêt du cœur définitif et une syncope mortelle.

L'émotion dérive du même mécanisme physiologique que la syncope ; mais elle a une manifestation bien différente. La syncope, qui enlève le sang au cerveau, donne une expression négative, en prouvant seulement qu'une impression nerveuse violente est allée se réfléchir sur le cœur pour revenir frapper le cerveau. L'émotion au contraire, qui envoie au cerveau une circulation plus active, donne une expression positive, en ce sens que l'organe cérébral reçoit une surexcitation fonctionnelle en harmonie avec la nature de l'influence nerveuse qui l'a déterminée. Dans l'émotion, il y a toujours une impression initiale, qui surprend en quelque sorte et arrête très-légèrement le cœur, et par suite une faible secousse cérébrale produisant une pâleur fugace ; aussitôt le cœur, comme un animal piqué par un aiguillon, réagit, accélère ses mouvements, et envoie le sang à plein calibre par l'aorte et par toutes les artères. Le cerveau, le plus sensible de tous les organes, éprouve immédiatement et avant tous les autres les effets de cette modification circulatoire. Le cerveau a été sans doute le point de départ de l'impression nerveuse sensitive ; mais, par l'action réflexe sur les nerfs moteurs du cœur, l'influence sensitive a provoqué

dans le cerveau les conditions qui viennent se lier à
la manifestation du sentiment. Le cœur n'est pas plus
le siége de nos sentiments que la main n'est le siége
de notre volonté. Mais le cœur est un instrument
qui concourt à l'expression de nos sentiments comme
la main concourt à l'expression de notre volonté.

En résumé, chez l'homme, le cœur est le plus sensible des organes de la vie végétative : il reçoit le
premier de tous l'influence nerveuse cérébrale. Le
cerveau est le plus sensible des organes de la vie animale : il reçoit le premier de tous l'influence de la
circulation du sang. Il résulte de là que ces deux organes culminants de la machine vivante sont dans des
rapports incessants d'action et de réaction. Le cœur
et le cerveau se trouvent dès lors dans une solidarité
d'actions réciproques des plus intimes, actions qui se
multiplient et se resserrent d'autant plus que l'organisme devient plus développé et plus délicat. Ces
rapports peuvent être constants ou passagers, varier
avec le sexe et avec l'âge. C'est ainsi qu'à l'époque
de la puberté, lorsque des organes, jusqu'alors restés
inertes ou engourdis, s'éveillent et se développent,
des sentiments jusque-là inconnus prennent naissance
dans le cerveau et apportent au cœur des impressions
nouvelles.

Les sentiments que nous éprouvons sont toujours
accompagnés par des actions réflexes du cœur ;
c'est du cœur que viennent les conditions de mani-

festation des sentiments, quoique le cerveau en soit
le siége exclusif. Dans les organismes élevés, la vie
n'est qu'un échange continuel entre le système sanguin et le système nerveux. L'expression de nos sentiments se fait par un échange entre le cœur et le
cerveau, les deux rouages les plus parfaits de la machine vivante. Cet échange se réalise par des relations
anatomiques très-connues, par les nerfs pneumogastriques qui portent les influences nerveuses au
cœur, et par les artères carotides et vertébrales qui
apportent le sang au cerveau (fig. 94). Tout ce
mécanisme merveilleux ne tient donc qu'à un fil, et
si les nerfs qui unissent le cœur au cerveau venaient
à être détruits, cette réciprocité d'action serait inter-
rompue, et la manifestation de nos sentiments profondément troublée.

Toutes ces explications, me dira-t-on, sont bien
empreintes de matérialisme. A cela je répondrai que
ce n'est pas ici la question qui est en jeu. Si ce n'était
m'écarter du but de ces recherches, je pourrais vous
montrer facilement qu'en physiologie le matérialisme
ne conduit à rien et n'explique rien ; mais un concert
en est-il moins ravissant parce que le physicien en
calcule mathématiquement toutes les vibrations? Un
phénomène physiologique en est-il moins admirable
parce que le physiologiste en analyse toutes les conditions matérielles? Il faut bien que cette analyse,
que ces calculs se fassent, car, sans cela, il n'y aurait
pas de science. Or la science physiologique nous

apprend que, d'une part, le cœur reçoit réellement l'impression de tous nos sentiments, et que, d'autre

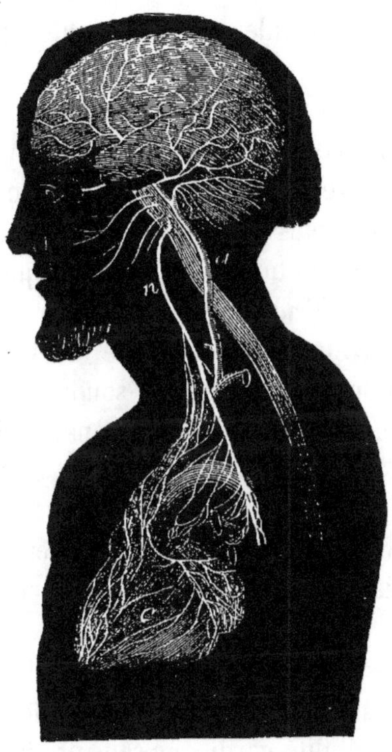

Fig. 94. — Les rapports anatomiques du cœur avec le cerveau par les artères carotides et les nerfs pneumogastriques, pour expliquer les réactions de ces deux organes l'un sur l'autre.

C. Cœur. — *a*, Artère carotide se rendant au cerveau. — *n*. Nerf pneumogastrique dont les rameaux se distribuent dans le cœur.

part, le cœur réagit pour renvoyer au cerveau les conditions nécessaires de la manifestation de ces sentiments. D'où il résulte que le poëte et le romancier s'adressent *à notre cœur* pour nous émouvoir, que l'homme du monde exprimant à tout instant ses sentiments en invoquant *son cœur*, font des métaphores qui correspondent à des réalités physiologiques.

Quelquefois un mot, un souvenir, la vue d'un événement, éveillent en nous une douleur profonde. Ce mot, ce souvenir ne sauraient être douloureux par eux-mêmes, mais seulement par les phénomènes qu'ils provoquent en nous. Quand on dit que le cœur est *brisé par la douleur*, il se produit des phénomènes réels dans le cœur. Le cœur a été arrêté, si l'impression douloureuse a été trop soudaine : le sang n'arrivant plus au cerveau, la syncope, et des crises nerveuses en sont la conséquence. On a donc bien raison, quand il s'agit d'apprendre à quelqu'un une de ces nouvelles terribles qui bouleversent notre âme, de ne la lui faire connaître qu'avec ménagement.

Nous savons, par nos expériences sur les nerfs du cœur, que les excitations graduées émoussent ou épuisent la sensibilité cardiaque sans produire l'arrêt des battements. Quand on dit qu'*on a le cœur gros,* après avoir été longtemps dans l'angoisse et avoir éprouvé des émotions pénibles, cela répond encore à des conditions physiologiques particulières du cœur. Les impressions douloureuses prolongées, devenues incapables d'arrêter le cœur, le fatiguent et le lassent, retardent les battements, prolongent la diastole, et font éprouver dans la région précordiale un sentiment de plénitude ou de resserrement.

Les impressions agréables répondent aussi à des états déterminés du cœur. Quand une femme est surprise par une douce émotion, les paroles qui ont pu la faire naître ont traversé l'esprit comme un éclair, sans s'y arrêter ; le cœur a été atteint immédiatement, avant tout raisonnement et toute réflexion. Le sentiment commence à se manifester après un léger arrêt du cœur, imperceptible pour tout le monde, excepté pour le physiologiste ; le cœur, aiguillonné par l'impression nerveuse, réagit par des palpitations qui le font bondir et battre plus fortement dans la poitrine, en même temps qu'il envoie plus de sang au cerveau, d'où résultent la rougeur du visage et une expression particulière des traits correspondant au sentiment de bien-être éprouvé. Ainsi, dire que l'amour *fait palpiter le cœur* n'est pas seulement une forme poétique, c'est aussi une réalité physiologique. Quand on dit à quelqu'un qu'on l'aime *de tout son cœur*, cela signifie physiologiquement que sa présence ou son souvenir éveille en nous une impression nerveuse qui, transmise au cœur par les nerfs pneumogastriques, fait réagir notre cœur de la manière la plus convenable pour provoquer dans notre cerveau un sentiment ou une émotion affective. Je suppose ici, bien entendu, que l'aveu est sincère : sans cela, le cœur n'éprouverait rien, et le sentiment ne serait que sur les lèvres.

Quand on dit que les grandes pensées viennent du cœur, cela équivaut à dire que les grandes pensées viennent du sentiment, car nos sentiments, qui ont leur point de départ physiologique dans les centres nerveux, agissent sur le cœur comme les sensations périphériques. Chez l'homme, le cerveau doit, pour exprimer les sentiments, avoir le cœur à son service. Deux cœurs unis sont des cœurs qui battent à l'unisson sous l'influence des mêmes impressions nerveuses, d'où résulte l'expression harmonique de sentiments semblables.

Les philosophes disent qu'on peut *maîtriser son cœur* et *faire taire ses passions*. Ce sont encore des expressions que la physiologie peut interpréter. On sait que par sa volonté l'homme peut arriver à dominer beaucoup d'actions réflexes dues à des sensations produites par des causes physiques. La raison parvient sans doute à exercer le même empire sur les sentiments moraux. L'homme pourrait donc arriver, par la raison, à empêcher certaines actions réflexes de se produire sur son cœur : mais plus la raison pure tendrait à triompher, et plus le sentiment tendrait à s'éteindre.

La puissance nerveuse capable d'arrêter les actions réflexes est en général moindre chez la femme que chez l'homme : c'est ce qui lui donne la suprématie dans le domaine de la sensibilité physique et morale, c'est ce qui a fait dire qu'elle a le cœur plus tendre que l'homme.

Mais je m'arrête dans ces considérations qui nous entraîneraient trop loin, et je terminerai par une conclusion générale.

La science ne contredit point les observations et les données de l'art, et je ne saurais admettre l'opinion de ceux qui croient que le positivisme scientifique doit tuer l'inspiration. Suivant moi, c'est le contraire qui arrivera nécessairement. L'artiste trouvera dans la science des bases plus stables, et le savant puisera dans l'art une intuition plus assurée. Il peut sans doute exister des époques de crise dans lesquelles la science, à la fois trop avancée et cependant encore trop imparfaite, inquiète et trouble l'artiste plutôt qu'elle ne l'aide. C'est ce qui peut arriver aujourd'hui pour la physiologie à l'égard du poëte et du philosophe. Mais ce n'est là qu'un état transitoire, et j'ai la conviction que lorsque la physiologie sera assez avancée, le poëte, le philosophe et le physiologiste s'entendront tous.

TABLE DES FIGURES.

L'IRRITABILITÉ.

L'ÉLÉMENT CONTRACTILE.

L'ÉLÉMENT NERVEUX.

PHYSIOLOGIE DU CŒUR

ET SES RAPPORTS AVEC LE CERVEAU.

FIN DE LA TABLE DES FIGURES.

TABLE DES MATIÈRES

L'IRRITABILITÉ.

Sommaire. — Objet de la physiologie. — Complexité des phénomènes qui se produisent chez les êtres vivants ; elle explique
pourquoi les sciences biologiques se sont développées plus tard
que les sciences physico-chimiques. — Cependant ces deux
ordres de sciences reposent sur les mêmes principes et ont la
même méthode. — Double condition de la manifestation de
tout phénomène : 1° un *corps ;* 2° un *milieu.*

DE L'ORGANISATION. — A quel point de vue se place la zoologie
dans l'étude de l'organisation ; ce point de vue n'est pas celui
de la physiologie générale. — Objet de la physiologie générale :
Recherche des conditions élémentaires des phénomènes de la vie.
— Elle néglige les différences spécifiques ou génériques, pour
ne considérer que les organismes élémentaires : à ce point de
vue tous les animaux sont identiques.

ANATOMIE GÉNÉRALE ; SON HISTOIRE. — Galien, — Haller : *Elementa corporis humani.* — Bichat ; sa classification des tissus ;

L'ÉLÉMENT CONTRACTILE.

L'ÉLÉMENT NERVEUX.

Sommaire. — Distinction de deux systèmes nerveux. — Distinction de deux éléments nerveux, l'élément sensitif et l'élément
moteur. — Galien. — Walker. — Charles Bell et Magendie. —
Les racines antérieures de la moelle épinière correspondent aux
nerfs moteurs, et les racines postérieures aux nerfs sensitifs.
— Charles Bell : deux espèces de nerfs moteurs. — Il croit que
les racines antérieures n'ont aucune sensibilité, et les racines
postérieures aucune faculté motrice. — Magendie démontre
que les racines antérieures sont sensibles ; comment s'explique
cette sensibilité. — Constitution de la fibre motrice. — Sa
terminaison dans la fibre musculaire.

Sommaire. — Le nerf moteur a une vie propre dans l'ensemble
du système nerveux. — Marche que suit dans le nerf moteur
la disparition des propriétés vitales. — Le nerf moteur se
nourrit par la cellule centrale. — Il s'empoisonne par l'extrémité musculaire. — Distinction des nerfs sensitifs et des nerfs
moteurs par l'action du curare. — État d'un animal empoisonné
par le curare. — Mécanisme de la mort sous l'influence de cet
agent toxique. — Régénération des nerfs moteurs ; sa marche.
— Action du nerf moteur sur le muscle ; influence nerveuse.

Sommaire. — Le nerf moteur est l'excitant du muscle. — L'action
nerveuse se propage par le cylindre de l'axe. — Irritants des
nerfs moteurs. — Irritants mécaniques. — Dessiccation. — Élec-

PHYSIOLOGIE DU COEUR.

FIN DE LA TABLE DES MATIÈRES.

Paris. — Imprimerie de E. MARTINET, rue Mignon, 2.